连铸过程数值模拟研究

张炯明　尹延斌　著

扫码获取
全书彩图

北　京
冶 金 工 业 出 版 社
2023

内 容 提 要

本书介绍了国内外连铸技术的发展情况，详细阐述了模拟仿真在连铸过程中的应用，包括中间包数值模拟、结晶器数值模拟、凝固过程数值模拟、铸坯缺陷在轧制过程中的演变行为数值模拟在相应过程中的实际案例，并列举了作者在连铸过程中相关数值模拟的研究成果。

本书可供从事连铸过程模拟等连铸技术工作者阅读，也可供高等院校冶金类师生参考。

图书在版编目(CIP)数据

连铸过程数值模拟研究/张炯明，尹延斌著．—北京：冶金工业出版社，2023.2

ISBN 978-7-5024-9453-7

Ⅰ.①连… Ⅱ.①张… ②尹… Ⅲ.①连续铸造—过程—数值模拟—研究 Ⅳ.①TG249.7

中国国家版本馆 CIP 数据核字(2023)第 049100 号

连铸过程数值模拟研究

出版发行 冶金工业出版社　**电　话** (010)64027926
地　址 北京市东城区嵩祝院北巷 39 号　**邮　编** 100009
网　址 www.mip1953.com　**电子信箱** service@mip1953.com

责任编辑 曾 媛 赵缘园 美术编辑 燕展疆 版式设计 郑小利
责任校对 梁江凤 责任印制 禹 蕊
三河市双峰印刷装订有限公司印刷
2023 年 2 月第 1 版，2023 年 2 月第 1 次印刷
710mm×1000mm 1/16；15.5 印张；301 千字；237 页
定价 96.00 元

投稿电话 (010)64027932 投稿信箱 tougao@cnmip.com.cn
营销中心电话 (010)64044283
冶金工业出版社天猫旗舰店 yjgycbs.tmall.com
(本书如有印装质量问题，本社营销中心负责退换)

前　　言

连铸是将熔融的金属，不断浇入结晶器中，凝固了的铸件连续不断地从结晶器的另一端拉出，它可获得任意长度或特定长度的铸件。发展连铸是我国冶金工业进行结构优化的重要手段，使我国金属材料生产的低效率、高消耗现状得到根本改变，并推动产品结构向专业化方向发展。

近年来，我国连铸比迅速提高，已经达到98%以上，某些企业已经实现了全连铸。当前，中国的钢产量已经稳居世界首位，并大步地从钢铁大国向钢铁强国迈进，实现由“中国制造”向“中国创造”的转变。

连铸技术是20世纪全世界钢铁工业技术进步中影响力深远的颠覆性技术，发展至今，冶金工作者致力于提高连铸坯质量和提高连铸生产率，但通过现场试验的方法进行科学研究，其成本过高，且效率较低，数值模拟已成为解析其过程现象和机理不可或缺的手段。连铸过程中数值模拟研究主要包括四大类：单相及多相流动、传热及凝固、凝固组织及铸坯缺陷形成和铸坯应力及形变。诸如钢包、中间包和结晶器内钢液流动的模拟；凝固坯壳形成，包括枝晶的生长、内部缺陷的演变等；铸坯轧制过程中内部夹杂物、析出物的变化的模拟及轧制过程中铸坯形状、传热和金属流变等的模拟。

用来进行数值模拟的商用软件、开源程序包的出现，为连铸工作者采用数值模拟研究提供了技术支持。如用来模拟钢包、中间包、结晶器中钢液流动、夹杂物轨迹或化学反应的软件 CFX、Fluent、Star-CCM、Phoenix、OpenFOAM 等；用来模拟连铸过程应力-应变场、温度场等的 ANSYS、MSC. Marc、DEFORM（2D、3D）、Forge、Abaqus、OpenFEM、Elmer FEM 等；用来模拟铸坯凝固过程、凝固组织的 Procast、THERCAST 等。这些软件都建立了诸多的模型，省去了使用者编程、建模等过程，可以直接使用，得到模拟工作者的青睐。此外，这些软件都含有外接接口，使用者可以根据自己的需要进行二次开发，然后将自定义程序与这些软件连接，以实现多种软件互补的目的。除此之外，也有诸多的冶金工作者根据自身需求自己编程，本书对这些模型都有论述。

本书主要参与成员有张炯明、尹延斌、赵新宇、罗衍昭、王博、宋炜及董其鹏等人，他们的研究成果是本书内容的重要来源。第 1 章为连铸过程数值模拟概述，介绍了连铸过程及数值模拟在连铸过程中的应用，由张炯明、尹延斌及赵新宇负责完成；第 2 章为中间包数值模拟研究，介绍了中间包的作用及数值模拟在中间包冶金过程的应用，由张炯明、赵新宇负责完成；第 3 章为结晶器内流动、温度场、溶质传输、夹杂物及气泡的行为，并介绍了数值模拟在该过程中的应用，由张炯明、尹延斌、董其鹏负责完成；第 4 章为凝固过程的介绍，并介绍了多个连铸过程模拟的数值软件和方法，由张炯明、尹延斌及宋炜负责完成；第 5 章介绍了铸坯缺陷在轧制过程中的演变行为，并介绍了数值模拟方法在该过程的作用及演变，由张炯明、王博、罗衍昭负责完成。全书的统稿工作由尹延斌、赵新宇完成。

作者参阅了一些国内外有关文献、资料，在此对相关作者表示感谢。

谨以本书献给从事连铸过程模拟及连铸技术工作的科研技术人员。由于作者水平所限，书中不足之处在所难免，敬请专家和读者指正。

作　者

2022年8月

目　录

1 连铸过程数值模拟概述

进入21世纪以来，全球经济的持续增长，对钢材的需求量也迅速增长。钢铁工业完成从“产量型”向“品种型”“质量型”转变，钢铁生产持续向低成本、高效化、环境友好型转变。钢铁工业将出现前所未有的技术创新高潮，竞争日趋激烈。从根本上讲，钢铁材料的竞争立足于新一代生产力的竞争，而新一代生产力的获得取决于先进的生产工艺、生产技术。成品质量和生产过程的高效化、可控性将成为21世纪钢铁工业的目标。

1.1 连铸过程简介

连铸是把液态金属（钢水）用连铸机浇铸、冷凝并切割而直接得到铸坯的工艺。自20世纪50年代连铸开始应用于钢铁生产以来，由于具有工序少、流程短、能耗低、金属收得率高以及易于实现机械化和自动化等优点，因而得到迅速发展，目前已成为钢铁工业生产流程中的关键环节。

连铸机主要由中间包、结晶器、二次冷却装置和切割装置等部分组成。连铸过程中，钢液凝固成形要经过以下环节：钢水经二次精炼处理后，装有钢水的钢包被运到连铸机上方的钢包回转台，钢水通过钢包底部滑动水口、长水口注入到中间包内，中间包流出的钢水流量一般通过浸入式水口上部的塞棒或者浸入式水口中的滑板来控制；中间包水口的位置被预先调好以对准下面的结晶器，钢水从水口流出后进入结晶器，从浸入式水口处还可以吹入惰性气体以防止水口结瘤，并促进夹杂物上浮，改善铸坯质量；结晶器内钢水表面的弯月面暴露在外部环境中，表面被一层保护渣所覆盖；保护渣置于结晶器内液面以上用以保温防氧化和吸收非金属夹杂物；钢水在结晶器中冷却后形成一定厚度的坯壳，进入二次冷却设备后铸坯继续冷却直到完全凝固；完全凝固的铸坯通过铸坯弯曲装置进行弯曲，在铸坯导向装置的支撑下，进入矫直机进行矫直，然后由火焰切割机切割成定尺板坯，经过去毛刺、喷印后由吊车吊运下线。连铸机不同类型如图1-1所示。

连铸技术在钢铁工业生产流程的变革、产品质量的提高和结构优化等方面起了革命性的作用。自1846年亨利·贝塞麦（Bessemer）首先提出了连续浇铸的概念以来，由于其具有节省工序、缩短流程、提高金属收得率、降低能耗等优

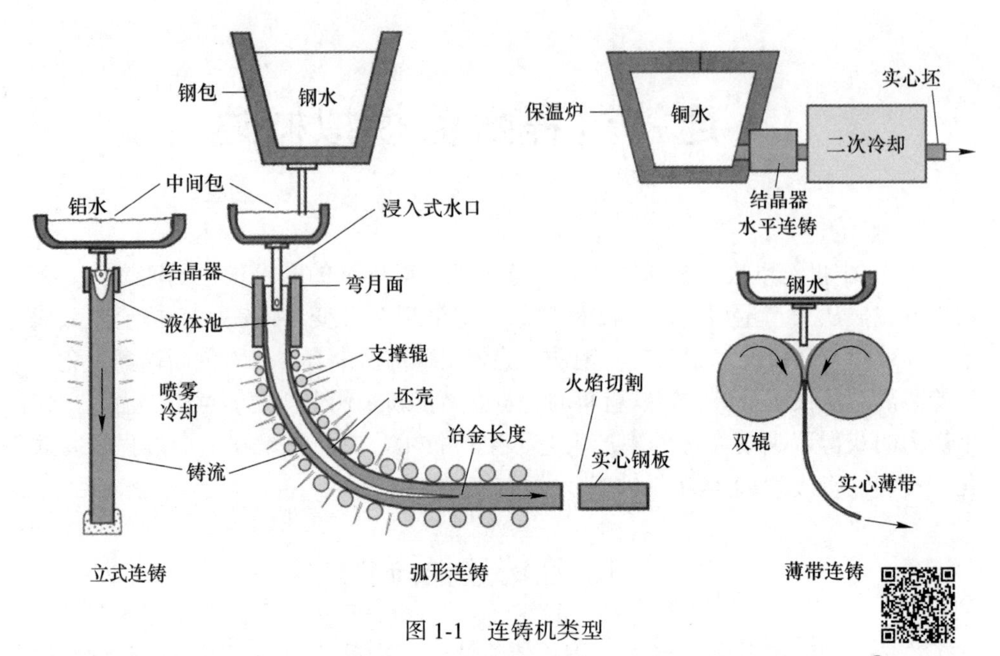

图 1-1　连铸机类型

彩图 1-1

点，连铸技术得到了迅速的发展，传统连铸的发展历程经历了四个阶段。随着连铸技术的发展，为了满足质量和生产率日益提高的要求，更加注重连铸机的效率及稳定生产。连铸比不断上升，生产率、铸机作业率、铸坯质量、拉坯速度、连浇炉数都在不断增长，浇铸品种扩大，生产成本不断降低，高效连铸得到发展。目前连铸技术在传统连铸技术进一步发展的同时，新型连铸技术的开发也不断出现。如电磁连铸技术、超高速薄板坯连铸技术、双辊薄带连铸技术等。

与传统的钢锭模铸技术相比，连续浇铸炼钢具有占地、投资少，成材率高，能耗低等优点。20 世纪 70 年代，连续铸造技术在能源紧张的压力下得到了迅猛的发展。20 世纪 90 年代以来，板坯连铸技术又有了长足的进步，特别是欧洲的奥钢联（VAI）和西马克（SMS）等大公司，这几年在板坯连铸技术上取得了很大成就，使连铸机在生产规模、产品品种、工艺操作、铸坯质量、生产效率、设备的改进、液压技术的应用以及自动化控制各方面都达到了很高的技术水平。

连铸设备和技术日益完善和成熟，许多新技术不断在连续浇铸中得到应用，主要有：中间包快速更换技术；采用钢包回转台实现多炉连铸技术；结晶器在线调宽技术；多点弯曲和矫直技术；结晶器液面控制和漏钢预报技术；无氧化浇铸技术；压缩浇铸技术；轻压下技术；计算机自动控制技术；气雾水冷却、电磁搅拌应用等。

1.1.1　世界连铸技术发展

连续浇铸液态金属的设想最早可以追溯到 19 世纪中叶。1840 年，美国的

Sellers 获得了连铸铅管的专利。钢水的连续浇铸则开始于 1857 年，当时，H. Bessemer 获得了利用双辊铸造薄带的专利。连铸技术的工业化应用是在 1933 年 S. Junghans 和 Irving Rossi 开发了结晶器振动装置以后才实现的。1950 年，S. Junghans 和曼内斯曼（Mannesmann）公司合作，建成了世界上第一台能浇铸 5t 钢水的连铸机。

自第一台连铸机问世，迄今已有 50 余年的历史。在此期间，连铸技术在世界范围内得到了大发展，经历了 40 年代技术争论、50 年代工业应用、60 年代稳步发展、70 年代迅猛发展、80 年代完全成熟和 90 年代薄板坯连铸技术大发展等六个时期。

连铸技术对钢铁冶金工业的生产工程、工艺的改进、产品质量的提高、冶金装备的设计以及自动化生产起到了重大的推动作用。20 世纪 40 年代，容汉斯在德国建成世界上第一台浇铸钢水的试验连铸机就已提出了振动水冷结晶器、浸入式水口和保护浇铸等技术，为现代连铸机奠定了基础。50 年代，连续铸钢进入工业应用时期，连铸小方坯的生产得以实现。60 年代进入稳步发展阶段，在机型方面，出现了立弯式连铸机，曼内斯曼公司相继建成了方坯和板坯弧形连铸机；同时，这个时期研制成功了保护渣浇铸、浸入式水口和钢流保护等新技术，为连铸的发展创造了条件。70 年代进入迅猛发展时期，世界范围内的连铸比大幅度提高，出现了结晶器在线调宽、带升降装置的钢包回转台、多点矫直、压缩浇铸、气水冷却、电磁搅拌、无氧化浇铸、中间包冶金、上装引锭等一系列新技术新设备。80 年代进入完全成熟期，生产高质量铸坯的技术和体制已经确立，从钢水的纯净化、温度的控制、无氧化浇铸、初期凝固现象对表面质量的影响，保护渣在高拉速下的行为和作用，结晶器的综合诊断技术，冷却制度的最优化，铸坯在凝固过程的力学问题，消除和减轻变形的措施，控制铸坯凝固组织的手段等，直到生产工艺、操作水平和装备水平等方面得到不断提高和完善；进入 90 年代，传统的铸机作业率的先进指标已经趋于满负荷，连铸技术的发展方向主要体现于近终形连铸和高效连铸技术的开发。

近终形连铸技术是指在保证最终产品质量所需压下量前提下，接近于产品最终形状的连铸技术。薄板坯连铸连轧是生产热轧卷的一项新的短流程工艺，与传统连铸工艺流程相比，其具有节约投资、提高成材率、降低生产成本、大幅度缩短生产周期等一系列优点。高效连铸技术是指铸机高拉速、高作业率、铸坯高质量、高连浇率等；高拉速是高效连铸的核心，也是实现高效连铸的有效途径。如提高钢水的质量、低过热度浇铸、减少过程温度的波动、强化结晶器的冷却强度等。对连铸过程的传热机理、钢水的凝固过程控制、表面质量控制、内部质量控制、连铸过程中偏析与鼓肚的防治、连铸坯夹杂物控制等质量控制技术的研究是连铸技术发展的重要研究方向之一。

世界钢铁工业发达国家为应用高效连铸技术而成功开发了一大批新技术、新工艺、新设备和新材料。它们主要包括钢水的多功能真空精炼处理技术、钢水的密封浇铸技术、结晶器的短行程和高频率振动技术、拉漏预报技术、铸坯的喷雾冷却技术、铸坯的多点矫直技术、电磁搅拌技术、高质量保护渣和连铸用耐火材料的应用技术、电子计算机的联网控制技术等。我国连铸铸钢发展很快，2006年上半年全国连铸比达到94%，已超过了世界90%平均连铸比水平，大多数钢种都可以生产，许多连铸关键设备实现了国产，不过也有一些关键设备特别是设备的计算机控制系统还需要进口，德国的克虏伯公司、奥钢联在连铸控制系统的研究和制造方面处于国际领先水平，我国的许多科研单位也在这几方面进行了深入的研究，取得了许多科技成果。

截至2015年，世界上钢铁产品的96%以上采用连铸工艺生产，该项技术是一个成熟和复杂的技术过程，经历了几十年的改进，主要是基于现场生产的经验，借助于物理水模型来理解流体流动行为。对于更进一步的进步将是困难的，由于现场环境的恶劣，因此需要更好地理解其基本原理。

1.1.2 我国连铸技术发展

我国是连续铸钢技术发展较早的国家之一，早在20世纪50年代就已经开始研究和工业试验工作。上海钢铁公司中心试验室的吴大柯先生于1957年主持设计并建成第一台立式工业试验连铸机，浇铸75mm×180mm的小断面铸坯。由徐宝升教授主持设计的第一台双流立式连铸机于1958年在重钢三厂建成投产。接着由黑色冶金设计院设计的一台方坯和板坯兼用弧形连铸机于1964年6月24日在重钢三厂诞生投产，其圆弧半径为6m，浇铸板坯最大宽度为1700mm，这是世界最早的生产用弧形连铸机之一。此后，由上海钢研所吴大柯先生主持设计的一台4流弧形连铸机于1965年在上钢三厂问世投产。该连铸机的圆弧半径为4.56m，浇铸断面为270mm×145mm，这是世界最早一批弧形连铸机之一。70年代我国成功地应用了浸入式水口和保护渣技术。到1978年我国自行设计制造的连铸机近20台，实际生产量约为112万吨，连铸比仅为3.4%。当时世界连铸机总数为400台左右，连铸比在20.8%左右。

改革开放以来，为了学习国外先进的技术和经验，加速我国连铸技术的发展，从70年代末一些企业引进了一批连铸机设备。例如1978年和1979年武钢二炼钢厂从前联邦德国引进单流板坯弧形连铸机3台。在消化国外先进技术基础上，围绕设备、操作、品种开发、管理等方面进行了大量的开发和完善工作，于1985年实现了全连铸生产，产量突破了设计能力。首钢二炼钢厂在1987年和1988年相继从瑞士康卡斯特引进投产了2台8流弧形小方坯连铸机，1993年产量已经超过设计能力，并在消化引进技术的基础上，自行设计制造又投产了7台

8流弧形小方坯连铸机，成为国内拥有连铸机数和流数最多的生产厂家。1988年和1989年上钢三厂和太钢分别从奥地利引进浇铸不锈钢的板坯连铸机。1989年和1990年宝钢和鞍钢分别从日本引进了双流大型板坯连铸机。1996年10月武钢三炼钢厂投产1台从西班牙引进的高度现代化双流板坯连铸机。这些连铸技术设备的引进都促进了我国连铸技术的发展。据统计，到1995年底我国运转和在建的连铸机已有300多台，其中自行设计制造的占80%，从国外引进的只有70多台左右。目前我国在异型坯、大圆坯和大方坯连铸机的设计制造方面仍有些困难。不过，我国在高效连铸技术小方坯领域已跻身世界先进行列。到1998年在大、中型企业中，有74个全连铸分厂（车间），全年钢总产量11434.6万吨，连铸比达67.6%。

原来连铸技术较先进的日本，近十多年来发展相对缓慢，工艺、设备及技术水平进步相对较小。目前国际上在常规和中等厚度的板坯连铸机领域，奥钢联占有较大优势，而在薄板坯连铸机方面，普锐特公司则鳌头独占。中国近期引进的板坯连铸机多由这两家公司设计。我国钢铁生产从粗放向集约化转型过程中，连铸是炼钢领域内发展最快的技术之一。近年来，连铸技术发展的主要特征体现在：（1）连铸产量和连铸比快速增长；板坯、方坯、圆坯、异型坯等多种连铸机数量急剧增加；尤其是薄板坯连铸-连轧，无论在生产规模还是相关技术经济指标都达到了世界水平；（2）随着板、带、管钢材消费的增长，在推进高效化连铸技术的同时，品种、质量得到很大改善和提高；（3）遵循“开放引进与自主研发并重”的原则，自主设计、自主制造的国产化连铸机的比例越来越大，自主创新、自主研发集成的连铸新技术的工业化应用比重也越来越大。

“十一五”期间，我国重点大中型钢铁企业连铸机台数和产能情况逐年增加，连铸机台数由2005年的429台增至2010年的656台，年均增长8.9%，连铸机产能由3.1亿吨增至6.5亿吨，年均增长16%。尤其是新中国成立以来，中国连铸技术不断取得进步，连铸比也保持快速发展的态势，连铸技术的改进对铸坯质量的提高以及整个钢铁行业的发展有着重要的意义。我国连铸机类型齐全，从几毫米铸坯的线材铸机到宽度超过3m的宽厚板铸机，从立式、立弯、直弧及弧形到水平连铸机都有。具有代表性的机型有直弧型大板坯铸机、弧型小方坯铸机、弧型大方坯铸机和立弯型薄板坯铸机。在连铸新技术研究开发方面，进行了高效连铸技术、近终形连铸技术、电磁连铸技术、特殊钢连铸技术、连铸坯凝固控制技术和双辊薄带连铸技术等方面的工作。许多连铸新技术的研究开发正紧跟国际的发展。

1.1.3 总体情况

随着钢铁工业由“产量型”到“品种、质量型”的转变，新材料的试制与开发对连铸工艺和设备提出了更高的要求。连铸未来发展目标将向高效、优质、低成本方向发展，研发和推广应用近终形连铸技术，扩大连铸钢坯品种，提高连铸坯质量，提升自动化控制水平，强化连铸机专业化分工，加强设备维护，提高连铸工厂综合管理水平，积极采用连铸新技术、新成果，继续推进热送热装工艺的应用，加速精细化发展进程。具体体现在以下六个方面：

(1) 以连铸“稳定拉速、高效率生产”为目标，对铁水预处理-炼钢-二次精炼进行协同研究与改进，使之与高效化连铸工序实现合理匹配，协同和连续运行。同时要研究为稳定和提高铸坯质量采用的各种技术和管理措施。

(2) 加强对连铸机专业化分工的研究，要根据不同特点连铸机与产品质量的关系，并在生产流程优化的基础上，推行连铸机专业化分工模式，改变“万能铸机”的概念，从而建立更为合理、高效、稳定的生产流程。

(3) 根据节能的要求，大力推进连铸坯热送热装工艺，进一步降低企业能耗。研究连铸机产能与热轧钢产能的匹配关系，研究不同轧制方式下铸坯断面尺寸的优化。进一步研究高温铸坯的金属学问题，改进不同钢种的最佳热送热装工艺，扩大可直接热装的钢种范围，从而大幅度提高连铸坯热送热装率和连铸坯入炉温度，进而提升炼钢-轧钢一体化生产管理和信息管理的水平。

(4) 继续推动近终形连铸技术的开发与研究，对现有近终形连铸机在提高生产效率、扩大品种、提高质量、降低成本等方面进行研发。

(5) 继续遵循“开放引进”与“自主研发”相结合的方针，重点推动自主开发、设计、制造和运行的工程集成。

(6) 加速连铸机总体设计、设备设计与制造、连铸生产运转的精细化进程，优化现有技术装备。未来连铸技术的发展将是一个在多物理场作用下涉及诸多学科交叉的过程。它将从最初的技艺（Skill and Art）进一步走向科学化（Science），涉及的高温物理化学、流体力学、金属物理学、结晶学、量子物理学和信息技术等领域与范围将更加微观。随着研究者对各种基础技术研究和交叉学科渗透的进一步关注，新型、高效、节能的连铸生产流程将是连铸发展的必然选择。

1.2 连铸过程中的模拟研究

连铸是一项成熟、复杂的工艺过程，用于大部分钢种的生产，因此值得从根本上进行建模并开展数值模拟计算。它涉及许多耦合作用的现象，包括传热、凝固、多相流、电磁影响，复杂的界面行为，夹杂物捕捉，热机械变形，应力，裂纹，偏析等。此外，这些现象是瞬时的、三维的，并且在具有一定空间和时间尺度的范围内进行运算。钢水在结晶器内的流动是一个复杂的湍流流动，主要特征是不规则性、三维性、扩散性和耗散性。通过数值模拟可以获得复杂工况结晶器的流场，通过选择适宜的液面波动、流股冲击深度、表面流速范围可以优化工艺参数，确定影响因素和基本变化规律，并指导冷态模拟试验、热态模拟试验、工厂试验、实际生产参数控制范围优化。

仿真分为物理仿真和数学仿真。理论分析、数学仿真、模型研究及现场检验是对物理过程或现象研究的基本方法。数学仿真是利用相似理论对过程进行研究，不直接研究物理现象或过程。基于冶金过程其原材料复杂、高温高压条件、设备庞大、控制复杂的特点以及仿真研究可大范围改变参数，优化工艺设计、缩短试验时间、减少人财物的消耗、无污染无风险的特点，模拟仿真成为首选研究手段，近年来发展较快，取得了丰硕的成果。

1.2.1 物理模拟

物理模拟多在按相似准则构成的实验室设备或中间实验设备上进行，即相似模拟。对物理过程或现象进行研究，就其研究方法而言，有四种方法：模型实验、现场测试、理论分析和数学模拟。其中最可靠的数据往往要由实验测量得到，采用全比例设备进行研究，可以预测由它完全复制的同类设备在相同条件下运行的情况。但在大多数情况下，这种全比例实验是极其昂贵的，特别是冶金过程，原料条件复杂、装置庞大，整个过程在高温条件下进行，全比例实验往往是不可能的。因此，人们通常采用模拟方法进行研究。连铸过程模拟研究的主要方法包括：

（1）水力学模型实验法，如结晶器、中间包和钢包等的流场的水力学模拟；

（2）低熔点合金模拟法，如电磁制动、电磁软接触等；

（3）计算机仿真实验法，如凝固过程传热及应力仿真、液芯压下过程的仿真、结晶器流场模拟、中间包流场模拟等。

1.2.2 数学模拟

近几十年来，借助计算机技术的发展，国内外众多冶金工作者利用数学模拟对冶金过程开展了大量研究工作，并取得了大量成果。计算机模拟铸坯凝固传热过程虽只有几十年的历史，发展却极为迅速。铸坯形状相对简单，但传热方程的解析解即便存在也很难得到。借助数值分析方法，将凝固传热方程在计算机上进行数值求解，可再现凝固传热过程，从而为工程设计、工艺分析和开发提供必要的理论指导。

用计算机对物理过程进行数值模拟，即用数值方法通过计算机求解具有定解条件的微分方程组，给出整个体系内有关变量的时空分布，进而分析各种因素对物理过程的影响。因其具有成本低、速度快、资料完备、能模拟真实条件及理想条件等优点，所以在冶金过程中得到了广泛应用。

在数学物理模拟方法被引入冶金研究过程以前，冶金工艺过程的研究主要靠实验研究和现场观察，在很大程度上依赖于长期经验的积累。虽然这些方法至今仍有很重要的作用，但随着冶金工艺技术和市场激烈竞争对工艺优化要求的提高，传统的研究方法已不能适应新形势的发展。利用计算机硬件和相关服务性软件，数学模拟已经成为冶金研究的重要手段之一。

连铸过程的复杂性使得无法同时对所有这些现象进行建模。因此，有必要做出合理的假设，并取消或忽略不太重要的现象，根据一个特定的目的选择模型。因此，选择模型的目的是最关键的建模步骤。有用模型的一个主要目的是获得理解过程的某些方面的新的洞察力，例如解释特定缺陷如何可能形成的机制，以及它的发生率如何受可控的过程变量影响。钢的连续铸造就是由一个极其复杂的相互关联的现象所控制的，如图 1-2 所示。

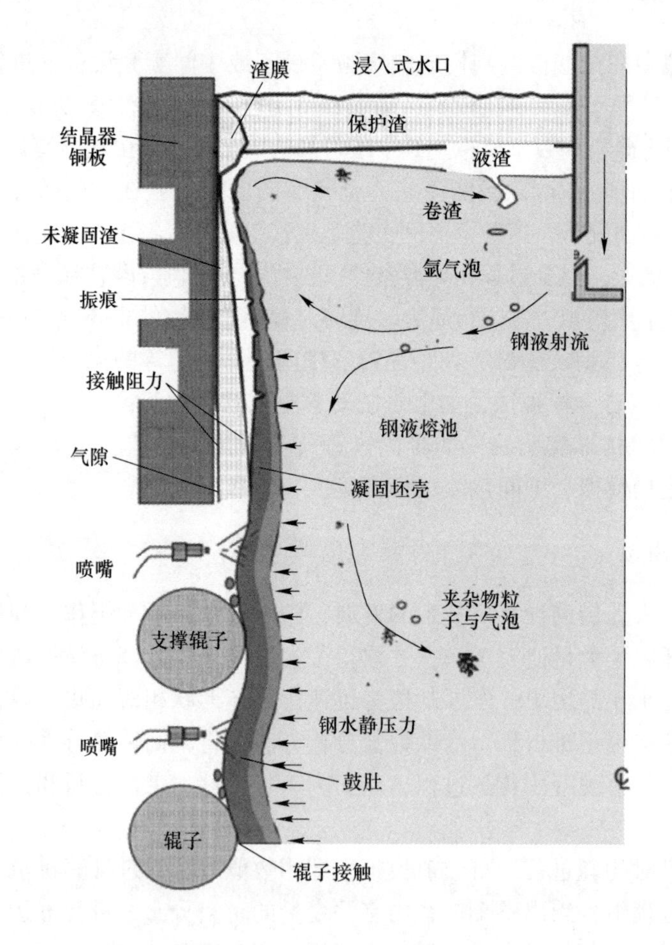

图 1-2　连铸过程钢液凝固流动现象

彩图 1-2

选择计算域和控制方程，进行离散化，并用数值方法求解，如流体流动的有限差分和有限元的应力分析。在求解非线性方程时，数值误差通常来自计算网格太粗或不完全收敛。最后，数值模型必须在实验室和工厂生产基础上对数据测量进行校准和验证，然后才能从参数研究中获得对实际过程的定量理解。

数学模拟是指用数学模型来使现象或过程再现。数学模拟有三方面的优点：

(1) 可大幅度地改变各种参数的取值范围，对新工艺与新设备的设计是非常理想的；

(2) 数学模拟可使试验时间大为缩短，人力、物力大为节省；

(3) 一套成熟的模拟程序可适用于一类工艺过程。

连铸过程数值模拟研究始于20世纪60年代，并逐渐在两个方面不断取得进展：一方面，在专业技术领域内，初期的数值模拟限于传热过程，且常常需要做一系列的假设以简化模型条件。即使如此，许多不同条件下的温度场模拟计算，结果还是与实际测定基本一致，为数值模拟的不断发展提供了良好的前景。另一方面，在数值计算方法上也得到不断的扩展与改进。初期的数值模拟主要使用有限差分法，以后陆续在有限差分法的基础上发展了交替方向隐式法及直接差分法，后者直接从单元体能量守恒的物理概念出发来建立计算公式，在网格剖分上还兼有有限元法的优点，能较好地处理复杂的几何形状。接着，又陆续引入了边界元法和有限元法用于连铸过程的数值模拟。各种数值计算方法具有共同的特点，即它们均能用于求解支配连铸过程的基本导热方程，揭示凝固过程中温度分布的基本规律。同时它们又围绕求解域的离散及求不同类型基本方程显示出各自的不同特点。因此，需针对连铸过程中的不同侧面，要求的精度以及计算时间与计算机容量等不同因素选用合适的数值计算方法。在用数学模型研究钢水凝固传热过程方面，大量学者进行了开拓性研究，分别建立了结晶器内钢水凝固的一维非稳态、二维非稳态和三维非稳态模型，研究了钢水凝固现象。

求解凝固传热方程是分析二冷段温度场和凝固过程的主要手段，常用的数值方法有：有限差分法、直接差分法、有限元法、边界元法和分数步长法，前两种方法应用较多，尤其是有限差分法：

(1) 有限差分法（FDM）。该方法是将所描述物理现象的微分方程离散，转换成差分方程，然后进行求解的一种方法，其要求单元划分是正交的。有限差分法具有公式简单、编程容易、占用内存少、运算速度快以及计算精度可以满足要求等优点。但对于处理复杂形状的物体时，存在一定的困难。

(2) 直接差分法（DFDM）。直接差分法是日本人大中逸雄提出的一种方法。其原理是将所求解的系统划分为一系列微小单元，然后求解差分方程得出数值解。此方法物理意义明确，单元划分比较自由，较适合处理形状复杂的物体。但其不足之处是在计算每个时间步长的温度之前，先要确定计算每个单元的计算稳

定条件 $\Delta\tau$ min，在找出单元中最小 $\Delta\tau$ min 后做下一步的时间步长，这就加大了计算量和机器的运行时间，而且输入的数据量多，程序复杂，增加了运算时间。

(3) 有限元法（FEM）。有限元法首先对系统进行剖分，单元剖分是任意的，再根据变分原理对单元体计算，然后再进行总体合成。此法因其单元划分比较任意，因而特别适合具有复杂形状的物体。此法也适合于需要进行热应力模拟的计算。但是，这种需要求解大型联立方程组，所以占用内存相当大，使得计算时间长，程序编制也比较困难，使得可以解决的问题受到了限制。

(4) 边界元法（BEM）。边界元法不同于有限差分法和有限元法要在整个区域上进行离散化处理，只需要在边界上进行离散，把问题降低一维来考虑，使得需要处理的信息量大大减少。对于有限边界和无限区域问题，此方法非常有效。但是，边界元法的计算公式非常复杂，程序编制也十分困难，占用内存大，计算成本高，此方法还有待于进一步完善。

(5) 分数步长法（FTS）。分数步长法是将传热微分方程进行分裂处理，得出分裂格式，使得一个步长分为了三个分步。分裂的格式与传热微分方程是绝对相容且绝对收敛。分数步长法和差分法相比，有求解速度快、占用内存少、适用于微型机使用的优点，是值得推广应用的一种较好的数值计算方法。

有限单元法（Finite Element Method，FEM）也称有限元法，是随着电子计算机的使用而发展起来的一种有效的数值计算方法。有限元分析是在结构分析领域中应用和发展起来的，它不仅可以解决工程汇总的结构分析问题，同时也可以解决传热学、流体力学、电磁学和声学等领域的问题。有限元法的基本思想是把整体结构看作是由有限个单元相互连接而组成的集合体，每个单元赋予一定的物理特性，然后组合在一起就能近似等效整体结构的物理特性。其实质是把具有无限自由度的连续系统，近似等效为只有有限自由度的离散系统，使问题转化为适合于数值求解的数学问题。有限元法的基本求解步骤为:(1) 结构的离散化；(2) 选择插值函数；(3) 建立控制方程；(4) 求解节点变量；(5) 计算单元中的其他导出量。

国际上著名的通用有限元软件有几十种，常用的有 ANSYS、ABAQUS、NASTRAN、MARC、ALGOR 以及 ADINA 等。ANSYS 是美国 ANSYS 公司开发的大型通用商业化软件，具有四种场和多场耦合的分析功能，即应力场（结构）、温度场（热）、流场（计算流体动力学）、电磁场（电磁学）及其温度-应力、电磁-热、热-流动、感应-流动等耦合分析。ANSYS 作为功能强大、应用广泛的有限元分析软件，其功能特点主要表现在以下几个方面：

(1) 数据统一。ANSYS 使用统一的数据库来存储几何模型、有限元模型、材料参数、外载及结果数据，从而保证了前后处理、分析求解及多场耦合分析的数据统一。

（2）强大的求解功能。ANSYS 提供了多种求解器，用户可以根据具体的分析问题选择合适的求解器。

（3）强大的非线性分析功能。ANSYS 具有强大的非线性分析功能，可进行几何非线性、材料非线性及接触非线性分析等。

（4）多种网格划分方式。ANSYS 提供了 Free 网格划分、Map 网格划分、Sweep 网格划分等多种网格划分方式，可根据模型的特点选择合适的网格划分方式。

（5）独特的优化功能。利用 ANSYS 的优化设计模块，对结构的拓扑、形貌、材料进行优化，确定最优的设计方案。

（6）多场耦合功能。ANSYS 可以实现多场的耦合分析，研究各物理场间的相互影响。

（7）友好的程序接口和良好的用户开发环境。ANSYS 提供了与主流 CAD 软件及其他有限元分析软件的接口程序，可实现数据的导入和导出。另外，ANSYS 提供了便利的二次开发平台，用户可以利用 APDL、UIDL 和 UPFS 等对其进行二次开发。

2 中间包数值模拟研究

中间包是钢包与结晶器之间的中间容器。使用中间包的目的是减少钢水静压力，减少钢流对结晶器内钢液的冲击和搅动。钢水在中间包内停留时，还可使非金属夹杂物有机会上浮；在多流连铸机上，可以通过中间包将钢水分配到每个结晶器；在多炉连浇时，中间包可以储存一定数量的钢水，以保证在更换钢包时继续浇铸。另外，随着对钢洁净度要求的提高，人们把中间包作为钢包与结晶器之间的一个精炼反应器，以进一步提高钢的质量[1]。

数值模拟在中间包方面的应用较为广泛。常用的 CFD 商业软件包括 ANSYS-CFX、Fluent、Phoenics 和 Star-CD 等，研究的主要内容包括中间包流场、温度场、夹杂物去除和钢液平均停留时间等，研究的目的主要包括中间包结构优化、中间包液面控制、钢液温度控制、控流装置的应用与优化和异形中间包结构优化等。

本章通过介绍中间包数值模拟研究的案例，介绍数值模拟方法在中间包上的应用。其中包括研究方法、研究目的、研究对象、研究内容和研究结果等，另外还对方程的使用、湍流模型的选择、物性参数的选择等提出了建议。

2.1 中间包流动数值模拟研究

CFD（Computational Fluid Dynamics），即计算流体动力学，是计算技术与数值计算技术的结合体，是将流体试验用数值模拟方法求解的过程。

CFD 在最近 20 年中得到飞速的发展，CFD 商业软件也如雨后春笋般应运而生。CFD 软件一般都能推出多种优化的物理模型，如定常或非定常流动、层流、紊流、不可压缩和可压缩流动、传热、化学反应等。对每一种物理问题的流动特点，都有适合它的数值解法，用户可对显式或隐式差分格式进行选择，以期在计算速度、稳定性和精度等方面达到最佳。

CFD 软件在中间包模拟上的应用也是多见报道，最为常见的商业软件是 Fluent 和 CFX，其研究的主要内容包括中间包流场、中间包钢液平均停留时间分布曲线（Residence Time Distribution，RTD）、中间包温度场、夹杂物去除等，研究目的包括优化中间包结构、优化控流装置和优化温度场等。

2.1.1 稳态模拟研究

中间包稳态模型用来模拟中间包内钢液流动稳定后的状态，将钢液流场作为评价标准，通过考察不同工艺参数对流场的影响，从而获得更优的工艺参数[2,3]。

中间包模型使用两个基本方程来描述，分别是连续性方程和动量守恒方程。

连续性方程：

$$\frac{\partial \rho}{\partial t}+\frac{\partial(\rho u_i)}{\partial x_i}=0 \tag{2-1}$$

对于稳态模拟，连续性方程可以简化为：

$$\frac{\partial(\rho u_i)}{\partial x_i}=0 \tag{2-2}$$

动量守恒方程：

$$\frac{\partial(\rho u_i)}{\partial t}+\frac{\partial(\rho u_i u_j)}{\partial x_j}=-\frac{\partial(p)}{\partial x_i}+\frac{\partial}{\partial x_j}\left[\mu_{\mathrm{eff}}\left(\frac{\partial u_i}{\partial x_j}+\frac{\partial u_j}{\partial x_i}\right)\right] \tag{2-3}$$

式中，u_i、u_j 为 i 和 j 方向的速度，m/s；x_i、x_j 为 i 和 j 方向的坐标值，m；i 和 j 分别代表 x、y、z 方向；ρ 为流体密度，$\mathrm{kg/m^3}$；p 为压强，Pa；μ_{eff} 为有效黏度系数，kg/(m·s)，可用湍流模型确定。

对于湍流模型，诸多的学者已经做了大量的工作，朱苗勇等人[2]对比了 k-ε 双方程模型和大涡模拟 LES 模型在中间包流场模拟中的应用效果。LES 模型在瞬态求解中被采用。

当采用 k-ε 双方程模型时，模型控制方程可表示为：

$$\frac{\partial}{\partial x_i}\left(\rho u_i k-\frac{\mu_{\mathrm{eff}}}{\sigma_{\mathrm{k}}}\cdot\frac{\partial k}{\partial x_i}\right)=G_{\mathrm{k}}-\rho\varepsilon \tag{2-4}$$

$$\frac{\partial}{\partial x_i}\left(\rho u_i \varepsilon-\frac{\mu_{\mathrm{eff}}}{\sigma_{\varepsilon}}\cdot\frac{\partial \varepsilon}{\partial x_i}\right)=\frac{C_1\varepsilon G_{\mathrm{k}}-C_2\rho\varepsilon^2}{k} \tag{2-5}$$

式中，k 为湍动能，$\mathrm{m^2/s^2}$；ε 为湍动能耗散率，$\mathrm{m^2/s^3}$；G_{k} 为湍动能产生项，可表示为：

$$G_{\mathrm{k}} = \mu_{\mathrm{t}} \frac{\partial u_j}{\partial x_i}\left(\frac{\partial u_i}{\partial x_j} + \frac{\partial u_j}{\partial x_i}\right) \tag{2-6}$$

$$\mu_{\mathrm{t}} = \rho C_{\mu} k^2 / \varepsilon \tag{2-7}$$

$$\mu_{\mathrm{eff}} = \mu_{\mathrm{l}} + \mu_{\mathrm{t}} \tag{2-8}$$

式中，μ_{l} 和 μ_{t} 分别为层流和湍流黏度，kg/(m · s)。模型中，σ_{k}、σ_{ε}、C_1、C_2 和 C_{μ} 这 5 个常数采用 Launcher 和 Spalding 的推荐值[4]，如表 2-1 所示。

表 2-1　*k-ε* 双方程模型的常数取值

C_{μ}	C_1	C_2	σ_{k}	σ_{ε}
0.09	1.44	1.92	1.0	1.3

当采用 LES 模型时，μ_{t} 由下式确定：

$$\mu_{\mathrm{t}} = \rho\,(C_{\mathrm{s}}\Delta)^2 \cdot (2S_{ij} \cdot S_{ij})^{1/2} \tag{2-9}$$

式中，C_{s} 为 Smagorinsky 常数，根据文献[5]，取其值为 0.1；S_{ij} 为大尺度流场应变率，可表示为：

$$S_{ij} = \frac{1}{2}\left(\frac{\partial u_i}{\partial x_j} + \frac{\partial u_j}{\partial x_i}\right) \tag{2-10}$$

式（2-9）中 Δ 为过滤宽度，由下式确定：

$$\Delta = \left(\frac{\Delta x^2 + \Delta y^2 + \Delta z^2}{3}\right)^{1/2} \tag{2-11}$$

式中，Δx、Δy 和 Δz 分别为微元体三方向的尺寸。

通过对比两个模型的计算结果后，作者认为，*k-ε* 双方程模型能够很好地描述中间包内的流动和湍流特性，而且计算时间较短，但是这个模型也存在一定的局限性。LES 大涡模型可以描述一些双方程模型不能很好描述的现象，但是这个模型需要较长的求解时间。

Jha 等人[6]给出了 9 种湍流模型，研究了不同湍流模型对中间包出口位置示踪剂浓度的影响，并将这些模型的结果与实验结果进行对比。其结果显示，标准的 *k-ε* 双方程模型、*k-ε* Chen-Kim 模型和带 Yap 系数的 *k-ε* 模型比其他模型更能准确地描述中间包流场。到目前为止，虽然 *k-ε* 双方程模型存在一定的局限性，但它依然是中间包模拟中最为常用的湍流模型。

中间包模拟的边界条件会因计算的不同而不同，而对于稳态流场模拟而言，其主要边界条件由以下几项组成：

（1）入口边界条件。入口位置的变量主要是流体的入口速度，这要根据实际情况进行折算。如果采用 k-ε 双方程模型，则需要给定入口的 k 值和 ε 值。通常 $k = 0.01u_{\text{inlet}}^2$，$\varepsilon = k^{1.5}/(d_{\text{inlet}}/2)$，其中，$u_{\text{inlet}}$ 为入口速度，m/s；d_{inlet} 为入口内径，m。

（2）出口边界条件。出口边界可以直接设定流体的出口速度，也可以设定出口压强。

（3）壁面边界条件。在固体壁面上，通常将速度和压力设定为无滑移边界条件。

（4）对称面边界条件。由于很多中间包存在一定的对称性，为了提高计算速度，通常只计算对称中间包的1/2甚至是1/4，这种模型则需要给定对称面边界条件。

（5）自由表面边界条件。在某些中间包计算模型中，会将中间包的上表面设定为自由表面，在自由表面，平行表面速度分量、压力、k 值和 ε 值的梯度设为零。

2.1.2 RTD 模拟研究

在评价中间包流场优劣的参数中，平均停留时间分布（以下简称 RTD）是最为常用的一个。RTD 曲线以一种间接和定性的方法来反映中间包生产洁净钢的效果。根据 RTD 曲线可以计算出钢液的平均停留时间、死区体积、活塞流体积和混合区体积，从而对中间包的冶金效果进行评价，通过改变一系列的参数，如中间包形状、控流装置的形状或位置和其他控流方式等，来查看这些参数对 RTD 的影响，从而对中间包工艺参数进行优化。

RTD 曲线的获得是基于“刺激-响应”方法，当中间包液面保持在适当高度、流场稳定后，在中间包入口处脉冲加入一定量的饱和 KCl 溶液作为示踪剂，同时在中间包的出口处测定示踪剂浓度随时间的变化曲线。数值模拟的方法是在入口位置添加一定量的示踪剂，然后监控出口位置示踪剂的浓度变化。

数值模拟中示踪剂的浓度方程如下[7]：

$$\frac{\partial \rho C}{\partial t} + \frac{\partial (\rho u_i C)}{\partial x_i} = \frac{\partial}{\partial x_i}\left(\rho D_{\text{eff}} \frac{\partial C}{\partial x_i}\right) \tag{2-12}$$

式中，ρ 为密度，kg/m^3；C 为示踪剂浓度，无量纲；t 为时间，s；u_i 为 i 方向的速度，m/s；x_i 为 i 方向的坐标值，m；D_{eff} 为有效扩散系数，m^2/s，是扩散系数和湍动能扩散系数之和。

Sahai[8]在前人的基础上，对 RTD 计算提出了修正方法，得到了广泛的应用。其将中间包内的区域分成三个部分，分别是活塞流区域、混合流区域和死区区域。活塞流区域内，不存在纵向的混合，均为横向混合，所有流体单元都有相同的停留时间；混合流区域内，流体中混合以最大的程度存在；死区区域内，流体流动很慢，其停留时间是平均停留时间的两倍以上。活塞流体积+混合流体积称为活跃区体积。

理论平均停留时间 $\overline{t}$ 可以表示为：

$$\overline{t} = \frac{V}{Q} \tag{2-13}$$

式中，V 为中间包流体的体积，m^3；Q 为通过中间包流体的总体积流量，m^3/s。

将时间和浓度无量纲化，得到的 RTD 曲线如图 2-1 所示。

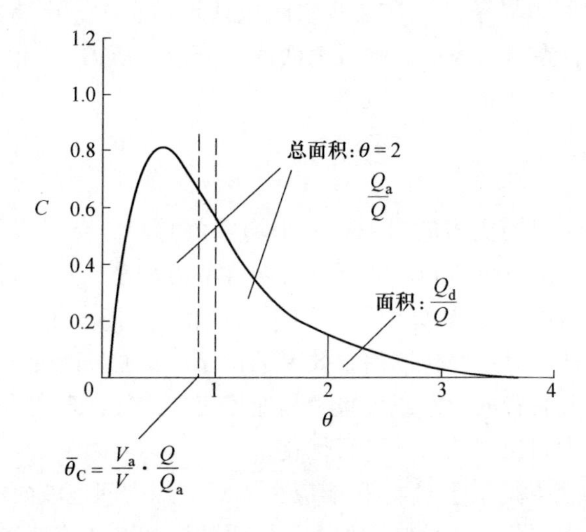

图 2-1 中间包典型的 RTD 曲线

则无量纲的平均停留时间公式为：

$$\overline{\theta} = \frac{\int_0^\infty \theta C \mathrm{d}\theta}{\int_0^\infty C \mathrm{d}\theta} \tag{2-14}$$

式中，θ 为无量纲时间，由时间 $t/\overline{t}$ 得到，t 为时间，s；$\overline{t}$ 为理论平均停留时间，s；C 为无量纲浓度。当时间间隔相同时，该式可以变为：

$$\overline{\theta} = \frac{\sum_i C_i \theta_i}{\sum_i C_i} \tag{2-15}$$

由于死区的停留时间是平均停留时间的两倍以上，因此定义 $\theta = 2$ 以上的无量纲平均停留时间 $\overline{\theta}_C$ ，有：

$$\overline{\theta}_C = \frac{\overline{t}_C}{\overline{t}} = \frac{V_a/Q_a}{V/Q} = \frac{V_a}{V} \cdot \frac{Q}{Q_a} \tag{2-16}$$

$$\frac{V_a}{V} = \frac{Q_a}{Q} \cdot \overline{\theta}_C \tag{2-17}$$

式中，$\overline{t}_C$ 为实际平均停留时间，s；V_a 为活跃区体积，m^3；Q_a 为活跃区流体的体积流量，m^3/s。

死区有两种形式：(1) 根本没有新入流体流过的区域；(2) 流体流动非常慢的区域。如果是第一种形式的话，死区与活跃区域没有流体的交流，则式 (2-17) 可转化为：

$$\frac{V_a}{V} = \overline{\theta}_C \tag{2-18}$$

而死区体积为：

$$\frac{V_d}{V} = 1 - \overline{\theta}_C \tag{2-19}$$

而活塞区体积 V_p 可以表示为：

$$\frac{V_p}{V} = \theta_{min} \tag{2-20}$$

式中，θ_{min} 为无量纲的最小停留时间，即示踪剂最先出现在中间包出口时的时间。

则混合区体积 V_m 可以表示为：

$$\frac{V_m}{V} = 1 - \frac{V_p}{V} - \frac{V_d}{V} \tag{2-21}$$

谢龙汉等人[9]给出了一种模拟中间包内 RTD 的 CFX 算例，其模拟了 1 流中间包，在入口处加入了一个附加变量，附加变量的持续时间为 1s，然后在出口处监控附加变量的浓度变化，最后得到的 RTD 曲线如图 2-2 所示。对该曲线进行处理，即可得到钢液在中间包的平均停留时间。

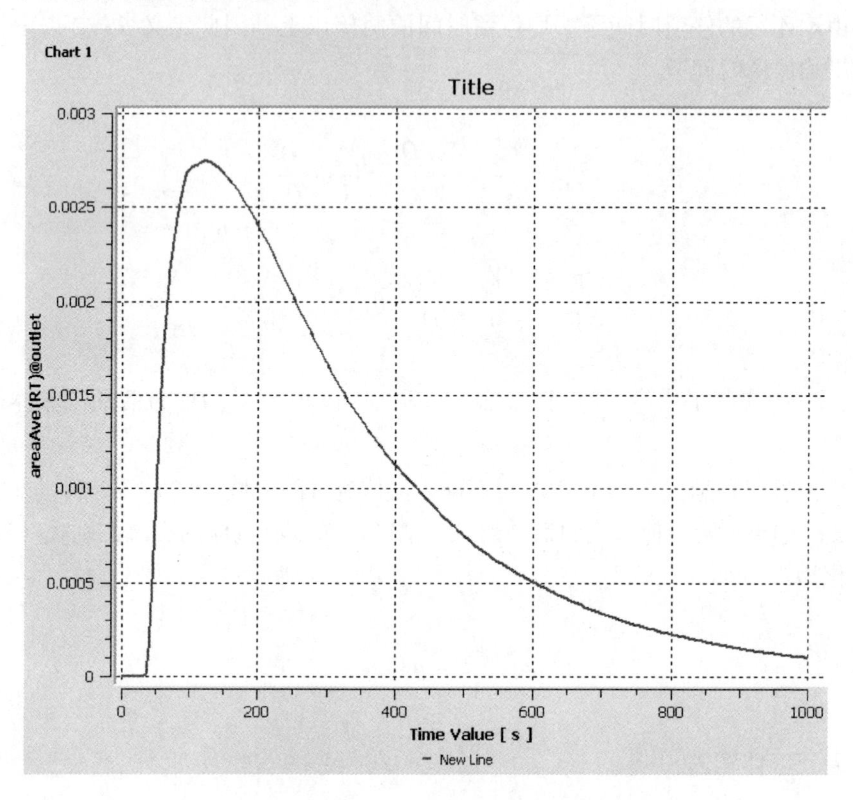

图 2-2　CFX 模拟得到 RTD 曲线

在 RTD 曲线分析方法确立以后，该模型得到了广泛的应用。该模型对于单流中间包有很好的预测能力，但是对于多流中间包，却存在一定的局限性，比如出现负的死区体积等情况。于是诸多的冶金学者致力于创建更加适合多流中间包的 RTD 方程。

郑淑国等人[10]给出了多流中间包的活塞区、混合区和死区的体积分数为：

$$\frac{V_{\mathrm{p}}}{V} = \frac{1}{N} \cdot (\theta_{1\min} + \theta_{2\min} + \cdots + \theta_{N\min}) \tag{2-22}$$

$$\frac{V_{\mathrm{d}}}{V} = 1 - \frac{1}{N} \cdot \left(\frac{Q_{1\mathrm{a}}}{Q_1}\overline{\theta}_{1\mathrm{C}} + \frac{Q_{2\mathrm{a}}}{Q_2}\overline{\theta}_{2\mathrm{C}} + \cdots + \frac{Q_{N\mathrm{a}}}{Q_N}\overline{\theta}_{N\mathrm{C}}\right) \tag{2-23}$$

$$\frac{V_m}{V} = 1 - \frac{V_p}{V} - \frac{V_d}{V} \tag{2-24}$$

式中，V_p、V_d、V_m 和 V 分别为活塞区体积、死区体积、混合区体积和总体积，m^3；N 为中间包流数，也就是中间包出口个数；$\theta_{i\min}$ 为第 i 流的无因次最小停留时间；$\theta_{N\min}$ 为第 N 流的无因次最小停留时间；$\overline{\theta}_{iC}$ 为第 i 流的无因次平均停留时间；$\overline{\theta}_{NC}$ 为第 N 流的无因次平均停留时间；Q_{ia} 为第 i 流的活跃区体积流量，m^3/s；Q_{Na} 为第 N 流的活跃区体积流量，m^3/s；Q_i 为第 i 流的总体积流量；Q_N 为第 N 流的总体积流量；$i=1, 2, \cdots, N$，m^3/s。

其利用该模型对一个 6 流中间包的活塞区、混合区和死区体积分数进行了定量计算，得到：

$$\frac{V_p}{V} = 0.0506,\ \frac{V_d}{V} = 0.2885,\ \frac{V_m}{V} = 0.6609$$

雷洪等人[11]结合水模型验证，创立了适合一机 8 流中间包的平均停留时间计算公式：

$$\overline{t} = \frac{\int_0^{\infty} \sum_{i=1}^{n} \frac{f_{V,\ i}}{F_V} c_i t \mathrm{d}t}{\int_0^{\infty} \sum_{i=1}^{n} \frac{f_{V,\ i}}{F_V} c_i \mathrm{d}t} = \frac{\sum_{i=1}^{n} \frac{f_{V,\ i}}{F_V} \overline{t}_i \int_0^{\infty} c_i \mathrm{d}t}{\sum_{i=1}^{n} \frac{f_{V,\ i}}{F_V} \int_0^{\infty} c_i \mathrm{d}t} = \frac{\sum_{i=1}^{n} \overline{t}_i \int_0^{\infty} c_i \mathrm{d}t}{\sum_{i=1}^{n} \int_0^{\infty} c_i \mathrm{d}t} \tag{2-25}$$

式中，$\overline{t}$ 为平均停留时间，s；$f_{V,\ i}$ 表示各个出口的体积流量，m^3/s；F_V 为中间包流量，m^3/s，则有 $F_V = \sum_{i=1}^{n} f_{V,\ i}$；$t$ 为时间，s；c_i 为 t 时刻中间包第 i 个出口处示踪剂平均浓度，mol/m^3；

钟良才等人[12]在实验室建立了 7 流中间包流体流动的物理模型，结果显示中间包结构优化后，中间包流体流动特性得到很大改善，各流的停留时间分布曲线由尖窄形变成了宽矮形，最小停留时间在 44.75～73.75s，平均停留时间延长，均在 400s 以上，死区体积分数显著降低，在 14.45%～21.10%。

Kumar 等人[13]也研究了 4 流中间包的 RTD 问题，同时建立了数学模型和物理模型，其计算结果显示数值模型的平均停留时间和水模型的结果相差在±10%以内。

2.1.3 中间包非稳态模拟研究

中间包稳态模拟不考虑时间对流动过程的影响，仅研究流场稳定后的中间包内钢液状态，因此稳态模拟方程中的时间项均可以忽略。与之相对应的就是非稳态模拟问题，非稳态模拟方程中的时间项不能忽略，考察流动随时间的变化规律。

非稳态模拟问题主要分为两大部分：第一部分为开浇充包、换包、停浇排空过程中，中间包内钢液流动的模拟；第二部分为异钢种连浇过程中，化学元素的分布情况研究。

2.1.3.1　钢包更换时中间包补充钢液、排空钢液过程的非稳态模拟

Fan 等人[14]基于 SOLA-MAC 计算流体动力学技术，使用 $k\text{-}\varepsilon$ 双方程模型，对中间包的钢液充包和随后的开浇过程进行了模拟，同时使用水模型对该数学模型进行了验证，结果显示该模型模拟的钢液流动过程与水模型吻合较好。

Chakraborty 等人[15]使用数学模型研究了一个更换钢包的过程：其中包括了1min 的更换钢包时间，这期间中间包钢液处于净流出状态；还包括了 1min 的充包过程，直至正常液面；然后再正常浇铸 46min。结果显示，在 30min 左右，钢包内钢液的温度低于中间包内钢液温度，进入中间包的钢液不再沿着自由液面运行，而是沿着中间包包底运行，这将严重影响产品的质量，因此对钢包温度的控制至关重要。

岳丽芳等人[16]也用 VOF 的方法研究了板坯中间包空包、充包过程，发现在充包过程把自由表面当作大平板处理的模拟方法是不合理的，而使用 VOF 模型预测该过程，则更加合适。

贺友多[17]模拟了更换钢包时的中间包流场，由此判断夹杂物在中间包内上浮条件的变化，也可以为混钢过程提供理论依据。

2.1.3.2　异钢种混浇过程中化学元素分配情况分析的非稳态模拟

Cho 等人[18,19]提出了一种全新的中间包混合模型，用来预测异钢种混浇过程中，中间包出口处的元素浓度，最终目的是确定混合坯的长度。

首先定义钢液中某种元素的无量纲浓度 C ，其公式如下：

$$C \equiv \frac{F(t) - F_{\text{old}}}{F_{\text{new}} - F_{\text{old}}} \tag{2-26}$$

式中，$F(t)$ 为 t 时刻该元素的质量分数；F_{old} 为前一炉该元素的质量分数；F_{new} 为后一炉该元素的质量分数。中间包出口位置的无量纲浓度定义为 C_{out} ，平均无量纲浓度定义为 C_{ave} ，入口位置无量纲浓度定义为 C_{in} ，则这三个无量纲浓度有如下关系：

$$C_{out}(t+\Delta t)=f\cdot C_{ave}(t+\Delta t)+(1-f)\cdot C_{in}(t+\Delta t) \tag{2-27}$$

式中，f为比例因子，由实际生产或者水模型来确定。而C_{ave}又可以使用以下公式计算：

$$C_{ave}(t+\Delta t)=\frac{M_{td}(t)\cdot C_{ave}(t)+Q_{in}(t)\rho_{in}(t)\cdot\Delta t\cdot C_{in}(t)}{M_{td}(t+\Delta t)}-\frac{\left[\sum_{j=1}^{n}Q_{out}^{j}(t)\right]\cdot\rho_{out}(t)\cdot\Delta t\cdot C_{out}(t)}{M_{td}(t+\Delta t)} \tag{2-28}$$

$$M_{td}(t+\Delta t)=M_{td}(t)+\rho_{in}(t)\cdot Q_{in}(t)\cdot\Delta t-\left[\sum_{j=1}^{n}Q_{out}^{j}(t)\right]\cdot\rho_{out}(t)\Delta t \tag{2-29}$$

$$\rho_{out}(t)=C_{out}(t)\cdot\rho_{new}+[1-C_{out}(t)]\rho_{old} \tag{2-30}$$

式中，n为中间包出口个数；ρ_{in}和ρ_{out}分别为入口和出口的钢液密度，kg/m^3；Q_{in}和Q_{out}分别为入口流量和出口流量，m^3/s；M_{td}为中间包内钢液总质量，kg。

该模型的主要计算步骤如下：

(1) 首先确定$t=t_0$时刻，以下参数的初始值，包括$M_{td}(t)$、$Q_{in}(t)$、$Q_{out}(t)$、$C_{in}(t)$、$C_{out}(t)$、$C_{ave}(t)$和f；

(2) 然后通过式（2-29）和式（2-30）计算中间包钢液质量$M_{td}(t+\Delta t)$和出口的钢液密度$\rho_{out}(t)$；

(3) 使用式（2-28）计算平均无量纲浓度$C_{ave}(t+\Delta t)$；

(4) 使用式（2-27）计算$C_{out}(t+\Delta t)$；

(5) 令时间$t=t+\Delta t$，如果计算时间足够，则结束迭代，如果时间不够，则回到步骤（1）继续计算。

在建立该模型后，作者使用水模型的方式进行了验证，并发现，比例因子f与中间包的形状有关。

模型建立后与试验数据有很好的拟合度，因此作者认为可以使用该模型去追踪连铸过程中的混浇过程。

Thomas B G[20]同时使用该方法建立了混浇过程元素分布的数学模型，其分析了诸多情况下的混浇，包括成分要求严格炉次和成分要求严格炉次连浇、成分要求严格炉次和成分要求宽松炉次连浇、成分要求宽松炉次和成分要求严格炉次连浇、成分要求宽松炉次和成分要求宽松炉次连浇以及成分相近炉次连浇的情况。通过模型，可以计算出不同情况下的混合坯长度，使用该模型计算的结果，钢种混浇过程可以最大程度缩小降级坯的质量。

2.1.4　中间包结构优化的模拟研究

使用数值模拟的方法对中间包结构进行优化可以节省时间和成本。建立中间包数学模型，通过改变各种控流装置，研究不同工况对停留时间、中间包流场和夹杂物去除等情况的影响，以便找到最优的控流装置，从而指导现场生产。

目前中间包最为普遍的控流装置有湍流抑制器、挡墙（堰）、挡坝、导流孔和过滤器等。其中湍流抑制器的使用最为普遍，其被放置在钢包长水口下方，中间包的包底，在开浇时可以有效防止钢水的喷溅，同时还可以减少短路流的形成，提高钢水的停留时间，增加夹杂物的上浮去除几率。

图 2-3 中，a 为长水口中心线至堰的距离；b 为堰与挡坝的距离；c 为挡坝至中间包出水口中心线的距离；l、m、n 为不同的距离参数值。

图 2-3 和图 2-4 列举了多种类型的湍流抑制器，通过数值模拟，可以对比不同类型湍流抑制器对中间包流场、RTD 和夹杂物去除的影响，从而对湍流抑制器的效果进行评价。湍流抑制器的类型主要有冲击板、冲击盆、方形湍流抑制器、圆形湍流抑制器、带檐湍流抑制器和不带檐湍流抑制器等，模拟结果显示，带檐湍流抑制器的效果最佳。

除了湍流抑制器，挡墙和挡坝也是比较常见的控流装置，其示意图如图 2-5 所示[27]。通过设置挡墙和挡坝，可以有效地控制中间包内钢液的流动，增加平均停留时间，减少短路流的发生，增加夹杂物充分上浮的概率。对于挡墙、挡坝的数值模拟研究，主要是挡墙的位置和高度、挡坝的位置和高度等[28]、挡坝挡墙的个数[29]、挡墙和挡坝之间的距离等[30,31]。另外，还有冶金工作者研究了带有导流孔的挡墙、挡坝[32]以及过滤器[33]等对中间包内钢液流动的影响。

梁新腾等人[28]认为在板坯连铸中间包内，堰距离中间包左侧距离 1500mm、坝堰间距 600mm、坝高度 430mm、堰距离中间包包底 250mm、坝厚度 60mm 的情况，其死区体积最小。

薄凤华等人[30]在将平底包胎改为阶梯形、控流装置采用湍流器+出口挡坝的方式，优化后的结构其活塞区比例从 39. 3%增加至 69. 6%，死区比例从 10. 11%降低至 4. 77%，中间包夹杂物比优化前减少了 72. 35%，同时铸余降低了 3. 5t。

蒋国璋等人[31]使用数值模拟的方法对中间包结构进行优化后发现，坝堰间距 750mm、堰与注流口间距为 1350mm 时所得钢液净化效果最佳。

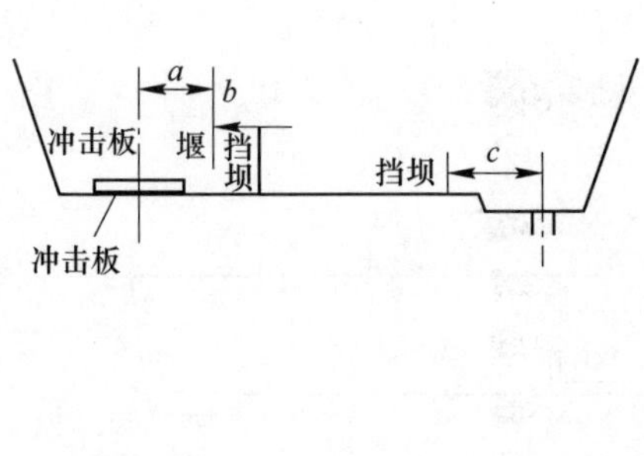

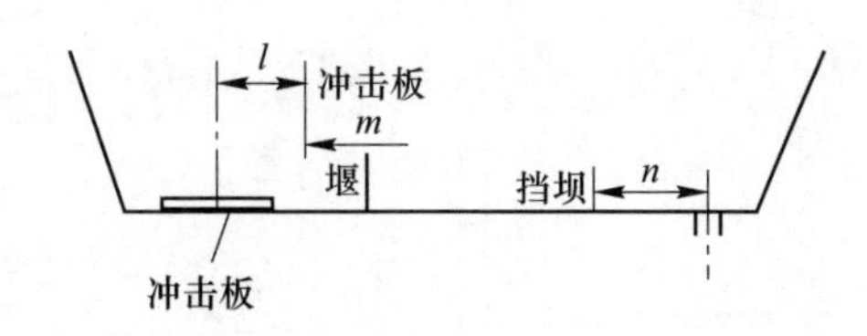

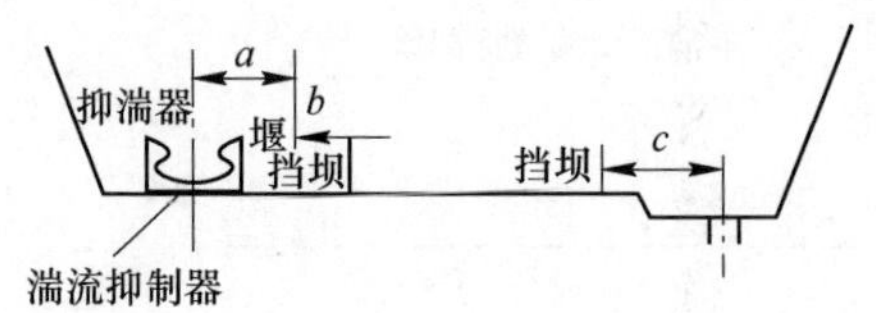

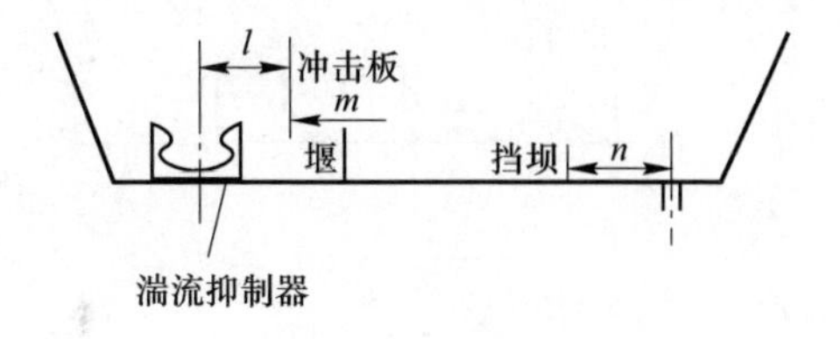

文献[21]

文献[22]

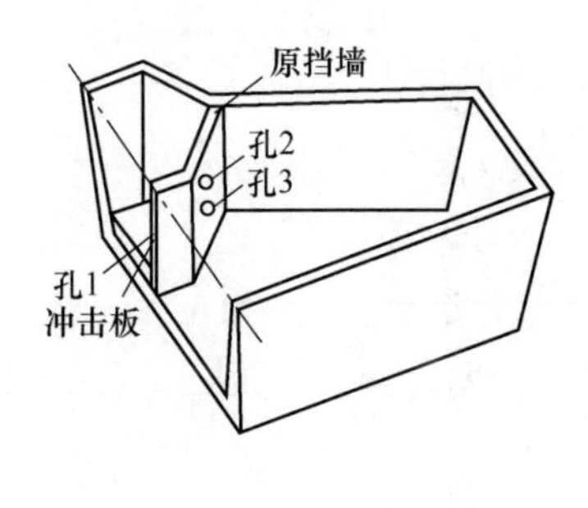

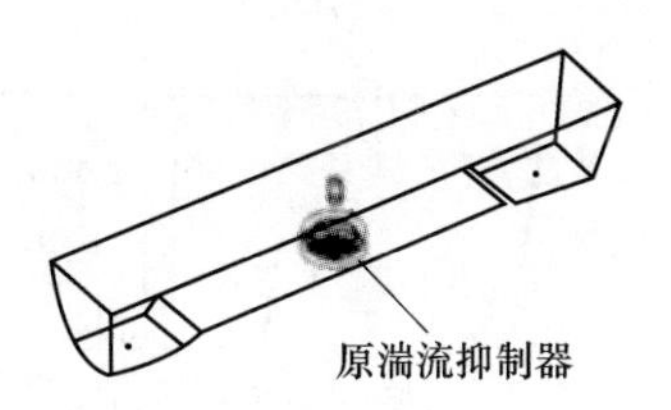

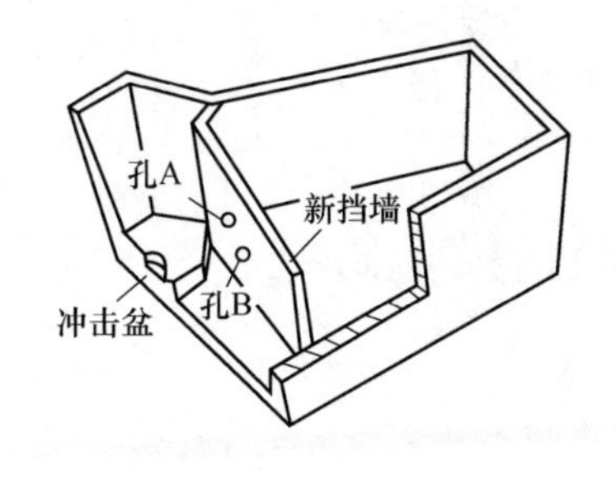

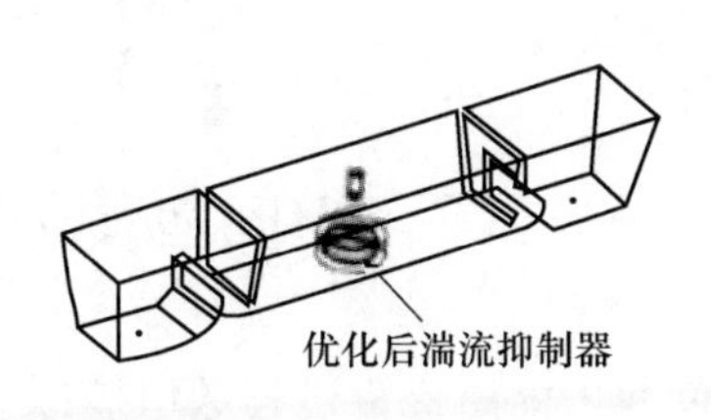

文献[23]

文献[24]

图 2-3 湍流抑制器

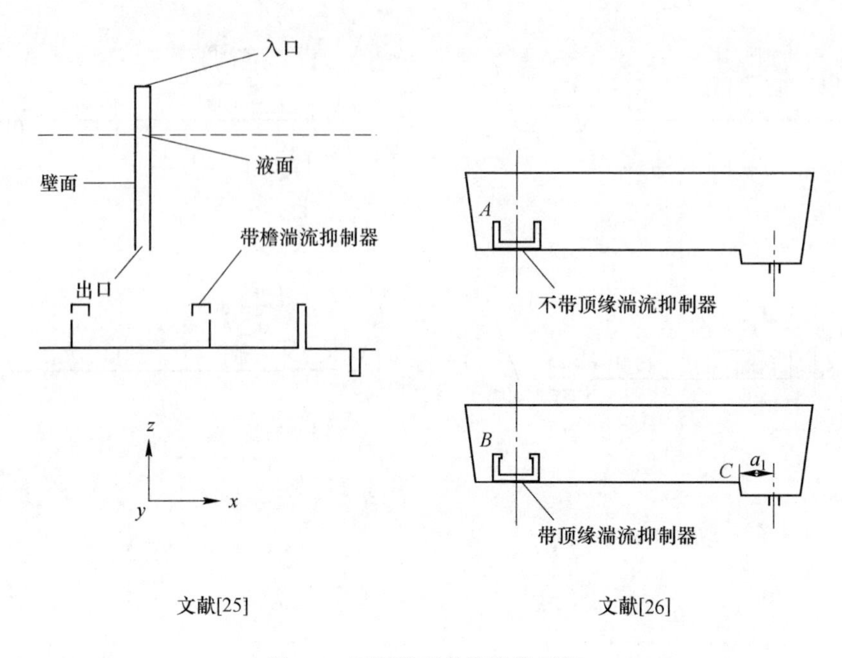

图 2-4　不同类型的湍流抑制器

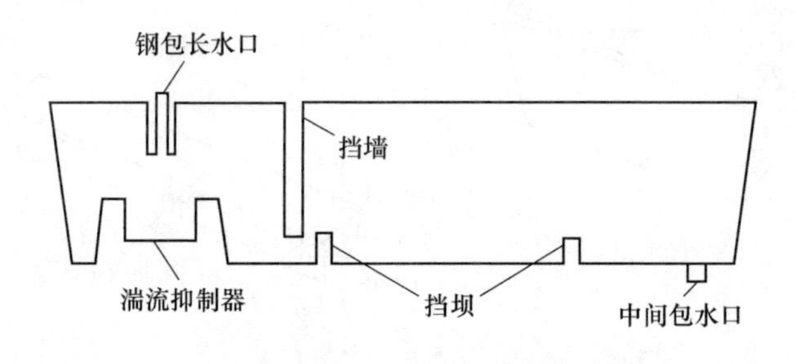

图 2-5　控流装置示意图

2.2　中间包传热的数值模拟研究

2.2.1　中间包内能量传输过程数值模拟

中间包内的热量传输也是中间包数值模拟研究的重要对象之一，通过建立中间包内钢液的传热模型，改变中间包结构等参数，使得钢液温度更加均匀，流动更加合理，从而提高中间包冶金效果。

对于不可压缩非黏性流体的温度场模型方程如下[34]：

$$\frac{\partial(\rho T)}{\partial t}+\frac{\partial(\rho u_j T)}{\partial x_j}=\frac{\partial}{\partial x_j}\left(\frac{k_{\mathrm{eff}}}{c_p}\frac{\partial T}{\partial x_j}\right) \tag{2-31}$$

式中，ρ 为钢液密度，kg/m³；t 为时间，s；u_j 为 j 方向的速度，m/s；x_j 为 j 方向的坐标值，m；j 为 x、y 和 z 方向；T 为钢液温度，K；k_{eff} 为有效导热系数，W/(m²·K)；c_p 为质量热容，J/(kg·K)。

中间包温度场的数值模拟多用来描述钢液在中间包内的温度分布情况。

刘鲁宁等人[35]对6流连铸机不同控流装置中间包内钢液温度进行数值模拟，通过优化控流装置，发现新的导流隔墙可以均匀钢液温度，促进夹杂物上浮。

李朝祥等人[36]使用Fluent软件对中间包的温度场进行数值模拟研究，发现其改进的方案可以将中间包钢液的最大温差从12.08℃降低至7.32℃，从而对现场生产提出了优化方案。

García等人[37]研究了6流中间包内的钢液温度分布，将每个出口的钢液温差作为评价标准，通过对控流装置的优化，降低了出口的钢液温差。

王红娜等人[38]使用CFX计算了3流异型连铸中间包的流场及温度场，同样使用出口钢液温差作为评价标准，通过控流装置优化，将水口钢液温差从3.11K降低至0.2K。

以上对中间包钢液温度场的影响大多没有考虑温度对钢液密度的影响，因此忽略了温度变化造成的对流流动对钢液温度场及流场的影响。而Joo等人[39]使用数值模拟的方法研究了热对流对中间包钢液温度场的影响，其钢液密度由以下公式给出：

$$\rho = 8523 - 0.8358T \tag{2-32}$$

式中，ρ 为钢液密度，kg/m³；T 为钢液温度，K。

其模拟结果显示钢液热对流会产生二次循环流，从而增加了钢液的流动，但对流会降低夹杂物的去除效率。而且当夹杂物不大于40μm时，其由于上升速度较小因此很难被去除，不受有没有控流装置的影响。

彭世恒等人[40]和程乃良等人[41]也研究了钢液温差造成的对流对中间包内流动和传热行为造成的影响，均发现使用数学模型研究中间包温度场时，需考虑对流对中间包钢液流动的影响。

2.2.2 电磁加热对中间包温度场的影响

在连铸过程中，中间包会出现不同程度的热损失，尤其是浇铸初期、换包和浇铸末期均会引起钢水较大的温降，这会影响铸坯质量，不利于稳定操作，因此，寻求外部热源来补偿中间包钢水的温降开始受到人们的重视。在这个背景下，Ueda 等人[42]第一次提出了通道式中间包感应加热概念，从此大量的关于中间包加热的文章得以发表。

丛林等人[43]使用数值模拟的方法研究了通道式感应加热中间包的加热效率、流场和温度场的分布情况。

如图 2-6 所示为两种感应加热中间包的示意图，2 条隧道连接两边的注流区和浇铸区，使钢水形成闭合回路，当线圈中通入单项交流电后，就会在铁芯的闭合磁路中建立起磁通量 Φ ，在钢液中激发电势：

$$E = -\frac{\mathrm{d}\Phi}{\mathrm{d}t} \tag{2-33}$$

式中，Φ 为磁通量，Wb；t 为时间，s；E 为电势，V。由于钢水的导电性，该感应电势在钢水中产生感应电流：

$$J = \kappa E \tag{2-34}$$

式中，J 为感应电流，A；κ 为钢液电导率，S/m。根据焦耳-楞次定律，感应电流在钢水中形成闭合回路，其方向与线圈中电流的方向相反，并产生焦耳热加热钢水：

$$Q = \frac{J^2}{\sigma}t \tag{2-35}$$

式中，Q 为焦耳热，J；J 为感生涡流密度，$\mathrm{A/m^2}$；σ 为电导，1/Ω。

其热平衡方程为：

$$\frac{\partial(\rho T)}{\partial t} + \frac{\partial(\rho u_j T)}{\partial x_j} = \frac{\mu_{\mathrm{eff}}}{Pr}\frac{\partial}{\partial x_j}\left(\frac{\partial T}{\partial x_j}\right) + \frac{|J|^2}{\kappa c_p} \tag{2-36}$$

式中，μ_{eff} 为钢液有效黏度，kg/(m·s)；Pr 为普朗特数；κ 为钢液电导率，S/m；c_p 为质量热容，J/(kg·K)。

通过计算结果显示，在加热功率 1000kW、质量流量 45kg/s 的情况下，钢液流经通道升温提升 3℃、加热 15min，中间包出口温度提升 30℃、升温速率 2℃/min。

Ilegbusi 等人[44]也对通道式电磁感应加热对中间包温度场的影响进行了模拟。徐婷等人[45]认为通道式单流中间包在 0.10～0.15T 的磁感应强度下有较好的冶金效果。岳强等人[46]发现在感应电流与磁感应强度的共同作用下，通道内表面附近的电磁力增加，其他区域内的电磁力减小。当电流为 2000A，频率从 50Hz 增加到 500Hz 时，通道内焦耳热由 $3.98\times10^7\,\mathrm{W/m^3}$ 增加到 $2.29\times10^8\,\mathrm{W/m^3}$，电磁力由 $1.42\times10^6\,\mathrm{N/m^3}$ 增加到 $2.59\times10^6\,\mathrm{N/m^3}$。

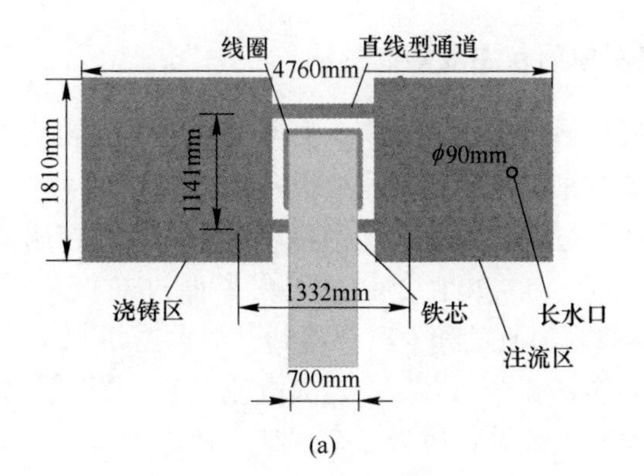

(a)

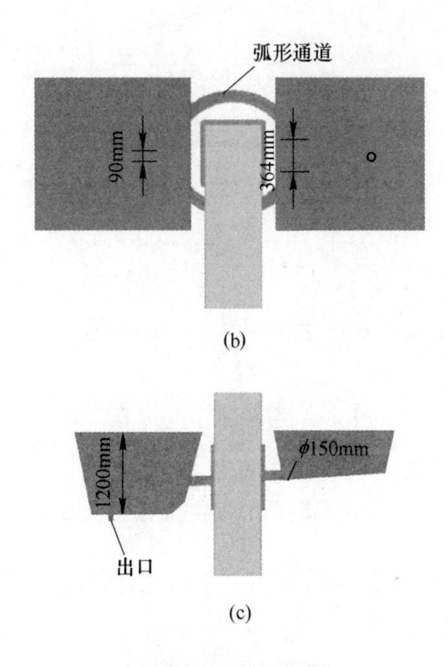

(b)

(c)

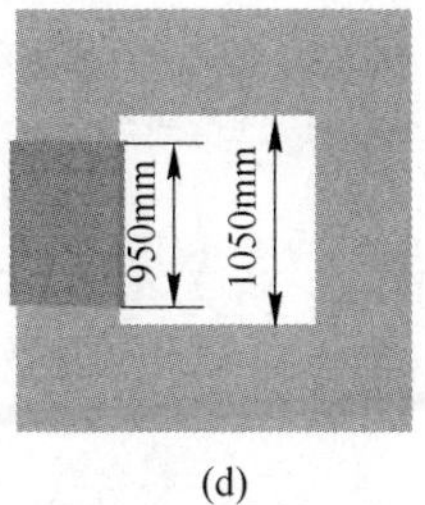

(d)

图 2-6 通道式电磁感应加热示意图

（a）直线型通道中间包俯视图；（b）弧形通道中间包俯视图；

（c）直线型及弧形通道中间包正视图；（d）铁芯和线圈

2.2.3　等离子加热对中间包温度场的影响

等离子加热过程是通过将气体电离后再复合，将电能转化为热能，通过直接和间接的热辐射实现对钢液加热的过程，其加热效率大约为60%～70%。采用等离子加热装置可实现低过热度浇铸，中间包内钢液温度可控制在±5℃，炼钢过程的出钢温度可相应降低15～20℃。由于实现了低过热度（15～20℃）和恒温（±5℃）浇铸，铸坯的内部质量和生产率得到了很大提高[47]。

中间包等离子加热系统采用大功率、大电流设计，等离子发生器在极高温度状态下连续工作，因而系统设备较为复杂。某一种等离子加热系统的设备构成如图2-7所示[48]。

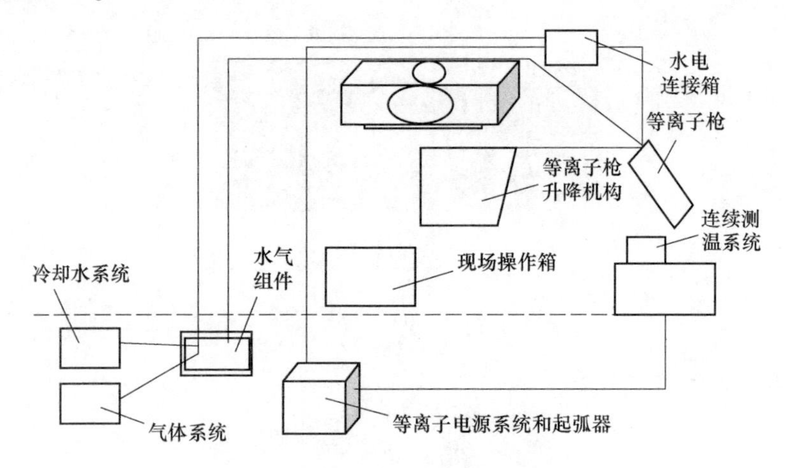

图2-7　等离子加热系统构成示意图

樊俊飞等人[47,49]对6流连铸中间包等离子加热过程进行了数值模拟，使用的能量方程为：

$$\frac{\partial(\rho u_i T)}{\partial x_i} = \frac{\partial}{\partial x_i}\left(\Gamma_{\text{eff}} \frac{\partial T}{\partial x_i}\right) + S_{\text{T}} \tag{2-37}$$

式中，u_i 为速度，m/s；i 分别代表 x、y、z 方向；S_{T} 为源项，根据等离子加热枪的功率计算；Γ_{eff} 为有效温度扩散系数，由下式确定：

$$\Gamma_{\text{eff}} = \frac{\mu_{\text{lam}}}{Pr_{\text{lam}}} + \frac{\mu_{\text{tur}}}{Pr_{\text{tur}}} \tag{2-38}$$

式中，Pr_{lam} 为层流普朗特数，其值为1.0；Pr_{tur} 为湍流普朗特数，其值为0.9；μ_{lam}、μ_{tur} 分别为层流和湍流的黏度系数，kg/(m·s)。

通过对等离子加热过程模拟后发现，等离子加热要配合中间包底吹，才能发挥最大的效果。

2.3 中间包夹杂物行为的数值模拟研究

去除夹杂物是中间包冶金的重要功能之一，关于中间包去除夹杂物的数值模拟也有诸多报道。张彩军等人[50]和彭继华等人[51]都用数值模拟的手段研究了中间包内夹杂物的行为，其对夹杂物运动的描述使用了拉格朗日颗粒跟踪模型，颗粒的运动速率通过其在时均速度的基础上加一项脉动速度来获得，其方程为：

$$\frac{\mathrm{d}\overline{u}_{ci}}{\mathrm{d}t} = F_{\mathrm{D}}(u_i - \overline{u}_{ci}) + \frac{\rho_{\mathrm{C}} - \rho}{\rho_{\mathrm{C}}}g_i \tag{2-39}$$

$$F_{\mathrm{D}} = \frac{18\mu_0 C_{\mathrm{D}} Re}{24\rho_{\mathrm{C}} D_{\mathrm{C}}^2} \tag{2-40}$$

$$u'_{ci} = \zeta_i\sqrt{\overline{u'^2_i}} = \zeta_i\sqrt{\frac{2k}{3}} \tag{2-41}$$

式中，$\overline{u}_{ci}$ 为颗粒的时均速度，m/s；u'_{ci} 为颗粒的脉动速度，m/s；u'_i 为流体脉动速度，m/s；F_{D} 为曳力；C_{D} 为曳力系数；μ_0 为钢水黏度，kg/(m · s)；ρ_{C} 为夹杂物颗粒的密度，kg/m^3；D_{C} 为夹杂物颗粒的直径，m；ζ_i 为随机数，一般范围是-1~1，每个积分步骤都会变化；ρ 为钢液密度，kg/m^3；g_i 为重力加速度在 i 方向上的分量，kg · m/s^2；k 为流体湍动能，m^2/s^2。

建立夹杂物数学模型后，通过改变控流装置，研究控流装置对夹杂物去除率的影响，从而对控流装置进行评价。

其计算结果显示 FTSC 中间包内的双效冲击板和单坝能够明显改善钢液的流动状态和温度分布，显著提高夹杂物的排除率，并且对小尺寸夹杂物（d<60μm）排除率的影响尤为显著。

在 6 流中间包内增加挡墙和挡坝后，其夹杂物整体的去除率从 64.9%增加至 71.7%。

李东辉等人[52]使用浓度方程建立夹杂物的传输控制方程：

$$\frac{\partial(\rho u_i c)}{\partial x_i} = \frac{\partial}{\partial x_i}\left(\frac{\mu_{\mathrm{eff}}}{Sc}\frac{\partial c}{\partial x_i}\right) + S_{\mathrm{i}} \tag{2-42}$$

式中，ρ 为钢液密度，kg/m^3；c 为夹杂物浓度；μ_{eff} 为有效黏度，kg/(m·s)；Sc 为夹杂物颗粒的施密特数，可取 1；S_{i} 为源项，其表达式为：

$$S_{\text{i}} = - u_{\text{inc},\ j} \frac{\partial(\rho c)}{\partial x_j} \tag{2-43}$$

式中，u_{inc} 为夹杂物上浮速度，m/s，遵守斯托克斯上浮规则。

其计算结果显示，采用双板多孔挡墙控流后，夹杂物上浮率提高 10%左右。

Sinha 等人[53]使用数量密度的概念来描述中间包内夹杂物的浓度变化，其给出的控制方程为：

$$\rho\left[\frac{\partial u_1 C_i}{\partial x} + \frac{\partial u_2 C_i}{\partial y} + \frac{\partial(u_3 + V_{\text{s}i}) C_i}{\partial z}\right] = \frac{\mu_{\text{eff}}}{Sc}\left(\frac{\partial^2 C_i}{\partial x^2} + \frac{\partial^2 C_i}{\partial y^2} + \frac{\partial^2 C_i}{\partial z^2}\right) + S_{\text{i}} \tag{2-44}$$

式中，ρ 为钢液密度，kg/m^3；C_i 为粒径为 i 的夹杂物的数量密度；u_1、u_2、u_3 为 x、y、z 方向的速度；$V_{\text{s}i}$ 为粒径为 i 的夹杂物的上升速度，m/s；Sc 为施密特数；μ_{eff} 为有效黏度，kg/(m·s)；S_{i} 为源项。

其中夹杂物的去除方式有三种：一种是上浮去除，一种是碰撞去除，一种是壁面黏结去除，由如下公式描述：

$$\text{上浮去除量} = C_{\text{t}i} v_{\text{s}i} \tag{2-45}$$

$$\text{碰撞速率} = 1.3(r_1 + r_2)^3 C_1 C_2 \left(\frac{\varepsilon}{\nu}\right)^{0.5} \tag{2-46}$$

$$\text{黏结去除量} = D_{\text{eff}} \frac{\partial C_i}{\partial l} \tag{2-47}$$

$$v_{\text{s}} = \frac{g(\rho - \rho_{\text{p}}) d^2}{18\mu} \tag{2-48}$$

$$\text{出口通量} = C_{\text{o}i} v_{\text{o}} \tag{2-49}$$

式中，$C_{\text{t}i}$ 为接近上表面的粒径为 i 的夹杂物的数量密度；$v_{\text{s}i}$ 为粒径为 i 的夹杂物的上浮速度，m/s，该速度由式（2-48）给出；r_1、r_2 为夹杂物粒径，m；C_1、C_2 为湍流模型常数；ε 为湍动能耗散率，m^2/s^3；ν 为运动黏度，m^2/s；D_{eff} 为有效扩散系数，m^2/s；l 为接近固体表面的距离，m；ρ 和 ρ_{p} 分别为钢液密度和夹杂物密度，kg/m^3；μ 为钢液黏度，kg/(m·s)；$C_{\text{o}i}$ 为粒径为 i 的夹杂物距离出口位置的数量密度；v_o 为夹杂物在出口位置的速度，m/s。

其计算结果显示，对于 25～40μm、45～72μm、75～150μm 的夹杂物，无控流装置的中间包其去除率分别为 72.2%、72.4%和 78.7%，有坝堰后，其去除率分别为 68.9%、69.5%和 77.9%，而如果使用坝堰和湍流器后，其去除率分别为 83.1%、84.0%和 91.7%。

王忠刚等人[54]也使用了数量密度来描述中间包内夹杂物的行为，其考虑了夹杂物的碰撞去除和上浮去除。计算结果发现，钢液的湍流流动状态是促进夹杂物粒子间碰撞凝聚的重要因素，湍动能耗散值越大，越有利于夹杂物颗粒间的碰撞凝聚，越有利于大尺寸夹杂物颗粒的生成。当夹杂物直径小于 11μm 时，其在中间包内容易随钢液流出，来不及碰撞聚集和上浮去除。

2.4 其他中间包冶金技术的数值模拟研究

2.4.1 旋流中间包技术模拟研究

为了改善中间包的流动状况和促进夹杂物的去除，人们采用了各种湍流控流装置，其中日本 Kawasaki 钢铁公司利用外加电磁场使钢水进行旋转的离心中间包具有较强的夹杂物去除能力[55]。侯勤福等人[56]使用数值模拟的方法，对旋流中间包内的流动状态进行了模拟。其实验旋转速度为 40r/min，结果显示旋流室内的流动具有复杂旋涡，旋转速度随高度的增加及直径的增加而呈减少的趋势；旋转涡心位置变化幅度随旋流室高度的增加而减少；旋流室高度低的涡心偏移程度大。

旋流中间包示意图如图 2-8 所示，通过外加旋转电磁线圈，使得进入中间包的钢液旋转，继而促进夹杂物的上浮。

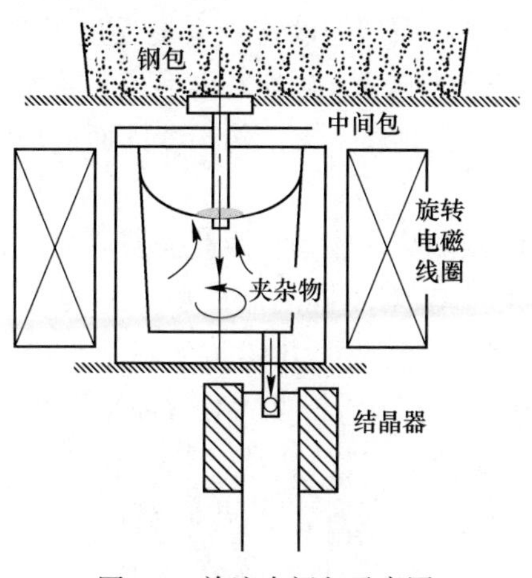

图 2-8 旋流中间包示意图

旋流中间包设备图如图 2-9 所示，展示了旋流中间包的工作原理。

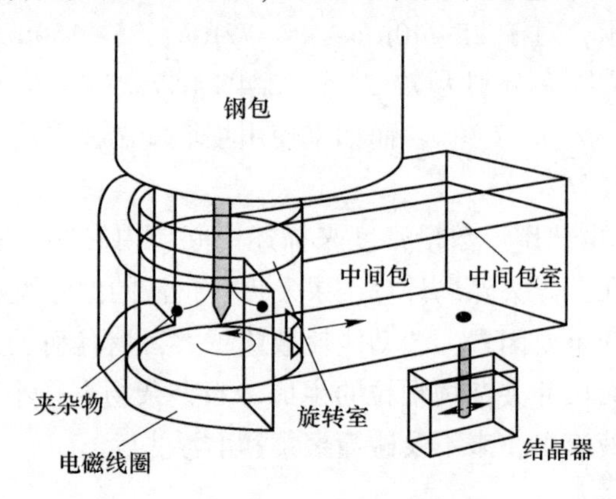

图 2-9　旋流中间包设备图

旋流中间包的旋流使用电磁力驱动，因此数值模拟研究需要首先给出电磁力解析式[57]：

$$F_r = -\frac{1}{8}B_0^2\left(\omega - \frac{v_\theta}{r}\right)^2\sigma^2\delta_{\mathrm{m}}r^3 \tag{2-50}$$

$$F_\theta = \frac{1}{2}B_0^2\left(\omega - \frac{v_\theta}{r}\right)\sigma r \tag{2-51}$$

式中，F_r、F_θ 分别为旋转电磁力的径向和切向分量；B_0 为溶体表面周期性变化磁感应强度的幅值，T；ω 为旋转磁场的角速度，rad/s；v_θ 为金属液切向速度，m/s；r 为半径，m；σ 为金属液电导率；δ_{m} 为金属液的磁导率。

通过模拟表明，旋转室内强烈的湍流极大地促进了夹杂物的湍流碰撞生长，另外，在旋转室切向出流的影响下，分配室内形成了较大的水平环流，环流的形成增强了钢液的混合程度，且延长了夹杂物沿着液面运动的距离，增加了其去除概率。

由于旋流中间包有强烈的湍流流动，因此需要研究双方程是否可以准确地描述该物理现象。Hou 等人[58]就对不同湍流模型下的旋流中间包的数值模拟进行了对比，分别对比了标准 k-ε 模型和 RNG k-ε 湍流模型，其中标准 k-ε 模型见式（2-4）~式（2-8），RNG k-ε 湍流模型的有效黏度计算公式如下：

$$\mu_{\mathrm{eff}} = \mu\left(1 + \sqrt{\frac{C_\mu}{\mu}}\frac{k}{\sqrt{\varepsilon}}\right)^2 \tag{2-52}$$

式中，C_μ 为常数，0.0845；μ 为钢液黏度，kg/(m·s)；k 为湍动能，m^2/s^2；ε 为湍动能耗散率，m^2/s^3。

通过模拟发现，RNG k-ε 湍流模型更加适合模拟旋流中间包的钢液流场。

2.4.2 气幕挡墙技术模拟研究

气幕挡墙技术就是在中间包底部向钢液内喷吹氩气，利用气体上浮对钢液的搅拌作用提高中间包内部的传热效率。中间包吹氩的主要方式是在中间包底部某个位置安放条形透气砖，使得氩气形成一个微气泡屏幕，将钢液中的夹杂引到钢液与覆盖剂的界面而分离出去。

Ramos-Banderas 等人[59]使用欧拉-欧拉两相流模型，模拟了中间包底吹氩形成气幕挡墙过程，其示意图如图 2-10 所示，氩气通过透气砖进入中间包钢液。

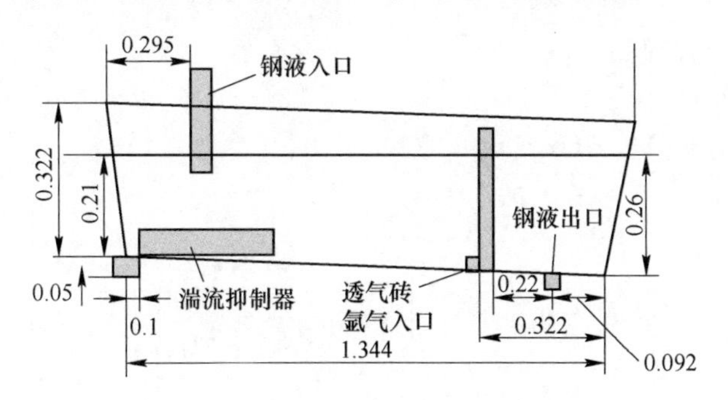

图 2-10 吹氩中间包示意图

连续性方程如下：

$$\frac{\partial}{\partial t}(\alpha_l \rho_l) + \frac{\partial(\alpha_l \rho_l u_{li})}{\partial x_i} = 0 \tag{2-53}$$

$$\frac{\partial}{\partial t}(\alpha_g \rho_g) + \frac{\partial(\alpha_g \rho_g u_{gi})}{\partial x_i} = 0 \tag{2-54}$$

式中，l 和 g 分别为液体和气体；α_l 和 α_g 分别为液体和气体的体积分数；ρ_l 和 ρ_g 分别为液体和气体的密度，kg/m^3；u_{li} 和 u_{gi} 分别为液体和气体在方向 i 上的速度，m/s；x_i 为方向 i 上的坐标值，m；i 为 x、y 和 z 方向。则液体和气体的体积分数满足如下约束：

$$\alpha_l + \alpha_g = 1 \tag{2-55}$$

对于任意相 q 的有效密度 $\hat{\rho}_q$ 可以用下式表示：

$$\hat{\rho}_{\mathrm{q}} = \alpha_{\mathrm{q}}\rho_{\mathrm{q}} \tag{2-56}$$

液体的动量方程如下：

$$\frac{\partial(\alpha_1\rho_1 u_{1i})}{\partial t} + \frac{\partial(\alpha_1\rho_1 u_{1i}u_{1j})}{\partial x_j} = -\alpha_1\frac{\partial p_1}{\partial x_i} + \sum_{p=1}^{n} K_{\mathrm{gl}}(u_{\mathrm{g}i} - u_{1i}) + \frac{\partial}{\partial x_j}\left[\alpha_1(\mu_1 + \mu_{\mathrm{t}})\left(\frac{\partial u_{1i}}{\partial x_j} + \frac{\partial u_{1j}}{\partial x_i}\right)\right] + \alpha_1\rho_1 g_i \tag{2-57}$$

气体的动量方程如下：

$$\frac{\partial(\alpha_{\mathrm{g}}\rho_{\mathrm{g}} u_{\mathrm{g}i})}{\partial t} + \frac{\partial(\alpha_{\mathrm{g}}\rho_{\mathrm{g}} u_{\mathrm{g}i}u_{\mathrm{g}j})}{\partial x_j} = -\alpha_{\mathrm{g}}\frac{\partial p}{\partial x_i} + K_{\mathrm{gl}}(u_{1i} - u_{\mathrm{g}i}) + \frac{\partial}{\partial x_j}\left[\alpha_{\mathrm{g}}\mu_{\mathrm{g}}\left(\frac{\partial u_{\mathrm{g}i}}{\partial x_j} + \frac{\partial u_{\mathrm{g}j}}{\partial x_i}\right)\right] + \alpha_{\mathrm{g}}\rho_{\mathrm{g}} g_i \tag{2-58}$$

式中，μ_1、μ_t 分别为层流黏度和湍动能黏度，kg/(m · s)；p 为压强，Pa；g_i 为重力加速度在 i 方向上分量；K_{gl} 为动量传递系数，有：

$$K_{\mathrm{gl}} = 3\pi v_1 d_{\mathrm{b}} f_{\mathrm{b}}/V = \frac{3}{4}C_{\mathrm{D}}\frac{\alpha_{\mathrm{g}}\rho_1|u_{\mathrm{g}} - u_1|}{d_{\mathrm{b}}} \tag{2-59}$$

式中，d_b 为气泡的平均粒径，m；f_b 为气泡和液体间的摩擦系数；V 为气泡体积，m^3；C_D 为曳力系数，有：

$$C_{\mathrm{D}} = \frac{24}{Re}(1 + 0.15\,Re^{0.687})\quad (Re \leqslant 1000)\quad 或\quad C_{\mathrm{D}} = 0.44\ (Re > 1000) \tag{2-60}$$

式中，Re 为雷诺数，由以下公式给出：

$$Re = \frac{\rho_1|u_1 - u_{\mathrm{g}}|d_{\mathrm{b}}}{\mu_1} \tag{2-61}$$

另外湍动能黏度的计算公式为：

$$\mu_t = \rho_1 C_\mu k_1^2 / \varepsilon_1 \tag{2-62}$$

式中，k_1 为湍动能，m^2/s^2；ε_1 为湍动能耗散率，m^2/s^3。

$$\frac{\partial(\alpha_1\rho_1 k_1)}{\partial t} + \frac{\partial(\alpha_1\rho_1 u_{1i} k_1)}{\partial x_i} = \frac{\partial}{\partial x_i}\left(\alpha_1\rho_1 \frac{\mu_1^t}{\sigma_k} \nabla k_1\right) + \alpha_1\rho_1(P - \varepsilon_1) + \alpha_1\rho_1\Pi_{k1} \tag{2-63}$$

$$\frac{\partial(\alpha_1\rho_1 \varepsilon_1)}{\partial t} + \frac{\partial(\alpha_1\rho_1 u_{1i} \varepsilon_1)}{\partial x_i} = \frac{\partial}{\partial x_i}\left(\alpha_1\rho_1 \frac{\mu_1^t}{\sigma_\varepsilon} \nabla \varepsilon_1\right) + \alpha_1\rho_1 \frac{\varepsilon_1}{k_1}(C_{1\varepsilon}P - C_{2\varepsilon}\varepsilon_1) + \alpha_1\rho_1\Pi_{\varepsilon 1} \tag{2-64}$$

Π_{k1} 和 $\Pi_{\varepsilon 1}$ 代表了离散相气体对连续相的影响。式中存在五个常数，分别为：

$$C_1 = 1.44,\ C_2 = 1.92,\ C_\mu = 0.09,\ \sigma_k = 1.00,\ \sigma_\varepsilon = 1.30$$

气幕挡墙效果的数值模拟结果如图 2-11 所示，可以看出，当底吹氩气时，钢液会形成旋流，有利于夹杂物的上浮去除。

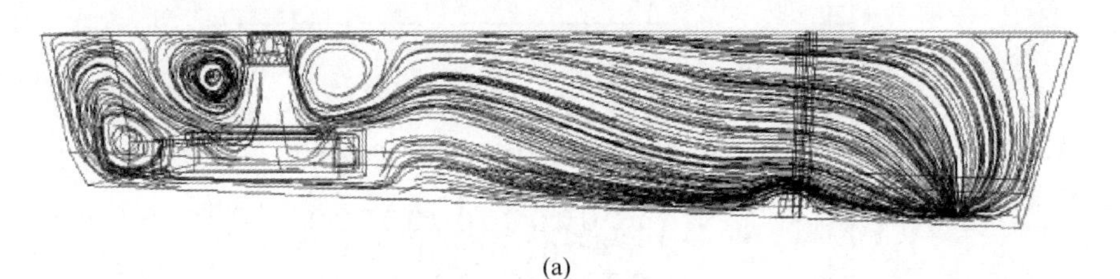

(a)

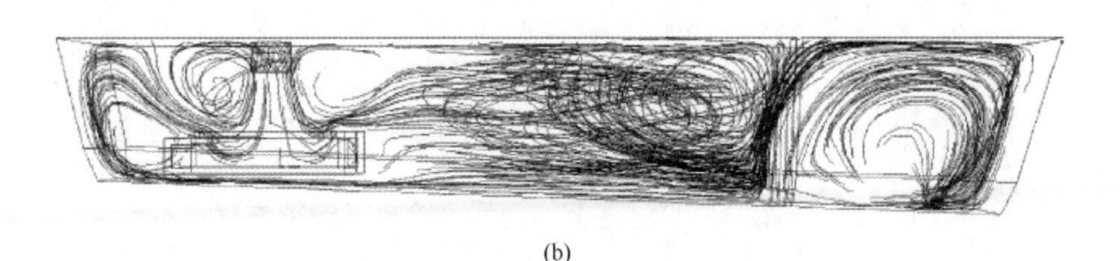

(b)

图 2-11　气幕挡墙数值模拟结果对比
（a）没有底吹氩气；（b）底吹氩气流量 596mL/min

气幕挡墙对 RTD 曲线的影响如表 2-2 所示，结果表明，底吹氩气可以有效降低死区比例、提高混合区比例，并且底吹流量越大，其效果越明显。

表 2-2　气幕挡墙对 RTD 曲线的影响

底吹情况	死区体积比例/%	活塞区体积比例/%	混合区体积比例/%
无底吹	2. 20	43. 65	54. 15
底吹流量 240mL/min	1. 73	46. 35	51. 92
底吹流量 596mL/min	1. 56	40. 47	57. 97
底吹流量 913mL/min	0. 91	41. 59	57. 49

对于气幕挡墙的数值模拟研究还有诸多报道[60-64]，通过模拟的手段，对气幕挡墙的底吹位置，底吹流量进行探索，以最节约成本的方法，得到最佳工况，从而对现场生产进行指导。

2. 4. 3　中间包过滤器技术模拟研究

中间包过滤器技术近年来受到较多的关注，该技术在调控金属熔体流场的同时，还可以发挥物理与化学吸附作用，有效提高细小夹杂物的去除效率。

梁震江等人[65]对过滤器控流中间包流场及夹杂物去除进行了数值模拟研究，研究了 55°多孔过滤器对夹杂物的影响，如过滤器如图 2-12 所示。

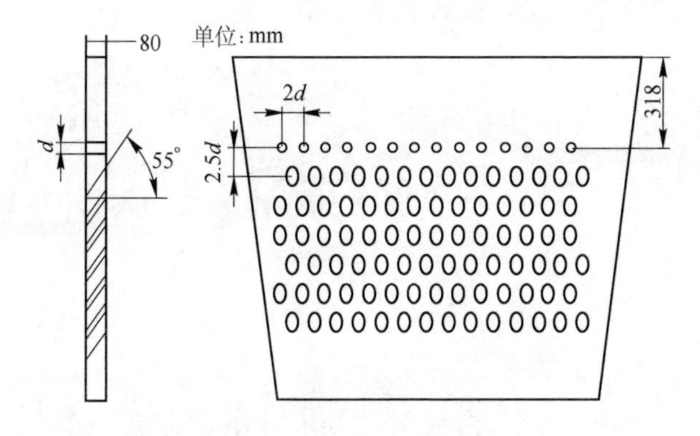

图 2-12　55°多孔过滤器结构

其使用了 DPM 离散相模型，对夹杂物的受力给出了运动方程：

$$\rho_P \frac{\pi}{6} d_P^3 \frac{dv_P}{dt} = F_g + F_b + F_d + F_V + F_l + F_P \tag{2-65}$$

式中，ρ_P、d_P、v_P 分别为夹杂物密度、粒径和速度；F_g 为夹杂物所受到的重力；

F_b 为夹杂物受到的浮力；F_d 为曳力；F_V 为虚拟质量力；F_l 为 Saffman 升力；F_P 为压力梯度力。

其中 F_g 重力和 F_b 浮力是表现在竖直方向上，其合力为：

$$F_g + F_b = \frac{\rho_P - \rho_m}{6}\pi d_P^3 g \tag{2-66}$$

式中，ρ_m 为钢液密度；g 为重力加速度。

$$F_d = C_D \frac{3}{4} \frac{v_m}{\rho_d d_P^2} Re_P (v_m - v_P) \tag{2-67}$$

式中，C_D 为拖曳力系数；v_m 为钢液的速度；Re_P 为附着于夹杂物表面钢液的雷诺数。

$$F_V = C_m \frac{\rho_m}{2\rho_P} \frac{d(v_m - v_P)}{dt} \tag{2-68}$$

式中，C_m 为虚拟质量力系数。

$$F_l = C_l \frac{6K_S\mu_{eff}}{\rho_P \pi d_P} \left(\frac{\rho_m \xi}{\mu_{eff}}\right)^{1/2} (v_m - v_P) \tag{2-69}$$

式中，C_l 为 Saffman 力修正系数；K_S 为 Saffman 力系数；ξ 为垂直某一方向上的钢液流体速度在此方向上的梯度。

$$F_P = \frac{\rho_m}{\rho_P} \frac{dv_m}{dt} \tag{2-70}$$

其计算结果显示，对于粒径为 10μm 的小夹杂物而言，在 1.4m/min、1.6m/min 的较高拉速下，采用多孔过滤控流装置后，夹杂物去除率在总体上都提升了 10%。与 45°倾角过滤器相比，55°多孔过滤器夹杂物平均去除率分别增加 5.3% 和 2.3%。

董晓森[66]应用 DPM 离散相模型计算中间包夹杂物，将夹杂物颗粒划分为 11 种粒径（1μm、5μm、10μm、15μm、20μm、25μm、30μm、35μm、40μm、45μm、50μm）。依据积分拉氏坐标系下的粒子受力微分关系式计算夹杂物粒子轨迹。粒子的受力平衡关系式，为微粒惯性等于施加于粒子上的所有力：

$$\frac{du_P}{dt} = F_D(u - u_P) + \frac{g_i(\rho_P - \rho)}{\rho_P} + F_i \tag{2-71}$$

$$F_D = \frac{18\mu}{\rho_P d_P^2} \frac{C_D Re}{24} \tag{2-72}$$

$$Re = \frac{\rho d_P |u_P - u|}{\mu} \tag{2-73}$$

$$C_D = \alpha_1 + \frac{\alpha_2}{Re} + \frac{\alpha_3}{Re^2} \tag{2-74}$$

$$\alpha_1,\ \alpha_2,\ \alpha_3 = \begin{cases} 0,\ 24,\ 0 & 0 \leqslant Re < 0.1 \\ 3.690,\ 22.73,\ 0.0903 & 0.1 \leqslant Re < 1 \\ 1.222,\ 29.1667,\ -3.8889 & 1 \leqslant Re < 10 \\ 0.6167,\ 46.50,\ -116.67 & 10 \leqslant Re < 100 \\ 0.3644,\ 98.33,\ -2778 & 100 \leqslant Re < 1000 \\ 0.357,\ 148.62,\ -47500 & 1000 \leqslant Re < 5000 \\ 0.46,\ -490.546,\ 578700 & 5000 \leqslant Re < 10000 \\ 0.5191,\ -1662.5,\ 5416700 & Re \geqslant 10000 \end{cases} \tag{2-75}$$

式中，u 为钢液流速；u_P 为粒子的流速；μ 为钢液动力黏度；ρ 为钢液密度；ρ_P 为粒子密度；d_P 为粒子直径；Re 为相对雷诺数；F_D 为拖曳力；F_i 为 $i=x, y, z$ 方向的其他作用力；C_D 为拖曳力系数。针对球体微粒，Re 数处于不同取值时，α_1、α_2、α_3 可取定值。

赵丹婷等人[67,68]也通过数值模拟的方法对带过滤器中间包内的流场、温度场进行研究，其结果显示加入过滤器可以将平均停留时间从 243.68s 延长至 262.5s，并且过滤器的加入对温降影响不大，加过滤器中间包内钢液温度比不加过滤器中间包仅低 2℃，并且中间包内低温区明显减少。

作者[33]也通过建立多相流数学模型研究带过滤器中间包钢水内夹杂物的运动轨迹，结果显示对于小于 80μm 的夹杂物，其去除率存在较大波动。当粒径大于 100μm 时，去除率才趋于稳定。并且对于粒径小于 20μm 的小型夹杂物，其受到钢液湍流影响较为明显，会出现聚集的夹杂物被钢液带出中间包的情况。

2.5 中间包数值模拟常用物理参数

中间包模拟计算过程中会遇到一些参数的选定，本章将一些文献中给出的中间包模拟常用物理参数列入表 2-3，表中温度 T 的单位均为 K，R 为气体常数 8.3144J/(mol·K)。

表 2-3 常用的物理参数

符号	描 述	单位	数 值
ρ_l	钢液密度	kg/m^3	7020[51] 8523−0.8358T[69] 7724−0.443T (1823~1973K)[70] 7000[71]
ρ_s	夹杂物密度	kg/m^3	2700[69] (Al_2O_3, CaO, MgO, SiO_2) = (3900, 3320, 3650, 2200)[71] 3960[62]
ρ_g	氩气密度	kg/m^3	1.62[62]
c_p	钢的质量热容	J/(kg·K)	700[69] 830.8[34] 750[62]
c_{pB}	气体的质量热容	J/(kg·K)	520.64[62]
c_{pNMI}	非金属夹杂物的质量热容	J/(kg·K)	1364[62]
β_T	钢液热膨胀系数	1/℃	2.0×10^{-4}[69]
k_l	钢液的层流导热系数	W/(m·K)	26[69] 40.5[34]
k_s	固态钢的导热系数	W/(m·K)	31[69]
k_B	气体的导热系数	W/(m·K)	0.0158[62]
k_{NMI}	非金属夹杂物的导热系数	W/(m·K)	5.5[62]

续表 2-3

符号	描　述	单位	数　值
μ_1	液态钢的层流黏度	kg/(m · s) 或 Pa · s	0.0062[69] 0.00693 (1808.2K)[70] $0.3147\times10^{-3}\times$ $\exp[46.48\times10^3/(RT)]$[70]
σ	表面张力	N/m	1.972 (熔点)[70] 1.6 (1873K)[72]
	中间包液面的热损失	kW/m^2	36[69] 15[34]
	中间包底部的热损失	kW/m^2	1.8[69] 1.4[34]
	中间包侧墙的热损失	kW/m^2	3.0[69] 2.6[34]

2.6　本章小结

通过对中间包冶金过程进行数值模拟，以最节省成本的方法，研究控流装置、浇铸过程、附加手段等工艺参数对中间包流场、RTD、中间包温度场、夹杂物运动等的影响，得到最佳的工艺参数，从而指导现场生产，以得到更加洁净的钢液，同时保证生产的顺利进行。

参 考 文 献

[1] 蔡开科，程士富．连续铸钢原理与工艺［M］．北京：冶金工业出版社，1994.

[2] 朱苗勇，沢田郁夫．连铸中间包三维湍流流动的数值模拟［J］．金属学报，1997，33（11）：1215-1221.

[3] 程子健，成东全，程树森．酒钢板坯中间包等温钢液流场的数值模拟［J］．钢铁研究学报，2008，20（2）：60-63.

[4] Launder B E, Spalding D B. The numerical computation of turbulent flows [J]. Computer Methods in Applied Mechanics and Engineering, 1974, 3 (2): 269-289.

[5] Yoshizawa A, Horiuti K. A statistically-derived subgrid-scale kinetic energy model for the large-eddy simulation of turbulent flows [J]. Journal of the Physical Society of Japan, 1985, 54 (8): 2834-2839.

[6] Jha P K, Ranjan R, Mondal S S, et al. Mixing in a tundish and a choice of turbulence model for

its prediction [J]. International Journal of Numerical Methods for Heat & Fluid Flow, 2003, 13 (8): 964-996.

[7] Merder T, Bogusławski A, Warzecha M. Modelling of flow behaviour in a six-strand continuous casting tundish [J]. Metalurgija, 2007, 46 (4): 245-249.

[8] Sahai Y, Emi T. Melt flow characterization in continuous casting tundishes [J]. ISIJ International, 1996, 36 (6): 667-672.

[9] 谢龙汉, 赵新宇, 张炯明. ANSYS CFX 流体分析及仿真 [M]. 北京: 电子工业出版社, 2012.

[10] 郑淑国, 朱苗勇. 多流连铸中间包内钢液流动特性的分析模型 [J]. 金属学报, 2005, 10: 67-70.

[11] 雷洪, 赵岩, 鲍家琳, 等. 多流连铸中间包停留时间分布曲线总体分析方法 [J]. 金属学报, 2010, 9: 1109-1114.

[12] 钟良才, 史迪, 陈伯瑜, 等. 7 流方坯连铸中间包结构优化 [J]. 东北大学学报 (自然科学版), 2010, 7: 973-976.

[13] Kumar A, Mazumdar D, Koria S C. Modeling of fluid flow and residence time distribution in a four-strand tundish for enhancing inclusion removal [J]. ISIJ International, 2008, 48 (1): 38-47.

[14] Fan C M, Hwang W S. Mathematical modeling of fluid flow phenomena during tundish filling and subsequent initial casting operation in steel continuous casting process [J]. ISIJ International, 2000, 40 (11): 1105-1114.

[15] Chakraborty S, Sahai Y. Effect of holding time and surface cover in ladles on liquid steel flow in continuous casting tundishes [J]. Metallurgical and Materials Transactions B, 1992, 23 (2): 153-167.

[16] 岳丽芳, 任雁秋. 板坯中间包空包、充包过程中自由表面的数值模拟 [J]. 内蒙古科技大学学报, 2007, 26 (1): 5.

[17] 贺友多. 更换钢包时中间包的流场 [J]. 钢铁, 1990, 10: 20-24.

[18] Cho M J, Kim I C. Simple tundish mixing model of continuous casting during a grade transition [J]. ISIJ International, 2006, 46 (10): 1416-1420.

[19] Cho M J, Kim S J. A practical model for predicting intermixed zone during grade transition [J]. ISIJ International, 2010, 50 (8): 1175-1179.

[20] Thomas B G. Modeling study of intermixing in tundish and strand during a continuous-casting grade transition [J]. Iron and Steelmaker, 1997, 24 (12): 83-96.

[21] 曹娜, 朱苗勇. 板坯连铸中间包内控流装置结构的优化 [J]. 材料与冶金学报, 2007, 2: 109-112.

[22] 李永祥, 程乃良, 冷祥贵, 等. 优化高拉速板坯连铸中间包控流装置的水模型和数值模拟 [J]. 连铸, 2007, 6: 7-9.

[23] 沈巧珍, 朱必炼. 四流 T 型中间包控流装置优化的数值模拟 [J]. 武汉科技大学学报 (自然科学版), 2007, 1: 10-13.

[24] 张剑君，高文芳，彭著刚．双流连铸中间包流场优化方案的数值模拟［J］．武钢技术，2013，1：15-18.

[25] Anil K, Mazumdar D, Koria S C. Experimental validation of flow and tracer-dispersion models in a four-strand billet-casting tundish [J]. Metallurgical and Materials Transactions B, 2005, 36 (6): 777-785.

[26] 周海斌．宽厚板坯连铸过程非金属夹杂物的控制研究［D］．沈阳：东北大学，2009.

[27] 张利君，王凤琴，朱志远，等．中间包控流装置优化的数值模拟及生产应用［J］．钢铁研究学报，2010，3：13-15.

[28] 梁新腾，张捷宇，李扬洲．板坯连铸中间包坝堰控流装置研究［J］．世界钢铁，2009，1：27-30.

[29] 孙玉霞，王宝峰，曹建刚，等．数值模拟在小方坯连铸中间包优化设计中的应用［J］．连铸，2009，3：8-12.

[30] 薄凤华，王凤琴，张利君．中间包包型优化的数值模拟及生产应用［J］．钢铁，2011，2：26-29.

[31] 蒋国璋，孔建益，李公法，等．中间包流场的数值模拟及其优化［J］．中国冶金，2008，18（2）：46-50.

[32] Makgata K W. Design optimization of a single-strand continuous caster tundish using residence time distribution data [J]. ISIJ International, 2001, 41 (10): 1194-1200.

[33] 赵新宇，张炯明，吴苏州，等．带过滤器中间包钢水内夹杂物行为的非稳态模拟［J］．北京科技大学学报，2011，5：539-543.

[34] Merder T. Modelling the influence of changing constructive parameters of multi-strand tundish on steel flow and heat transfer [J]. Ironmaking & Steelmaking, 2016, 43 (10): 758-768.

[35] 刘鲁宁，兰岳光，牛永红，等．中间包控流装置对温度场影响的数值模拟研究［J］．内蒙古科技大学学报，2009，28（3）：209-212.

[36] 李朝祥，邓冀威，朱进军，等．中间包温度场数值模拟［J］．安徽工业大学学报（自然科学版），2011，28（2）：116-120.

[37] García-Demedices L, Morales R D, López-Ramírez S, et al. Mathematical modelling of the geometry influence of a multiple-strand tundish on the momentum, heat and mass transfer of steel flow [J]. Steel Research International, 2001, 72 (9): 346-353.

[38] 王红娜，王鑫潮，郑宝安，等．三流异型连铸中间包结构优化的数值模拟［J］．武汉科技大学学报，2013，36（5）：337-341.

[39] Joo S, Han J W, Guthrie R I L. Inclusion behavior and heat-transfer phenomena in steelmaking tundish operations: Part Ⅱ. Mathematical model for liquid steel in tundishes [J]. Metallurgical Transactions B, 1993, 24 (5): 767-777.

[40] 彭世恒，王建军，仇圣桃，等．中间包内非等温流现象研究［J］．北京科技大学学报，2006（2）：113-118.

[41] 程乃良，朱苗勇，肖泽强．非等温双流连铸中间包内钢液的流动与传热特征［J］．钢铁，2001，36（10）：23-25.

[42] Ueda T, Ohara A, Sakural M, et al. A tundish provided with a heating device for molten steel: European, 84301814.4 [P]. 1988-12-07.

[43] 丛林，张炯明，雷少武，等．中间包感应加热的数值模拟 [J]. 钢铁研究，2014，42 (3)：20-25.

[44] Ilegbusi O J, Szekely J. Effect of magnetic field on flow, temperature and inclusion removal in shallow tundishes [J]. ISIJ International, 1989, 29 (12): 1031-1039.

[45] 徐婷，张立华，李晓谦，等．稳恒磁场下中间包温度场流场耦合数值模拟 [J]. 特种铸造及有色合金，2015，35 (4)：365-369.

[46] 岳强，张炯，陆娟，等．通道式电磁感应加热中间包电磁场、流场和温度场耦合的数值模拟研究 [A]. 北京，2015：6.

[47] 樊俊飞，卢金雄，刘俊江，等．六流连铸中间包等离子加热过程的数值模拟 [J]. 金属学报，2001，37 (4)：429-433.

[48] 田建英，张雪良，李京社，等．连铸中间包等离子加热技术综述 [J]. 宽厚板，2017，23 (2)：45-48.

[49] 樊俊飞，刘俊江，卢金雄，等．等离子加热六流连铸中间包底吹气过程数值模拟优化研究 [J]. 宝钢技术，2007 (5)：67-70.

[50] 张彩军，赵铁成，艾立群．FTSC 薄板坯连铸中间包内流场及夹杂物运动轨迹的数值模拟 [J]. 北京科技大学学报，2006 (11)：1014-1018.

[51] 彭继华，刘鲁宁，兰岳光．中间包控流装置对夹杂物去除影响的数值模拟 [J]. 内蒙古科技大学学报，2011，30 (3)：199-202.

[52] 李东辉，李宝宽，赫冀成．中间包双板多孔挡墙流动控制去除夹杂物效果的模拟研究 [J]. 金属学报，1999 (10)：1107-1111.

[53] Sinha A K, Sahai Y. Mathematical modeling of inclusion transport and removal in continuous casting tundishes [J]. ISIJ International, 1993, 33 (5): 556-566.

[54] 王忠刚，刘忠建，段朋朋．连铸中间包夹杂物行为的数值模拟 [J]. 世界钢铁，2014，14 (4)：21-26.

[55] Miki Y, Ogura S, Fujii T. Separation of inclusions from molten steel in a tundish by use of a rotating electromagnetic field [J]. Kawasaki Steel Technical Report-english Edition, 1996 (35): 67-73.

[56] 侯勤福，邹宗树．旋流中间包旋流室内流动状态的研究 [J]. 钢铁，2005 (9)：36-38.

[57] 王赟，钟云波，任忠鸣，等．离心中间包内钢液流动的数值模拟 [J]. 金属学报，2008 (10)：1203-1208.

[58] Hou Q, Zou Z. Comparison between standard and renormalization group k-ε models in numerical simulation of swirling flow tundish [J]. ISIJ International, 2005, 45 (3): 325-330.

[59] Ramos-Banderas A, García-Demedices L, Díaz-Cruz M. Mathematical simulation and modeling of steel flow with gas bubbling in trough type tundishes [J]. ISIJ International, 2003, 43 (5): 653-662.

[60] 詹树华，欧俭平，萧泽强．底吹气连铸中间包内气液两相流的数值模拟 [J]. 过程工程

学报，2005（3）：233-240.

[61] 梁新腾，张捷宇，刘旭峰，等．板坯连铸中间包底吹气数值模拟研究［J］．内蒙古科技大学学报，2008（1）：59-61.

[62] Cwudziński A. Numerical simulation of liquid steel flow and behaviour of non-metallic inclusions in one-strand slab tundish with subflux turbulence controller and gas permeable barrier [J]. Ironmaking & Steelmaking, 2010, 37 (3): 169-180.

[63] 李东辉，李宝宽，赫冀成．中间包底部吹气过程去除夹杂物效果的模拟研究［J］．金属学报，2000（4）：411-416.

[64] 张美杰，汪厚植，顾华志，等．中间包底吹氩行为的数值模拟［J］．钢铁研究学报，2007（2）：16-19.

[65] 梁震江，郑万，王君驰，等．过滤控流中间包流场及夹杂物去除的数值模拟［J］．连铸，2021，46（5）：88-98.

[66] 董晓森．能去除微米级夹杂物的新型中间包物理与数值模拟研究［D］．武汉：武汉科技大学，2019.

[67] 赵丹婷，刘爱强，仇圣桃，等．带过滤器中间包流场的数学物理模拟和应用［J］．钢铁，2017，52（1）：27-31.

[68] 赵丹婷，刘爱强，仇圣桃，等．带过滤器 63t 中间包钢液流场的物理和数学模拟［J］．特殊钢，2016，37（6）：22-26.

[69] 詹树华，吴夜明，徐李军，等．连铸中间包内钢液流动、传热及夹杂物行为的研究［J］．连铸，2007（2）：4-7.

[70] 川合保治，白石裕，日本鉄鋼協会．Handbook of physico-chemical properties at high temperatures [J]. ISIJ, 1988: 131.

[71] Fan C M, Shie R J, Hwang W S. Studies by mathematical and physical modelling of fluid flow and inclusion removal phenomena in slab tundish for casting stainless steel using various flow control device designs [J]. Ironmaking & Steelmaking, 2003, 30 (5): 341-347.

[72] Mazumdar D, Guthrie R I L. The physical and mathematical modelling of continuous casting tundish systems [J]. ISIJ International, 1999, 39 (6): 524-547.

3 结晶器数值模拟研究

连铸作为液态金属（合金）的凝固过程，结晶器是这一复杂凝固过程的“心脏”。结晶器为一特殊形状的无底锭模，通过对中间包流入的钢液进行冷却，使钢液初步凝固，在与结晶器壁接触的区域形成初生坯壳。工业生产中，通过调整拉速、结晶器冷却水量、过热度等因素控制结晶器出口坯壳厚度，以保证出结晶器后坯壳强度足以抵抗钢水静压力[1]。此外，结晶器除了具备成形及冷却的作用外，还具有钢水净化器的作用。结晶器内的钢液流动会促使钢液中非金属夹杂物上浮被保护渣吸收，进而提升铸坯表面质量[2]。

由于连铸过程的高温特性，工业实验难以给出结晶器内部钢液流场、温度场及溶质场分布情况，因此，众多冶金学者采用数值模拟的方法研究连铸过程结晶器内部钢液行为。目前较为常用的商业流体软件包括 ANSYS-CFX、Fluent、Phoenics 和 Star-CD 等。研究的主要内容包括结晶器钢液流动行为、冷却行为、夹杂物上浮情况及溶质元素分布等，研究的目的主要包括结晶器钢液流场控制、结晶器弯月面控制、结晶器钢液冷却控制等。

本章通过介绍数值模拟方法在结晶器钢液流场、温度场、夹杂物运动行为和溶质分布特征研究的案例，介绍数值模拟方法在连铸结晶器区域研究上的应用。

3.1 结晶器钢液流动的模拟研究

3.1.1 钢液流动的数学模型

众所周知，连铸过程中的传输现象包括传质、传热和流动，都分别遵循质量守恒、能量守恒和动量守恒方程，而物质守恒现象可以用一些偏微分方程来表示。数值模拟方法，是在一定的前提假设、边界条件和初始条件下，通过对建立的数学模型（如动量方程、质量方程和能量方程等）求解，进而对连铸过程中的流动、传热及传质等行为进行定性和定量的预测及分析。数值模拟方法研究成本低、时效性高等优点，使其成为连铸过程中工艺参数设计与优化的主要研究手段。

3.1.1.1 模型假设

连铸过程结晶器内钢液流动较为复杂，影响因素较多，而数值模拟研究中考虑实际生产中所有因素并不现实，因此，模拟研究过程中，需要对结晶器内钢液流动进行适当地简化，即忽略部分影响钢液流动的次要因素，而同时要保证钢液的流动特征不发生大的变化。数值模拟研究中，研究学者通常所采用的假设有以下几个。

假设 1：结晶器内钢液视为不可压缩的牛顿流体，并且忽略结晶器振动和锥度对钢液流场的影响。

牛顿黏性定律描述了切向应力和剪切变形速度之间的关系：

$$\tau = -\mu \frac{\mathrm{d}u}{\mathrm{d}y} \tag{3-1}$$

式中，μ 为动力黏度系数，Pa · s；τ 为切向应力，Pa；u 为速度，m/s。

我们一般将服从黏度黏性定律的流体称为牛顿流体。这一定律的应用在 N-S 方程推导过程中可见，而流动模型中动量方程则是基于 N-S 方程演变而来。

假设 2：忽略钢液凝固收缩对流场的影响，且不考虑收缩后与结晶器间气隙的影响。

假设 3：忽略弯月面保护渣对液面波动的影响。

假设 4：流体流动边界条件为无滑移边界条件。即在实际黏性流体流动中，无论雷诺数值多大，由于黏度的存在，在物体表面上的流体流动速度为 0。

假设 5：当计算中同时考虑凝固时，假设糊状区为多孔介质，通常采用达西定律对其进行描述。

3.1.1.2　模型描述

基于以上几点假设，可以建立数学模型来描述结晶器内钢液流动情况。此外，在流体运动研究中，主要有两种分析方法：一种是拉格朗日法，另一种是欧拉法。

拉格朗日法是基于分析流体各个质点的运动，来研究整个流体的运动。虽然采用拉格朗日法可以描述流体各个质点在不同时刻的变化情况，但由于此方法为追踪个别质点进行描述，所以不适用于研究整个流体的运动。而欧拉法是分析空间某点上流体运动的物理量随时间的变化，以及由一点到另一点时的变化来研究整个流体的运动。且通过引入“场”的概念，将流体看作连续介质进行描述。因此，在连铸过程数值模拟研究中，数学模型通常采用欧拉法建立。

流体运动时必须要遵循质量守恒定律，而连续性方程就是流体运动时满足这一定律的一种数学表达式：

$$\frac{\partial \rho}{\partial t} + \nabla \cdot (\rho \vec{u}) = 0 \tag{3-2}$$

式中，ρ 为密度，kg/m^3；$\vec{u}$ 为钢液流动速度，m/s；t 为时间，s。

连铸数值模拟过程中，通常假设钢液为稳态不可压缩流体，因此密度不随时间变化而改变。故连续性方程可简化为：

$$\nabla \cdot (\rho \vec{u}) = 0 \tag{3-3}$$

通过动量守恒定律，可以推导得出黏性流体的运动方程：

$$\frac{\partial(\rho \vec{u})}{\partial t} + \nabla \cdot (\rho \vec{u}\, \vec{u}) = \nabla \cdot (\mu_{\mathrm{eff}} \nabla \vec{u}) - \nabla p + \rho \vec{g} + S_{\mathrm{u}} \tag{3-4}$$

式中，p 为压力，Pa；$\vec{g}$ 为重力加速度，m/s^2；S_{u} 为动量方程源项。

方程左边两项分别为时间项和对流项，方程右边分别为扩散项、压力项、重力及源项。其中，通过源项施加可以考虑外力对钢液流场的影响，可以为电磁力、热溶质浮力等。

在实际流体流动中，不同条件下，流体质点运动会出现两种不同状态，一种是当速度小于某一临界值时，流体质点作有规则运动，质点之间不互相干扰，称为层流流动；另一种是流体质点的运动是非常混乱的，称为湍流（或紊流）运动。相应地，动量方程中 μ_{eff} 为有效黏度，即层流黏度与湍流黏度之和。而湍流黏度通常由下式求解得出：

$$\mu_{\mathrm{t}} = \rho f_{\mu} C_{\mu} \frac{k^2}{\varepsilon} \tag{3-5}$$

式中，k 为湍动能，m^2/s^2；ε 为湍动能耗散率，m^2/s^3。两个参数可由湍流模型求解得出。

计算过程中，湍流模型的选取与流体是否可压、特殊问题的可行性、精度要求、计算机计算能力等条件有关，不同模型有不同的适用范围和限制。而目前的湍流模型主要分为三种：DNS——直接模拟；LES——大涡模拟；RANS——雷诺时均。虽然 DNS 和 LES 可以求解得出流体的瞬态流场，但计算过程需要大量的计算时间，并且对于计算机的计算能力要求较高。因此，目前在工程应用计算中尚未得到广泛应用，但由于计算机技术的发展，LES 方法已逐渐成为目前 CFD 研究和应用的热点问题。连铸过程模拟研究中，k-ε 模型是雷诺时均模型中应用最为广泛的模型。低雷诺数 k-ε 模型由于考虑了近壁面的阻尼效应，从而适用于从湍流区到固体壁面的全范围，比标准 k-ε 模型的适用范围更为广泛，且更适用于连铸过程数值模拟研究[3]。此处以 Launder 和 Sharma 等人提出的低雷诺数 k-ε 模型[4,5]为例进行相关介绍。

k 方程：

$$\frac{\partial k}{\partial t} + \nabla \cdot (\rho \vec{u} k) = \nabla \cdot \left[\left(\mu + \frac{\mu_t}{\sigma_k}\right) \nabla k\right] + G_k - \rho \varepsilon + \rho D + S_k \tag{3-6}$$

ε 方程：

$$\frac{\partial \varepsilon}{\partial t} + \nabla \cdot (\rho \vec{u} \varepsilon) = \nabla \cdot \left[\left(\mu + \frac{\mu_t}{\sigma_\varepsilon}\right) \nabla \varepsilon\right] + C_1 f_1 G_k \rho \frac{\varepsilon}{k} - C_2 f_2 \rho \frac{\varepsilon^2}{k} + \rho E + S_\varepsilon \tag{3-7}$$

本模型为半经验模型，方程中各系数及经验常数取值如表 3-1[5] 所示。

表 3-1 低雷诺数模型中采用的系数及经验常数

参数	值	参数	值
G_k	$\mu_t\left(\frac{\partial u_i}{\partial x_j} + \frac{\partial u_j}{\partial x_i}\right)\frac{\partial u_i}{\partial x_j}$	D	$2\mu\left(\frac{\partial(\sqrt{k})}{\partial x_i}\right)^2$
E	$2\frac{\mu\mu_t}{\rho}\left(\frac{\partial^2 u_i}{\partial x_i \partial x_j}\right)^2$	f_μ	$\exp\left[-3.4\Big/\left(1+\frac{Re_t}{50}\right)^2\right]$
C_μ	0.09	C_2	1.92
f_1	1.0	σ_k	1.0
f_2	$1.0 - 0.3\exp(-Re_t^2)$	σ_ε	1.3
C_1	1.44	Re_t	$\rho k^2/(\mu\varepsilon)$
Pr_t	0.9	Sc_t	1.0

3.1.1.3 模型求解

流体流动数学模型建立后，需要建立模型求解的几何区域，即几何模型，并对此模型进行相应的网格划分。求解过程中，以上数学方程在所划分网格节点上进行离散求解，此过程可参考文献［6］，此处不做说明。方坯连铸模拟过程所建立几何模型如图 3-1 所示。

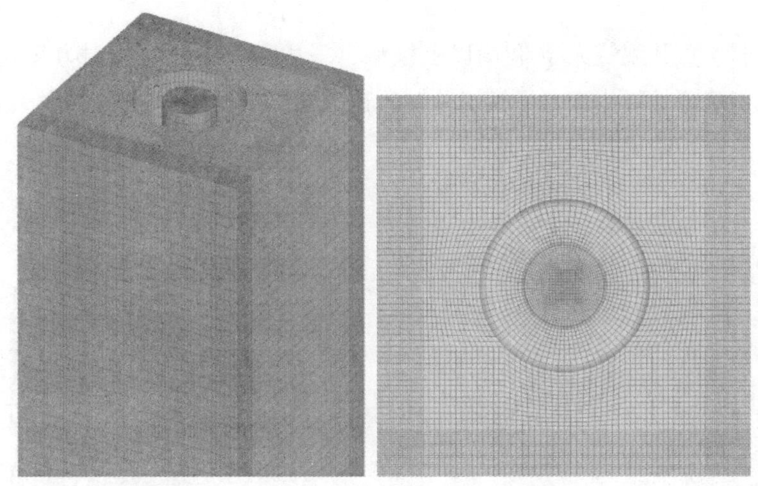

图 3-1 方坯几何模型及对应的网格

彩图 3-1

模型计算的基本参数如密度、水口插入深度、水口直径等视钢种及实际生产参数而定。

流动模型的边界条件主要分为入口、出口、结晶器壁面及自由面四处：

（1）入口：入口处钢液速度由铸机拉坯速度和坯形共同决定，根据质量守恒定律计算得到，方向为垂直于入口。入口处的湍动能及湍动能耗散率边界条件由经验公式计算得到，通常采用的是 Lai 等人提出的公式：$k = 0.01u_{\text{inlet}}^2$，$\varepsilon = k^{1.5}/(d_{\text{inlet}}/2)$。

（2）出口：出口边界可以直接设定流体的出口速度，也可以设定压力出口边界。

（3）结晶器壁面：在结晶器壁面上，通常采用无滑移边界条件。

（4）自由面：结晶器上表面（保护渣处）通常设置为自由面，而此处边界条件采用零梯度边界条件。

3.1.2 方坯结晶器内钢液流场计算实例

早在 20 世纪 90 年代初，张炯明等人[7]就以 115mm×115mm 小方坯为研究对象，采用有限差分法，通过自编程序对模型进行离散求解，模拟计算得到了小方坯连铸结晶器三维流场分布情况，并在此基础上对不同断面小方坯结晶器流场进行了讨论。然而，受限于当时计算机的计算能力及模拟理论的发展情况，连铸过程结晶器内钢液流动行为并不能得到很好的预测。而随着计算机技术的快速发展以及商业模拟软件的成熟（如 CFX、Fluent、Phoenics 等），结晶器内钢液流场也越来越清晰。

张炯明、董其鹏等人[8]利用以上模型，采用商业模拟软件对方坯连铸过程结晶器内钢液流动行为进行了模拟分析，在耦合温度场计算的条件下，所得结晶器区域钢液流场结果如图 3-2 所示。

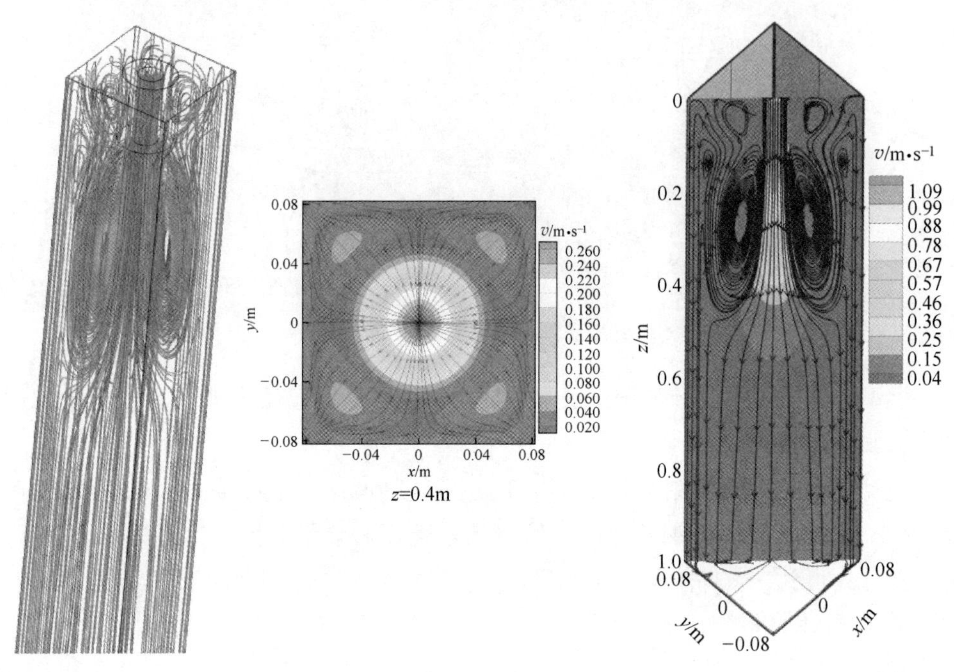

图 3-2　方坯结晶器区域钢液流场结果

彩图 3-2

3.1.3　板坯结晶器内钢液流场计算实例

张炯明指导雷少武[9]及尹延斌[10]开展了板坯连铸结晶器内钢液流动的研究工作。板坯结晶器内流场呈现出典型的“双环流”模式，如图 3-3 所示。

板坯结晶器内钢液流动模式受结晶器横断面、拉坯速度等影响，而浸入式水口结构（内腔、水口倾角）及其插入深度对钢液流动的影响最为显著。而结晶器内钢液流场的重要评价指标有流股冲击深度、弯月面表面流速、*F* 数及液面波动等。张炯明与陈阳等人[11]针对宽厚板结晶器进行了钢液流场的优化研究，如图 3-4 所示，可以看出弯月面流速随拉速增加而增加，随水口向下倾角增大而减小。

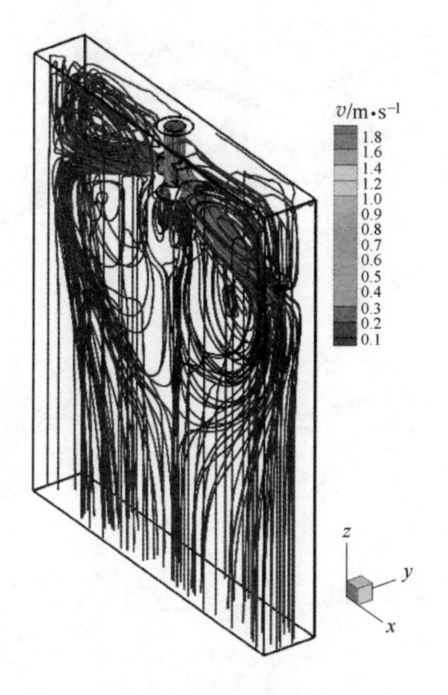

彩图 3-3

图 3-3 板坯结晶器区域钢液流场结果

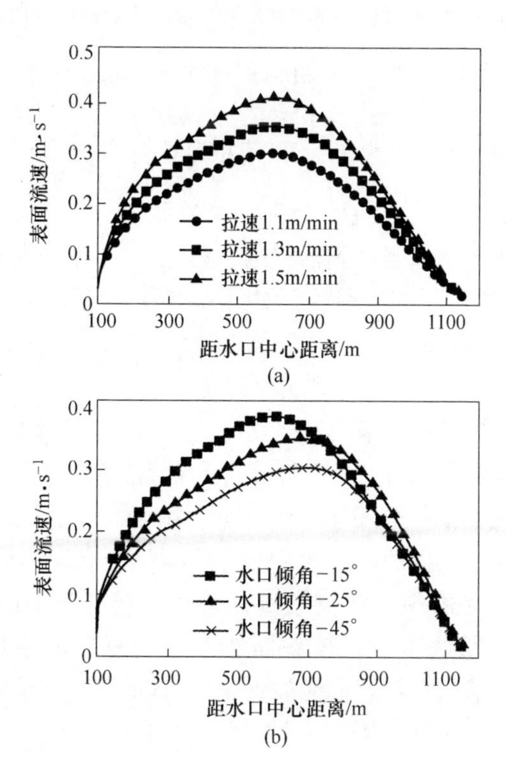

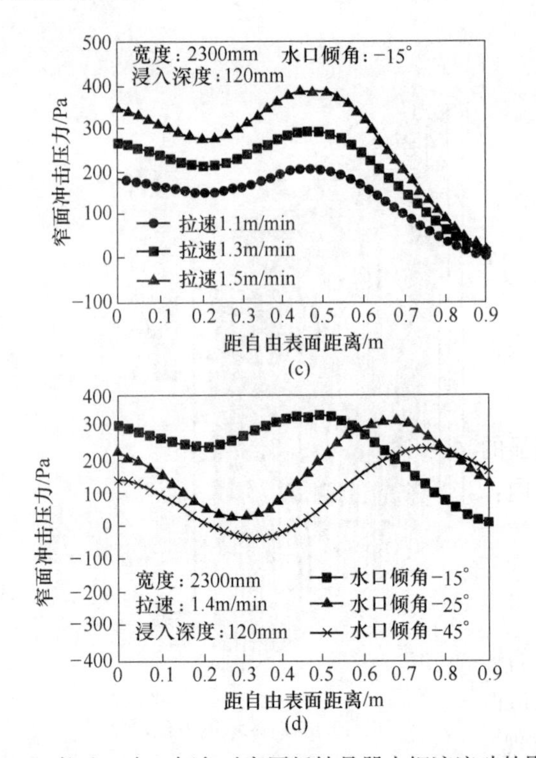

图 3-4　拉速、水口倾角对宽厚板结晶器内钢液流动的影响

F 数由日本学者手鸣俊雄[12]提出，用来评价结晶器内卷渣情况：

$$F = \frac{\rho Q_L v_e (1 - \sin\theta)}{4D} \tag{3-8}$$

式中，ρ 为钢水的密度，kg/m^3；Q_L 为钢水的流量，m^3/s；v_e 为钢水撞击结晶器窄边的速度，m/s；θ 为钢水撞击结晶器窄边的角度，(°)；D 为撞击点与自由面之间的距离，m。式中各符号的物理意义如图 3-5 所示。研究表明，F 数在 3~5 时，结晶器内钢液卷渣最不容易发生，铸坯及冷轧板的表面缺陷最少[13]。

F 数之前被很多学者采纳用来评价结晶器内卷渣，进而找出优化的参数。目前，计算机技术及物理模拟技术的飞速发展，加之数学模型的升级，一般采用结晶器内液面波动或对卷渣进行直接计算来评价卷渣程度，后面章节将详细解释。

最近，由于一些学者采用大涡模型来进行结晶器内钢液流场的瞬态计算，作者在这一方面也开展了相应的研究[10]。采用亚网格 Subgrid-Scale（SGS）涡黏模型对其进行求解。具体的 SGS 模型为壁面自适应局部涡黏模型（Wall-Adapting Local Eddy，WALE）[14]。WALE 模型能够不通过复杂的阻尼函数（Van-driest Damping）就准确地捕捉到近壁处涡黏特性，尤其适用于复杂几何模型。

图 3-6 为结晶器流场的大涡模拟计算瞬态特征图。可以看出，结晶器内钢液

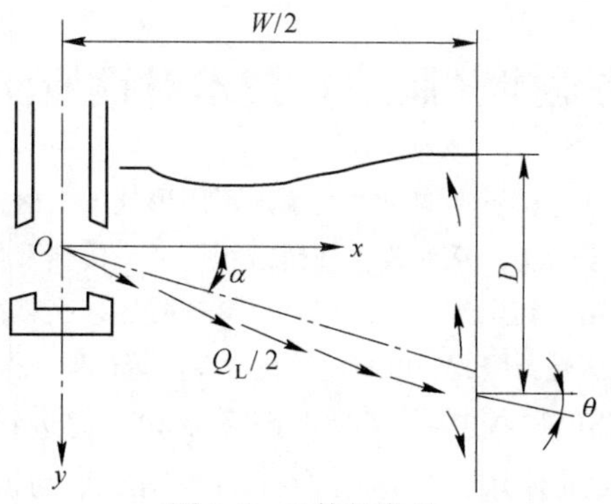

图 3-5 *F* 数的定义

瞬态流动呈现出明显的不对称性、不稳定性。不同时刻的结晶器内流场都是不同的。计算域直立段内：200s 时，水口两侧存在两个不对称的向上的回流，而且水口左侧向上的回流较大；210～230s 时间内，直立段左侧向上的回流消失，右侧向上的回流不断向左发展；240s 时，直立段右侧向上回流消失，左侧开始出现向上回流；240～250s 内，左侧向上的回流向右发展。往后的时间，直立段内流动特征都是如此，左右两侧向上的回流此起彼伏。对于上回流区的流动更是不稳定，可以看出在水口两侧的结晶器上表面大流速区周期性地出现，200s、220s、240s 时大流速区出现在水口右侧，而 210s、230s、250s 时大流速区出现在水口左侧。水口出流钢液向下射流的倾角较大，两侧射流上下摆动。

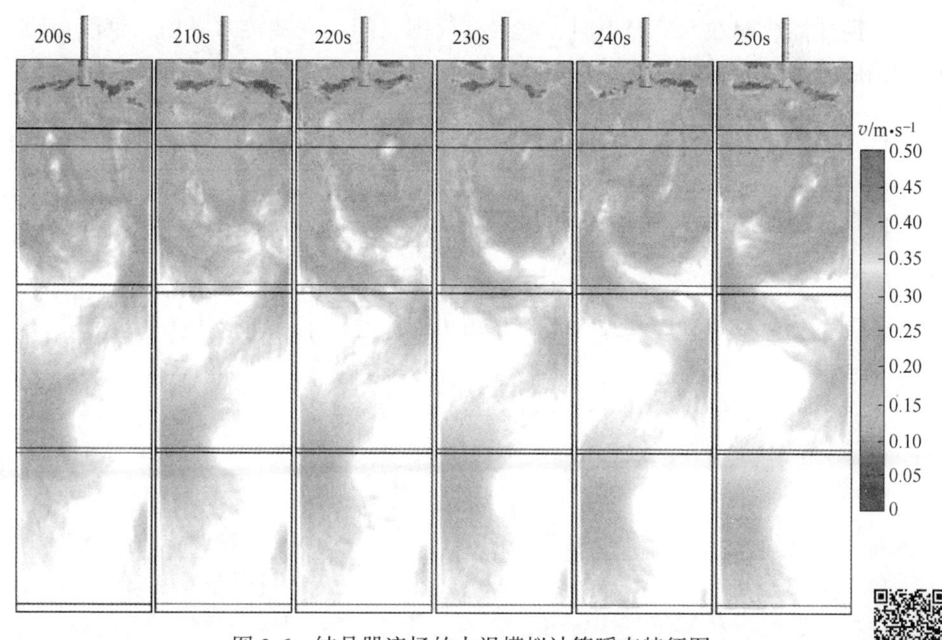

图 3-6 结晶器流场的大涡模拟计算瞬态特征图

彩图 3-6

3.2　电磁搅拌（制动）技术对钢液流场的影响

电磁搅拌技术是通过在连铸机不同位置处施加不同形式的电磁搅拌装置，利用所产生的电磁力影响铸坯内钢液流动行为，从而改善连铸过程流动、传热及传质条件，以改善铸坯质量的一项电磁冶金技术。由于其操作可行性高且可穿透凝固坯壳直接作用于铸坯或结晶器内部钢液，对钢液流场产生影响，因此，电磁搅拌技术在连铸过程中得到了广泛应用。

研究表明，结晶器电磁搅拌具有改善钢液流动、促进过热耗散、提高等轴晶率及改善铸坯中心质量的作用。而电磁搅拌的应用效果与搅拌参数的选择直接相关，如搅拌器安装位置、搅拌电流频率及电流强度等。因此，对于不同铸机，甚至不同浇铸参数，均会存在相应合适的电磁搅拌参数。而由于成本问题，搅拌参数并不能通过工业实验决定，因此，数值模拟研究是目前电磁搅拌研究的主要方法。

3.2.1　电磁场计算相关数学模型

3.2.1.1　电磁搅拌模型

电磁搅拌按照磁场的激发机理，可以分为三类：旋转磁场式、行波磁场式和螺旋磁场式。其中，方坯、圆坯电磁搅拌器主要为旋转磁场式，而行波磁场式主要应用在板坯电磁搅拌。此处以方坯旋转磁场电磁搅拌为例对其进行介绍。

当搅拌器线圈通入交流电时，就会在周围空间产生旋转的磁场，钢液在磁场中切割磁感线运动就会产生感应电流：

$$\vec{J} = \sigma(\vec{E} + \vec{u} \times \vec{B}) \tag{3-9}$$

而钢液中的感应电流与磁场相互作用，产生驱动钢液流动的电磁力：$\vec{F} = \vec{J} \times \vec{B}$。

其中，感应电磁场由麦克斯韦方程组可得：

$$\begin{cases} \nabla \times \vec{H} = \vec{J} \\ \nabla \times \vec{E} = -\dfrac{\partial \vec{B}}{\partial t} \\ \nabla \cdot \vec{B} = 0 \\ \nabla \cdot \vec{D} = q \end{cases} \tag{3-10}$$

式中，$\vec{J}$ 为感应电流，A/m^2；σ 为钢液电导率，S/m；$\vec{E}$ 为感应电势，V/m；$\vec{u}$ 为磁场与钢液相对运动速度，m/s；$\vec{B}$ 为磁感应强度，T；$\vec{H}$ 为磁场强度，A/m；$\vec{D}$ 为电位移，C/m^2；q 为电荷，C/m^3；$\vec{F}$ 为电磁力，N/m^3。

目前电磁搅拌的模拟研究通常采用有限元软件 ANSYS 建立数学模型对其进行求解分析。需要指出的是，此时计算过程不考虑铸坯内部流场及温度场的影响。Trindade 等人[15]采用此方法对方坯连铸过程中结晶器电磁搅拌所产生的磁感应强度、电磁力等进行了计算分析。

3.2.1.2 磁流体模型

目前研究电磁搅拌对铸坯内钢液流场影响较为通用的方法为：首先采用 ANSYS 计算得到电磁力，然后将电磁力结果以动量源项的形式引入动量方程中，进而利用流体软件（Fluent、CFX 等）求解得出在电磁搅拌作用下铸坯内部钢液的流动情况。于海琦[16]和 Trindade[17]均采用此方法对铸坯结晶器电磁搅拌影响下的铸坯内部钢液流动变化情况进行了分析计算。

虽然上述研究方法目前应用较为广泛，但其未考虑铸坯内钢液流场对电磁场的影响。由电磁感应定律可知，导电钢液在磁场中运动会产生感应电流，而感应电流又会产生感生磁场，从而对电磁搅拌线圈产生的磁场产生影响。而且，由于钢液流动产生的感应电流与磁场相互作用会产生电磁力。刘和平等人[18]对圆坯结晶器电磁搅拌作用下铸坯内钢液流场进行了详细分析计算，其建立的数学模型考虑了钢液流场与电磁场间的相互作用对电磁力的影响。

磁流体计算中所采用的数学模型为：

基于麦克斯韦方程组和广义欧姆定律，可以推导得出磁感应方程：

$$\frac{\partial \vec{B}}{\partial t} + (\nabla \cdot \vec{u})\vec{B} = \frac{1}{\sigma\mu_e}\nabla^2\vec{B} + (\nabla \cdot \vec{B})\vec{u} \tag{3-11}$$

磁流体系统中时变磁场包括由电磁搅拌器内三相交变电流引起的外部磁场 $\vec{B}_0$ 和由于流体流动引起的感应磁场 $\vec{B}_m$。为了计算方便，在计算过程中时变磁场可以采用复数进行描述：

$$\vec{B} = \vec{B}_r + i\vec{B}_i \tag{3-12}$$

式中，$\vec{B}_r$ 为磁场实部，$\vec{B}_i$ 代表磁场虚部，且均为矢量。

因此，磁感应方程可以分解为如下形式：

$$\begin{cases} \dfrac{\partial \vec{B}_r}{\partial t} + (\nabla \cdot \vec{u})\vec{B}_r = \dfrac{1}{\sigma\mu_e}\nabla^2\vec{B}_r + (\nabla \cdot \vec{B}_r)\vec{u} \\ \dfrac{\partial \vec{B}_i}{\partial t} + (\nabla \cdot \vec{u})\vec{B}_i = \dfrac{1}{\sigma\mu_e}\nabla^2\vec{B}_i + (\nabla \cdot \vec{B}_i)\vec{u} \end{cases} \tag{3-13}$$

电磁搅拌过程电磁力采用时均电磁力进行计算，由电流密度和磁感应强度计算得出：

$$\vec{F}_{ems} = \frac{1}{2} Re\,(\vec{J} \times \vec{B}^*) \tag{3-14}$$

式中，Re 为复数的实部；$\vec{B}^*$ 为磁感应强度的共轭复数。

3.2.1.3　电磁制动模型

钢液穿过 EMBr 所施加磁场产生感应电流 $\vec{J}$，进而产生了洛伦兹力 $\vec{F}_{Lorentz}$。由于钢液中的感应磁场 $\vec{b}$，远小于 EMBr 所施加的静磁场 $\vec{B}_0$，因此计算中忽略了感应磁场，仅考虑 EMBr 静磁场。根据法拉第定律：

$$\nabla \times \vec{E} = -\frac{\partial \vec{B}}{\partial t} \tag{3-15}$$

当 $\vec{B} = \vec{B}_0$ 时，式（5-1）变为：

$$\nabla \times \vec{E} \equiv 0 \tag{3-16}$$

即电场强度旋度恒为 0，通过电势 ϕ 形式来表达电场强度：

$$\vec{E} = -\nabla\phi \tag{3-17}$$

将式（3-17）代入欧姆定律公式得出：

$$\vec{J} = \sigma(\vec{E} + \vec{u} \times \vec{B}_0) = \sigma(-\nabla\phi + \vec{u} \times \vec{B}_0) \tag{3-18}$$

式中，σ 为电导率，S/m；$\vec{E}$ 为感应电场强度，V/m；$\vec{u}$ 为钢液速度，m/s；ϕ 为电势，V；$\vec{B}_0$ 为 EMBr 施加磁场，T；$\vec{J}$ 为电流密度，A/m^2。

由于电流守恒：

$$\nabla \times \vec{J} = 0 \tag{3-19}$$

对欧姆定律等式两侧取散度，得出如下泊松关系式：

$$\nabla \times (\nabla \phi) = \nabla \cdot (\vec{u} \times \vec{B}_0) \tag{3-20}$$

因此求解式（3-20），即可得出电势 ϕ，进而通过欧姆定律得出感应电流 $\vec{J}$，洛伦兹力由以下公式得出：

$$\vec{F}_{\text{Lorentz}} = \vec{J} \times \vec{B}_0 \tag{3-21}$$

3.2.2　方坯电磁搅拌

董其鹏、张炯明等人[19]对方坯连铸过程电磁搅拌（包括结晶器电磁搅拌和凝固末端电磁搅拌）影响下铸坯内部钢液流动行为进行了模拟研究，并与传统电磁搅拌研究方法进行了对比分析。图3-7为结晶器中心对称面不同电磁搅拌模型计算所得电磁力分布云图：图3-7（a）为传统模型，忽略流场对磁场的影响；图3-7（b）为磁流体模型，并且搅拌器中心位置横截面电磁力分布云图也显示在图中。此外，为方便对比，结晶器内凝固坯壳也在图中以白色实线给出。由图可知，在 x-z 截面上，模型计算所得电磁力主要分布在搅拌线圈区域（线圈长度0.3m，中心位于 z = 0.3m 处），且以搅拌中心为基点，沿拉速方向向两侧逐渐减小。由于集肤效应，电磁力主要分布在铸坯边部区域，这在横截面结果中也可以看出。然而，由于钢液凝固的影响，铸坯边部会产生一定厚度的坯壳及糊状区，而电磁力在此区域几乎无作用效果，因此，虽然边部区域电磁力较大，但并无实际应用意义。

图3-8给出了不同计算条件下结晶器内三维流线分布图：图3-8（a）为无电磁搅拌；图3-8（b）为传统电磁搅拌模型；图3-8（c）为磁流体模型，图中可以明显看出电磁搅拌对流场的影响。由图可知，钢液通过浸入式水口进入结晶器后大部分钢液沿拉坯方向向下流动，而少量钢液在距弯月面约0.4m处沿铸坯坯壳向上流动形成回流，图中流线可以明显看出，在水口下方冲击流股两侧形成了明显的回流区。并且，由于重力的作用，结晶器内钢液流动主要是沿拉速方向。未施加电磁搅拌时，在弯月面附近和距弯月面约0.1m的凝固坯壳附近均出现了相对较弱的钢液回流，从而在此区域导致了“死区”。而受钢液对流的影响，溶质元素容易在死区聚集，形成溶质富集区。与图3-8（a）对比，图3-8（b）和（c）所示为施加电磁搅拌后结晶器内钢液流线分布图。对比可以发现，结晶器电

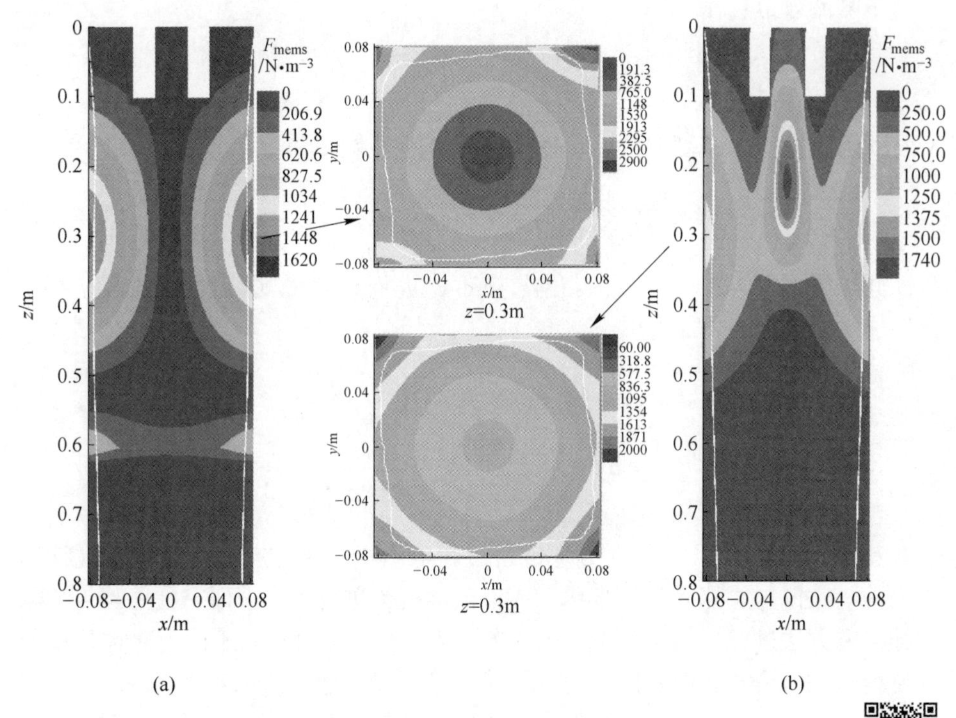

图 3-7　结晶器电磁搅拌电磁力分布情况

（a）传统模型；（b）磁流体模型

彩图 3-7

磁搅拌的应用明显地改变了结晶器内钢液流动轨迹，由于施加的为旋转电磁力，因此结晶器内形成了显著的旋流。施加电磁搅拌后，结晶器内钢液回流仍然存在，但与未施加电磁搅拌不同的是，部分钢液自冲击流股末端向上旋转回流至结晶器上部区域。而且，由图中流线分布可以发现，由电磁搅拌引起的钢液旋流主要发生在距弯月面 0~0.5m 的区域内，而结晶器下部区域钢液流动与未施加电磁搅拌时无明显区别。

3.2.3　板坯结晶器电磁搅拌

张炯明、尹延斌等人[20]研究了板坯结晶器电磁搅拌对结晶器内钢液流动的影响。如图 3-9 所示，当结晶器电磁搅拌关闭时，结晶器内纵截面上流线呈现轴对称，意味着钢液流动为对称的。此外，从图 3-10 也可以看出，未施加结晶器电磁搅拌时，钢液流股对窄面凝固坯壳形成冲击，对凝固坯壳产生减薄效应；而施加结晶器电磁搅拌后，结晶器内钢液流动模式产生了明显的改变，板坯结晶器内钢液典型的“双环流”仅能在厚度中心面上观察到，这是因为该位置电磁力很小，对钢液流动影响相对小。而在厚度 1/4 面上，可以看出钢液流动呈现出反

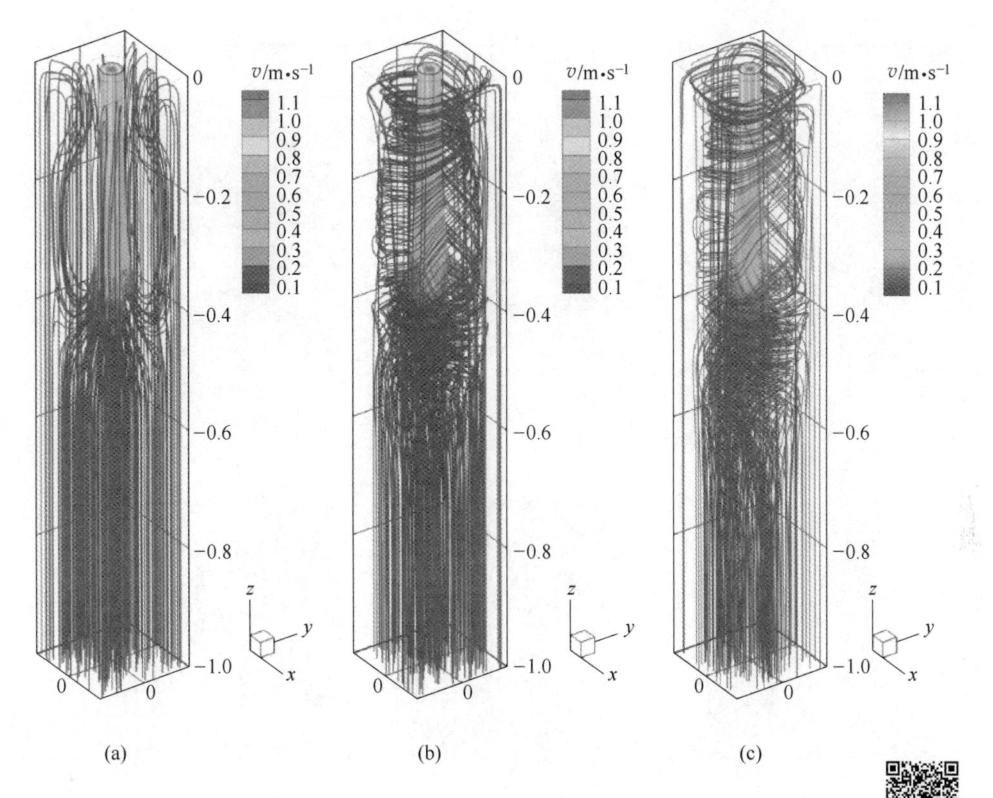

图 3-8 结晶器内三维流线分布图
（a）无电磁搅拌；（b）传统电磁搅拌模型；（c）磁流体模型

彩图 3-8

向的特征。在横向截面钢液流动表现出明显的旋转流动（图 3-10）。此外，可以看出，结晶器电磁搅拌使得下循环流动减弱。

图 3-11 所示为窄面凝固坯壳附近钢液流动速度沿拉坯方向变化特征，以及结晶器电磁搅拌电流强度、安装位置对结晶器内钢液流动的影响。可以看出电磁搅拌使得凝固前沿处产生明显的横向流动（U_y），横向流动最大处为电磁搅拌线圈中心面位置，而且横向流动随电磁搅拌线圈电流增大而增大，横向流动会对凝固坯壳产生冲刷效应，有利于减轻凝固前沿对夹杂物、氩气泡的捕捉，进而提高连铸板坯表层洁净度，降低冷轧板表面缺陷发生率。图 3-11（c）和（d）可以看出结晶器钢液流动的上下循环区域，而 D_i 则代表着钢液流股的冲击深度，可以看出施加电磁搅拌后下循环区钢液向下流动的速度明显减少，冲击区深度减小，而且电流越大越明显。

3.2.4 板坯结晶器电磁制动

尹延斌[10]采用大涡模拟的方法研究了 FC 型结晶器电磁制动对结晶器内钢液

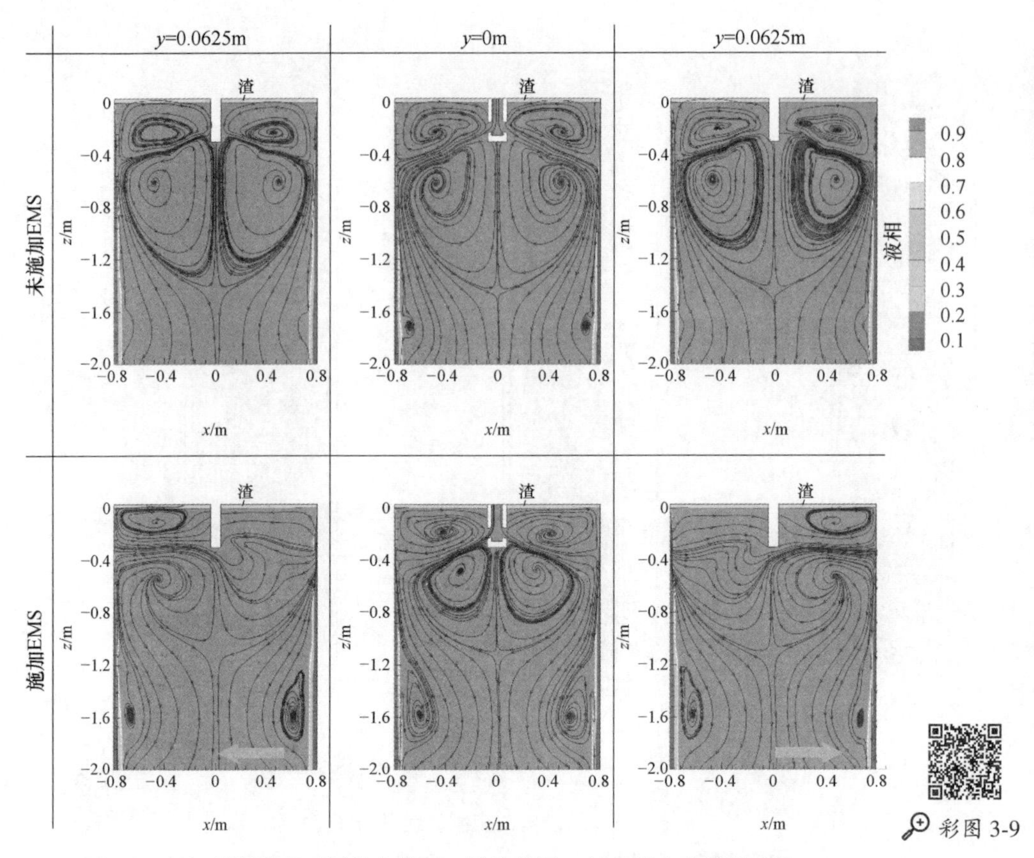

彩图 3-9

图 3-9　板坯结晶器内不同纵向截面二维流线图（结晶器电磁搅拌参数 400A/3Hz）

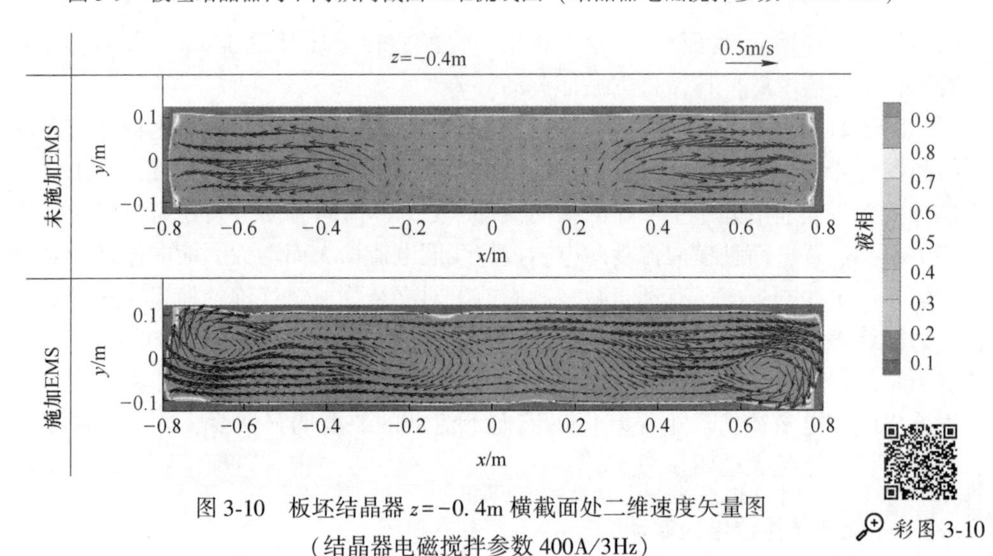

图 3-10　板坯结晶器 $z=-0.4$m 横截面处二维速度矢量图（结晶器电磁搅拌参数 400A/3Hz）

彩图 3-10

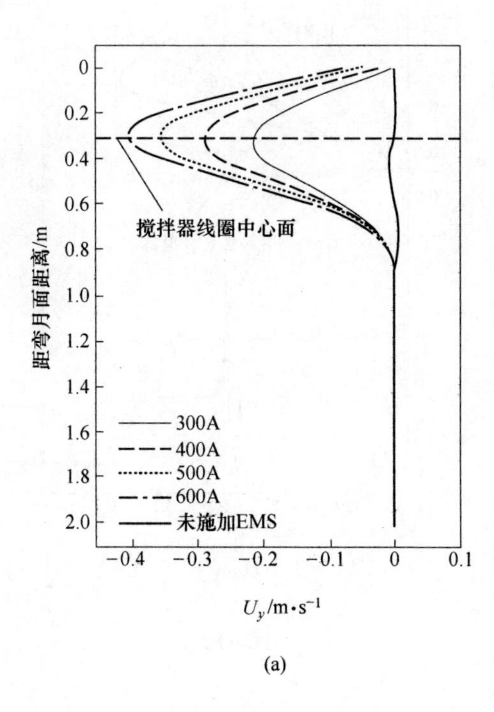
搅拌器线圈中心面
距弯月面距离/m
300A
400A
500A
600A
未施加EMS
U_y/m·s^{-1}

(a)

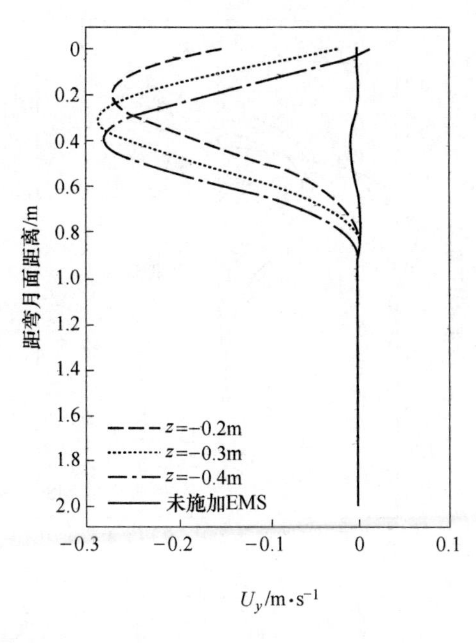
距弯月面距离/m
z=−0.2m
z=−0.3m
z=−0.4m
未施加EMS
U_y/m·s^{-1}

(b)

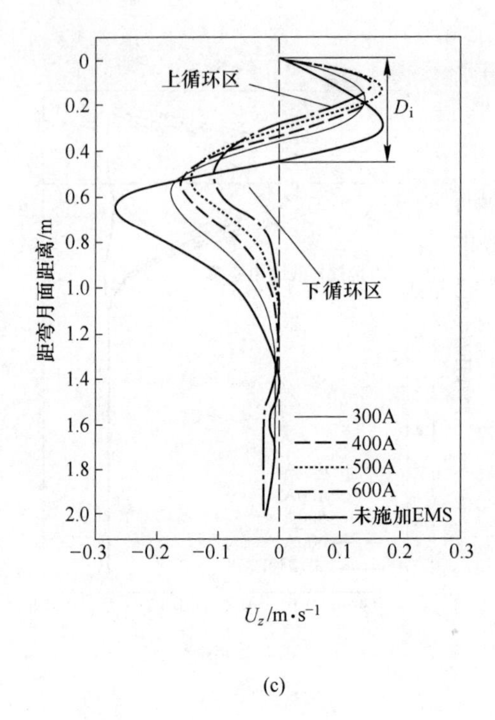

(c)

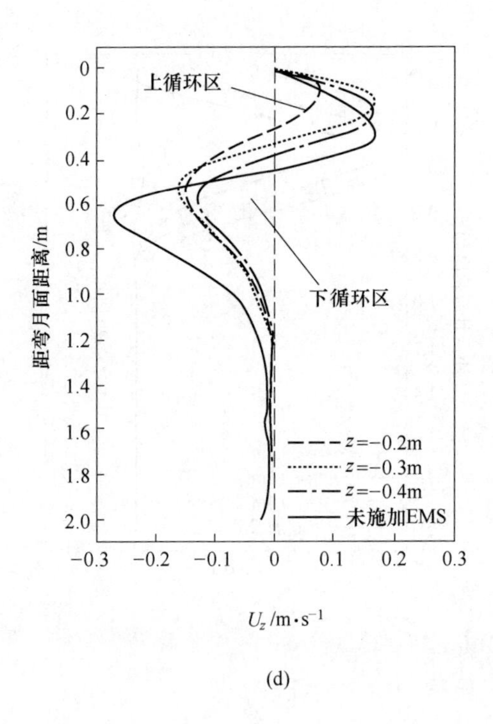

(d)

图 3-11　凝固坯壳附近钢液流动速度沿拉坯方向变化特征

流动的影响。EMBr 上部和下部线圈通电电流都为 665A 直流电。EMBr 的静磁场几乎都是沿着垂直于结晶器宽面方向的（B_y）、拉坯方向（B_x）和宽度方向（B_z）的磁感应强度很小，可以忽略不计。因此，导入耦合计算的电磁场，忽略了拉坯方向和宽度方向的磁感应强度。图 3-12 为插值后用于耦合计算的磁感应强度（B_y）在计算域厚度中心面的分布，以及计算值与现场测量值[21]沿中心线在拉坯方向变化趋势的对比。可以看出计算值与现场测量值之间能够很好地吻合。在厚度中心面上，上部和下部线圈产生的磁感应强度 B_y 最大值同为 0.33T。

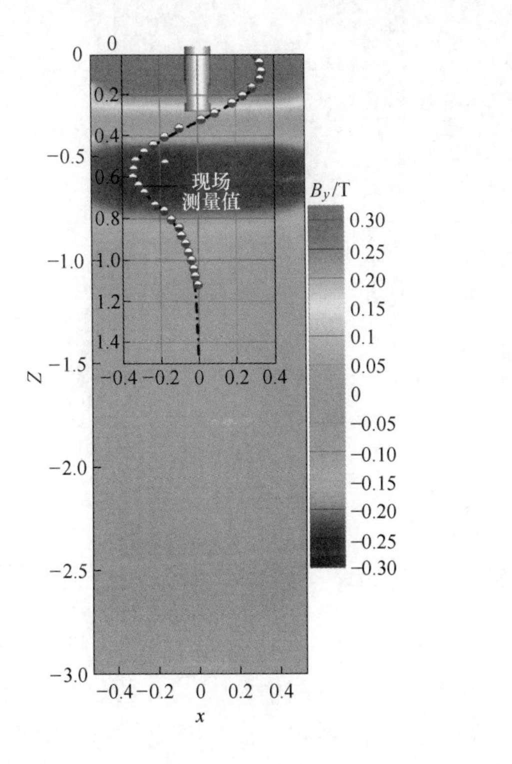

彩图 3-12

图 3-12 厚度中心面 EMBr 磁感应强度分布及计算值与现场测量值的对比

图 3-13 为不同条件下的钢液瞬态流动特征图，可以看出该铸机 1.8m/min 拉速下，吹氩对钢液瞬态流场产生的影响相对小于 EMBr 对钢液瞬态流场的影响。这里主要分析 EMBr 对钢液瞬态流场的影响，对比图 3-13（b）和（c）可以看出，结晶器施加 EMBr 后，有效地对钢液瞬态、不稳定流场产生了制动，钢液瞬态流场出现了相对对称的特征，从水口出口流出的钢液向下的倾角变小。未施加 EMBr 钢液出流流股粗壮，而施加 EMBr 后流股由粗变细。被施加的磁场制动后，结晶器上部的钢液上循环区内钢液流动变弱，尤其在结晶器上表面附近，减弱趋势更为明显。结晶器下部区域钢液被磁场制动后，向上的回流消失，比较稳定地

流出结晶器，进入足辊区及二冷区，形成“活塞流”。钢液进入二冷区后，由于该处的磁场变弱，EMBr 对钢液的制动作用也变弱，因此钢液的湍流度有增强的趋势，而且出现一些小尺寸的涡。

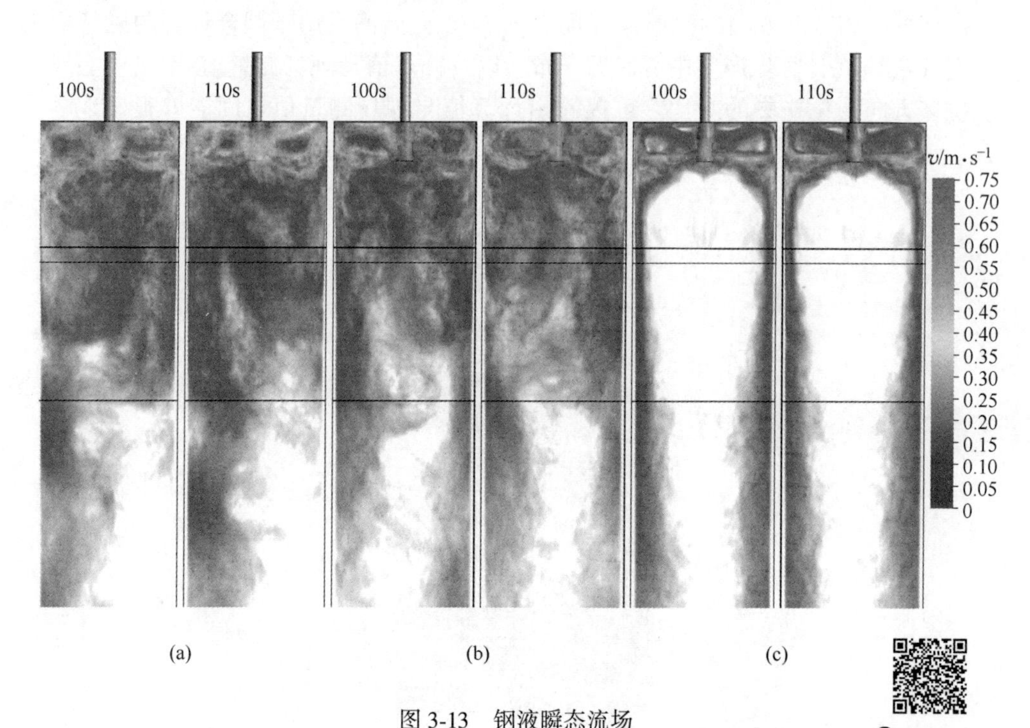

彩图 3-13

图 3-13　钢液瞬态流场

（a）未吹氩未施加 EMBr；（b）吹氩未施加 EMBr；（c）吹氩并施加 EMBr

提取了窄边凝固前沿附近（$x=0.5\text{m}$ 竖直线），钢液在拉速方向速度分量 U_z 的时均值，结果绘于图 3-14 中。图中，U_z 为 0 的位置即钢液流股对窄边凝固坯壳的冲击点。可以看出，结晶器吹氩后，窄边凝固前沿附近钢液向上的流速增大，向下的流速降低，水口出流钢液向下的倾角变小。而对比有无 EMBr 两个情况下的结果，可以看出，EMBr 减小了水口出流钢液向下的倾角。由于上部磁场对钢液的制动作用，使得窄面凝固前沿附近钢液向上的流速明显减小。从而也导致了施加 EMBr 后更多的钢液向下流入结晶器下部区域，钢液向下流动的速度变大。

图 3-15～图 3-17 为三个条件下，弯月面下 0.01m 处钢液瞬态速度的矢量图。可以看出，结晶器未吹氩未施加 EMBr 时，由于钢液在上循环区内强烈地不对称流动，因此在水口附近弯月面处形成了明显的漩涡，称为卡门（Von Kármán）涡。而且未吹氩未施加 EMBr 时，卡门涡尺寸较大。而结晶器内吹氩后，由于氩气泡的作用，使得钢液在水口附近的弯月面处形成了一个从水口指向窄边流动的

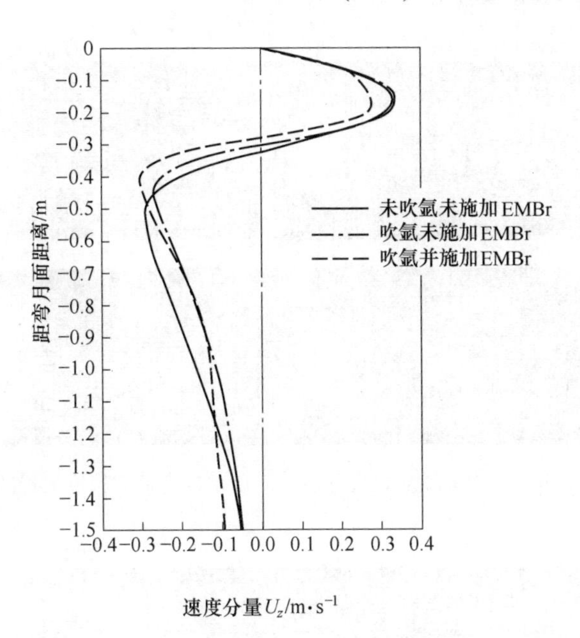

图 3-14 窄边凝固坯壳附近（x=0.5m 竖直线）时均速度分量 U_z 沿拉坯方向变化

区域。当这一流动与上回流相遇后，在交界面形成了卡门涡，但此种情况下的卡门涡数量变多尺寸变小。而在结晶器吹氩并施加 EMBr 后，水口附近弯月面处从水口指向窄边的流动增强，但是流动变得规律。而且，在这一流动与上回流的交界处基本不会出现卡门涡，即使出现也是尺寸很小的涡。

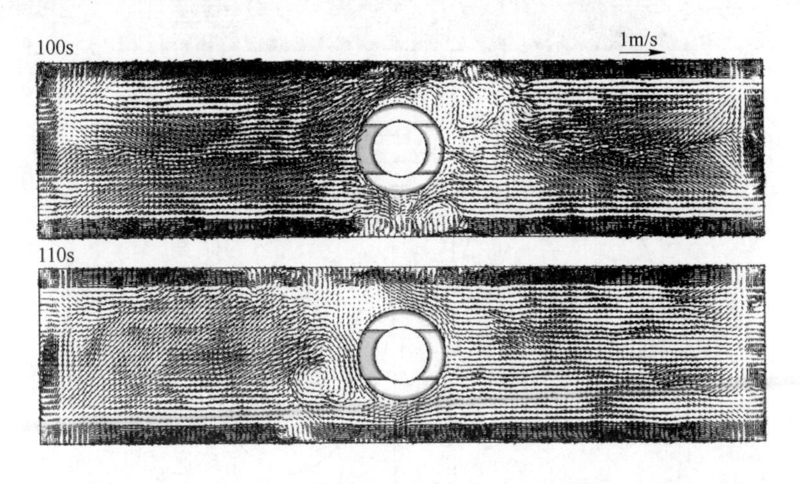

彩图 3-15

图 3-15 未吹氩未施加 EMBr 时弯月面下 0.01m 处钢液速度矢量图

图 3-18 为弯月面中心线上钢液水平流速时均值的变化曲线。在未吹氩未施

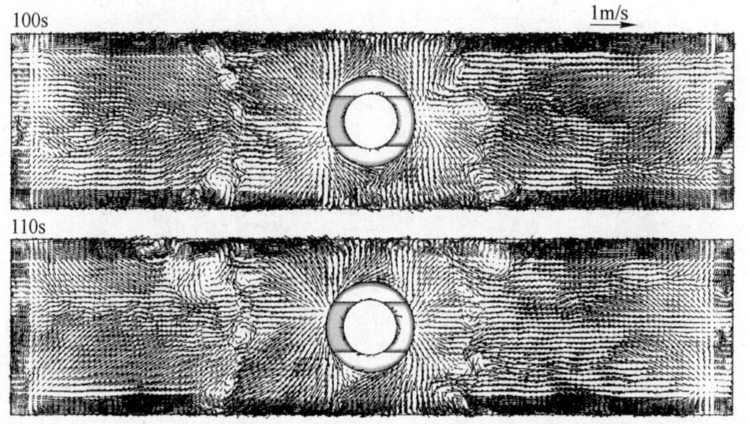

彩图 3-16

图 3-16　吹氩未施加 EMBr 时弯月面下 0.01m 处钢液速度矢量图

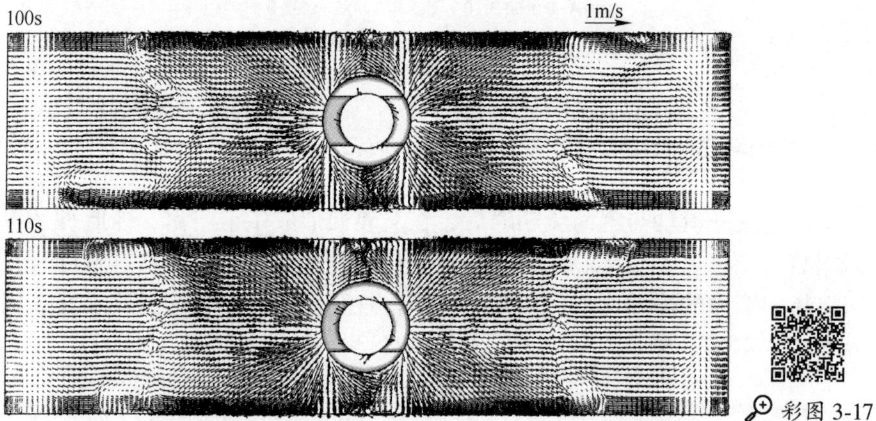

彩图 3-17

图 3-17　吹氩并施加 EMBr 时弯月面下 0.01m 处钢液速度矢量图

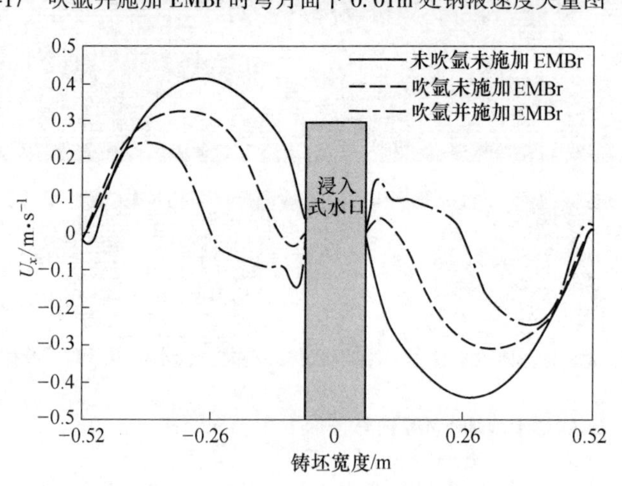

图 3-18　弯月面处厚度中心线上水平速度时均值的变化

加 EMBr 条件下，水平流速最大值出现在宽度 1/4 位置。而且存在较大的区域，其内水平流速的时均值大于 0.4m/s。结晶器吹氩但未施加 EMBr 的情况下，由于氩气泡的作用减弱了钢液在弯月面处的流速，水平流速最大值出现位置由宽度 1/4 位置向窄边推移。对比吹氩的两种情况，可以看出 EMBr 明显降低了地弯月面水平流速，并使水平流速最大值出现位置进一步往结晶器窄边推移。此外，EMBr 使得吹氩造成的水口附近钢液远离弯月面的流动区域变大，速度也变大。

3.3　结晶器钢液温度场的模拟研究

连铸过程是一个钢液连续凝固的过程，在此过程中，钢由液态转变为固态，并伴随着热量的传输。对于连铸过程铸坯内部温度场的计算分析主要有两种模型：二维模型和三维模型。二维模型的应用较早，其忽略了铸坯沿拉坯方向的导热情况，因此计算过程较为简单，对于计算机的计算能力要求较小。而随着计算机技术以及数学模型的发展，铸坯温度场通常与铸坯钢液流场进行耦合计算，即采用三维模型，考虑钢液对流对铸坯内部热量传输的影响。下面对二维模型和三维模型分别进行介绍。

3.3.1　二维模型

二维模型又可称为切片模型，它是在计算过程中忽略了结晶器内钢液对流的影响，而是采用放大导热系数的方法，间接引入由于钢液对流造成的钢液温度均匀化效应。因为是二维切片模型，因此计算过程忽略了拉坯方向的热量传递。

笛卡尔坐标系下二维能量守恒方程可描述为：

$$\lambda\left(\frac{\partial^2 T}{\partial x^2}+\frac{\partial^2 T}{\partial y^2}\right)+\dot{q}=\rho c\frac{\partial T}{\partial t} \tag{3-22}$$

式中，方程仅包含时间项、扩散项及源项。λ 为钢液导热系数，W/(m · K)；T 为温度，K；c 为金属质量热容，J/(kg · K)。源项 $\dot{q}$ 为钢液凝固时释放的潜热，其仅存在于凝固温度区间内正在凝固的金属，即对于尚未发生凝固（液态）或已完全凝固（固态）的金属，此源项为零。

在钢液凝固计算中，源项 $\dot{q}$ 为单位体积的钢在单位时间内释放的潜热，由此可以表示为：

$$\dot{q}=\rho L\frac{\partial f_s}{\partial t} \tag{3-23}$$

式中，f_s 为单位体积的固相率；L 为钢的融化热，J/kg。

连铸温度场计算过程中，通常可以忽略金属凝固收缩导致的影响，即假定固相与液相密度相等。但若在计算过程中需要考虑金属的凝固收缩，那么式（3-23）中密度应取固相密度[22]。

将式（3-22）与式（3-23）合并可以得出：

$$\lambda\left(\frac{\partial^2 T}{\partial x^2}+\frac{\partial^2 T}{\partial y^2}\right)=\rho\left(c-L\frac{\partial f_s}{\partial T}\right)\frac{\partial T}{\partial t} \tag{3-24}$$

由此可以看出，凝固计算过程中，当钢液处于凝固温度区间时，即 $T_s \leqslant T \leqslant T_l$，能量方程式（3-21）则转化为式（3-24）进行求解。此外，求解过程中需要给出液相线温度 T_l、固相线温度 T_s 以及固相率的求解公式。模型建立后，可以采用 C 语言、Matlab 等工具进行编程，将温度方程在所需求解区域内离散求解，离散方法此处不做过多介绍。

董其鹏、张炯明等人采用以上模型，利用 Matlab 编程对 180mm×180mm 方坯连铸过程温度进行分析计算，计算所得温度结果如图 3-19 所示。

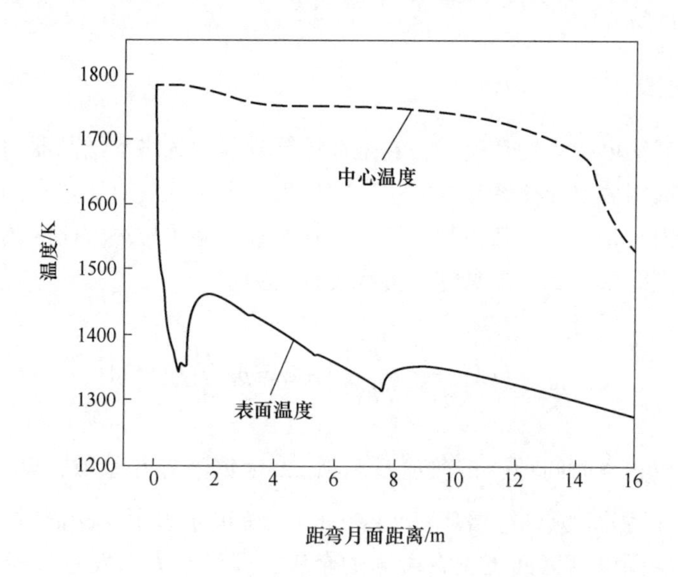

图 3-19　二维模型计算所得方坯温度结果

3.3.2　三维模型

三维模型可以通过耦合计算流场与温度场来考虑钢液流动对温度分布的影响，同时铸坯凝固也会对钢液流场分布造成影响。三维模型需要较高的计算能力，但计算结果相对二维模型更为贴近实际。

对铸坯连铸过程温度场进行预测，三维能量守恒方程可表述为：

$$\frac{\partial(\rho H)}{\partial t} + \nabla\cdot(\rho\vec{u}H) = \nabla\cdot(k_{T,\ \mathrm{eff}}\nabla T) \tag{3-25}$$

式中，焓 H 可表述为温度的函数：

$$H = H_{\mathrm{ref}} + \int_{T_{\mathrm{ref}}}^{T} c_{ps}\mathrm{d}T + f_{\mathrm{l}}L \tag{3-26}$$

为考虑湍流效应对传热过程的影响，能量方程计算可采用有效导热系数 $k_{T,\ \mathrm{eff}}$[23]：

$$k_{T,\ \mathrm{eff}} = \begin{cases} k_{T,\ \mathrm{l}} + \dfrac{\mu_{\mathrm{t}}c_p}{Pr_{\mathrm{t}}}, & T \geqslant T_{\mathrm{l}} \\ k_{T,\ \mathrm{s}}f_{\mathrm{s}} + k_{T,\ \mathrm{l}}f_{\mathrm{l}}, & T_{\mathrm{s}} < T < T_{\mathrm{l}} \\ k_{T,\ \mathrm{s}}, & T \leqslant T_{\mathrm{s}} \end{cases} \tag{3-27}$$

液相分数 f_{l} 的计算较为复杂，其与凝固过程铸坯内部溶质元素分布有关。此处，以线性计算公式为例进行说明：

$$f_{\mathrm{l}} = \begin{cases} 1, & T \geqslant T_{\mathrm{l}} \\ \dfrac{T - T_{\mathrm{s}}}{T_{\mathrm{l}} - T_{\mathrm{s}}}, & T_{\mathrm{s}} < T < T_{\mathrm{l}} \\ 0, & T \leqslant T_{\mathrm{s}} \end{cases} \tag{3-28}$$

而式中 T_{l} 和 T_{s} 分别可以根据以下公式求出：

$$T_{\mathrm{l}} = T_{\mathrm{f}} + \sum m_i \cdot C_i \tag{3-29}$$

$$T_{\mathrm{s}} = T_{\mathrm{f}} + \sum m_i \cdot C_i/k_{\mathrm{p},\ i} \tag{3-30}$$

式中，T_{f} 为纯铁熔化温度，K；m_i 为液相线斜率；C_i 为溶质元素 i 的质量分数，%；$k_{\mathrm{p},\ i}$ 为溶质元素 i 平衡分配系数。

董其鹏、张炯明等人采用三维模型对方坯结晶器内钢液流场及温度场进行了耦合计算，计算所得结晶器区域温度场结果如图 3-20 所示。

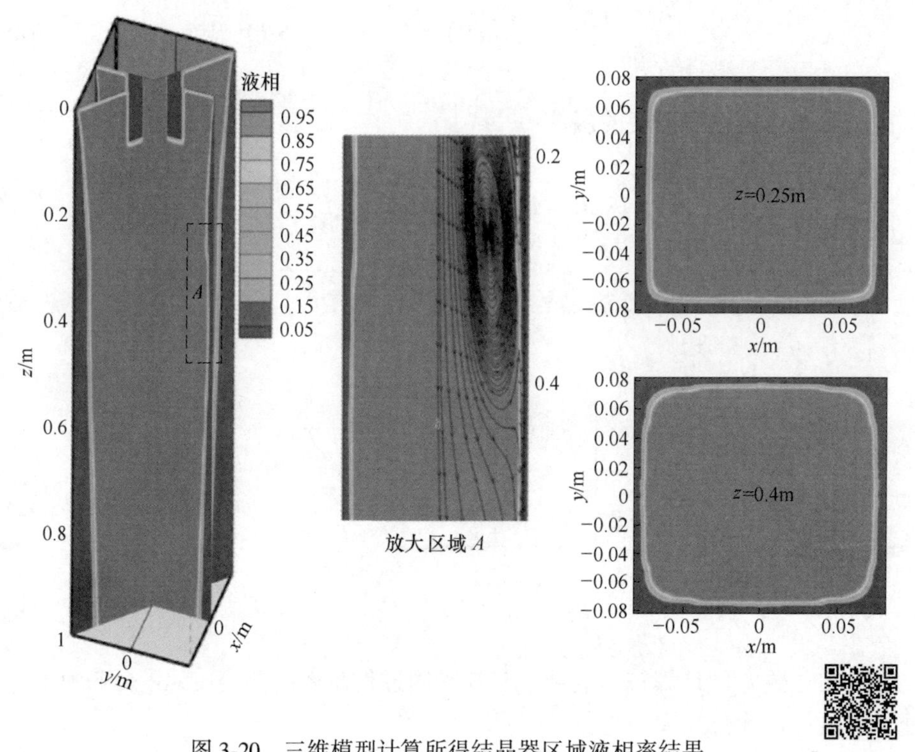

图 3-20　三维模型计算所得结晶器区域液相率结果

彩图 3-20

图 3-20 显示了结晶器内不同截面的液相分数云图，包括纵截面、对角截面和横截面（$z = 0.25$m 和 0.4m）。由图可知，随着凝固的进行，一定厚度的坯壳出现在铸坯边部且沿拉坯方向逐渐变厚。模拟结果表明，相比于纵截面，对角截面上的坯壳更厚，而横截面液相分数分布也可以直接显示这一区别。在结晶器出口处，对角截面和纵截面的坯壳厚度相差约 10mm。这主要是由于方坯的凝固特点造成的。相比于表面中心，铸坯角部凝固速率更大，因此角部坯壳生长速率较快。此外，在铸坯角部区域显示了相对更大的流动速度，而流体流动会加速能量传输和坯壳生长。仔细观察图中坯壳厚度分布可以发现，对角截面上坯壳分布较为均匀，而纵截面距弯月面 0.4m 处液芯区域有向外扩张的趋势，即此处坯壳厚度相对于 $z = 0.3$m 处有所减薄，而通过此区域后，坯壳厚度又随之增大（如图 3-20区域 A）。区域 A 的局部放大图和横截面分布均清楚地表明，$z = 0.25$m 横截面上的坯壳厚度要大于 $z = 0.4$m 横截面，主要是该位置钢液对坯壳的冲刷，使得坯壳出现重熔。

3.3.3 初始及边界条件

二维模型与三维模型的初始条件及边界条件较为相似，此处不再分别进行介绍。

初始条件是指计算开始时计算对象的温度分布情况，在连铸问题中，处理初始条件较为有效且简单的一种方法，是以浇铸温度作为铸坯部分各单元的初始温度，即：

$$T(M,\ t)_{t=0} = T_c \tag{3-31}$$

式中，M 为各单元的网格节点。

热传递问题的边界条件通常以三种形式给出，分别为第一类边界条件、第二类边界条件和第三类边界条件。

（1）第一类边界条件。某边界的温度已知：

$$T = T_n \tag{3-32}$$

在连铸问题的处理中，第一类边界条件主要应用在结晶器上表面（即自由面）。实际生产过程中，结晶器上表面被保护渣覆盖，温度变化较小，因此数值模拟中可以将此面视为绝热面，即边界温度作为常数来处理。

（2）第二类边界条件。边界上的热流量已知：

$$-\lambda \frac{\partial T}{\partial n} = q \tag{3-33}$$

连铸实际生产中，铸坯以一定拉速不断向下移动，因此，数值模拟中铸坯表面边界设为移动墙，即给定与拉速相同的速度，而结晶器热边界条件采用第二类边界条件定义，即给定结晶器壁面热流密度进行计算。结晶器壁面的热流密度难以通过实验进行测定，因此在模拟研究中，多是通过半经验公式对其进行设定。

结晶器表面瞬时热通量沿拉速方向的分布可由下式计算得到：

$$q_m = 2680000 - b\sqrt{L_z/u_c} \tag{3-34}$$

式中，L_z 为结晶器有效长度，m；u_c 为拉速；b 为未知系数：

$$b = \frac{1.5 \times (2680000 - \overline{q})}{\sqrt{L_m/u_c}} \tag{3-35}$$

式中，$\overline{q}$ 为结晶器表面的平均热通量，W/s²；

$$\overline{q} = \frac{c_W Q_W \Delta T}{S_{eff}} \tag{3-36}$$

式中，c_W 为冷却水质量热容，J/(kg·K)；Q_W 为冷却水流量，L/min；ΔT 为冷却水进出口的温差，K；S_{eff} 为结晶器有效冷却面积，m²。

在连铸问题计算中，结晶器以下二冷区内边界条件通常应用第三类边界条件，即设定相应的表面传热系数及环境温度，本节不做详细介绍。

3.4　钢液溶质分布特征的模拟研究

自 Flemings 首次对铸坯宏观偏析进行了数值分析且提出著名的局部溶质再分配方程后（偏析分析模型），国内外众多学者均采用数值模拟的方法对连铸过程铸坯内部溶质分布进行了相关研究。随着宏观偏析模型的不断发展与完善，目前应用较为广泛的宏观偏析数学模型主要可以分为两种：连续混合模型、多相体积平均模型。

3.4.1　分析模型

20 世纪 70 年代初 Flemings[24] 通过对铸件宏观偏析进行分析总结出著名的溶质再分配方程：

$$\frac{\partial f_l}{\partial C_l} = -\left(\frac{1-\beta}{1-k_{p,\ i}}\right)\left(1+\frac{\vec{u}\cdot\nabla T}{\varepsilon}\right)\frac{f_l}{C_l} \tag{3-37}$$

式中，C_l 为液相浓度，%；$k_{p,\ i}$ 为溶质 i 平衡分配系数；$\vec{u}$ 为枝晶间流动速度，m/s；∇T 为温度梯度，K/m；β 为凝固收缩率，%；ε 为冷却速率，K/s。

此分析模型提出后，在相当一段时间，关于铸件偏析模型的研究工作者均是围绕这一模型开展，以便将此模型进行扩展，使其应用范围更为广泛。如 Mehrabian 和 Flemings[25] 在前面工作的基础上，为了考虑由凝固收缩和重力引起的枝晶间液相流动问题，将固液两相区看作一多孔介质，并引入了达西定律：

$$v = -\frac{K}{\mu g_L}(\nabla p + \rho_L g_\gamma) \tag{3-38}$$

采用此模型，他们以铝-铜合金为研究对象，对其水平、单向、稳态凝固进行了数值求解，并且分析得出了铸锭中由不稳定流动引起的“通道偏析”形成的临界条件。至今为止，在铸坯宏观偏析以及凝固的模拟研究中，达西定律仍然是用来处理固液两相区的主要方法。

Ridder[26]在宏观偏析模型中首次耦合了糊状区和液相的流体流动，模型仍然是求解达西方程和局部溶质再分配方程，计算区域划分为糊状区和液相区两部分，并且通过求解流函数考虑了温度引起的液相自然对流的影响。模型求解过程中通过迭代求得糊状区最终偏析结果。Ridder 的研究是在稳态的基础上进行的，他忽略了溶质对流的影响，并且假设液相中浓度均匀，但此多域模型对于非稳态情形不合适。

液相线等温线一直随着凝固过程移动，应用多域模型需要一直跟踪相界面，这是比较困难的，为了克服这一困难，一些学者提出了单相连续模型和体积平均模型。这两种模型均只包含一组方程同时对液相区、糊状区和固相区进行求解，相界面在求解过程中通过求解温度场和浓度场进行界定。基于混合理论提出的连铸模型在连铸模拟研究中应用较为广泛，而体积平均模型多应用于模铸，因此，本书仅对连续混合模型进行详细介绍。

3.4.2 连续混合模型

连铸过程铸坯内部溶质元素分布特征的模拟研究不仅需要对溶质扩散方程进行求解，还需耦合铸坯内部钢液流动及凝固行为，才能得到凝固过程中溶质元素分布的变化情况。因此，我们将对上文所介绍的流动模型、传热模型与溶质传输模型进行完整的介绍。

1987 年，Bennon 和 Incropera 发表了系列文章[27, 28]，首次详细推导了基于混合理论的连续性模型，并将此模型应用在 NH_4-H_2O 溶液的凝固中，由模拟结果分析指出，晶间富集溶质溶液的对流扩散通过液相线界面是宏观溶质再分配的主要机制，扩散驱动力主要由溶质和热梯度提供。这一模型将糊状区视为固液两相混合的区域，混合的密度、速度、焓和溶质质量分数分别定义为：

$$\begin{aligned} \rho &= \rho_s g_s + \rho_l g_l \\ V &= V_s f_s + V_l f_l \\ h &= h_s f_s + h_l f_l \\ C_i &= C_{s,\ i} f_s + C_{l,\ i} f_l \end{aligned} \tag{3-39}$$

描述连铸过程钢液流动行为的控制方程可表述为：

(1) 连续性方程：

$$\nabla \cdot (\rho \vec{u}) = 0 \tag{3-40}$$

（2）动量守恒方程：

$$\frac{\partial(\rho \vec{u})}{\partial t} + \nabla \cdot (\rho \vec{u}\,\vec{u}) = \nabla \cdot (\mu_{\text{eff}} \nabla \vec{u}) - \nabla p + \rho \vec{g} + \vec{S}_{\text{u}} \tag{3-41}$$

其中，动量源项 $\vec{S}_{\text{u}}$ 可以表述为：

$$\vec{S}_{\text{u}} = \rho \vec{g}_{\text{r}}[\beta_{\text{T}}(T - T_{\text{ref}}) + \beta_{\text{C},\ i}(C_{\text{l},\ i} - C_{\text{ref},\ i})] + \frac{(1 - f_{\text{l}})^2}{f_{\text{l}}^3 + \xi} A_{\text{m}}(\vec{u} - \vec{u}_{\text{s}}) \tag{3-42}$$

式中，$\vec{g}_{\text{r}}$ 为重力加速度，m/s^2；β_{T} 为热膨胀系数，1/K；$\beta_{\text{C},\ i}$ 为元素 i 的溶质膨胀系数；ξ 为确保分母不为 0 引入的一值很小的正数。

源项右边首项代表浮力项，包括热浮力和溶质浮力，是由凝固过程中钢液内部温度梯度和浓度梯度导致钢液密度变化引起的。第二项代表糊状区内多孔性引起的源项，通常采用焓-多孔介质技术对其进行处理：钢液糊状区被视为多孔介质，可用达西定律对其进行描述。

（3）能量守恒方程：

对铸坯连铸过程温度场及凝固行为进行预测，能量守恒方程可表述为：

$$\frac{\partial(\rho H)}{\partial t} + \nabla \cdot (\rho \vec{u} H) = \nabla \cdot (k_{\text{T},\ \text{eff}} \nabla T) \tag{3-43}$$

（4）溶质传输模型：

$$\begin{aligned}\frac{\partial(\rho C_i)}{\partial t} + \nabla \cdot (\rho \vec{u} C_i) &= \nabla \cdot (\rho f_{\text{s}} D_{\text{s},\ i} \nabla C_{\text{s},\ i}) + \\ &\nabla \cdot \left[f_{\text{l}}\left(\rho D_{\text{l},\ i} + \frac{\mu_{\text{t}}}{Sc_{\text{t}}}\right) \nabla C_{\text{l},\ i}\right] - \nabla \cdot [\rho f_{\text{s}}(\vec{u} - \vec{u}_{\text{s}})(C_{\text{l},\ i} - C_{\text{s},\ i})]\end{aligned} \tag{3-44}$$

式中，Sc_{t} 为湍流施密特数，而固相速度 $\vec{u}_{\text{s}}$ 通常假定为恒定不变的拉速，不随铸坯位置变化而改变。等式右边首项代表固相内溶质扩散引起的元素质量分数变化，第二项代表液相内溶质扩散引起的元素质量分数变化，而最后一项是由于钢液对流引起的溶质元素质量分数变化。

研究表明，宏观偏析本质上是由于微观偏析及固液相间的相对运动引起的。因此，在宏观偏析模拟中，能否正确地预测溶质元素在凝固前沿的再分配情况将影响模拟结果的准确性。目前微观偏析模型主要有杠杆定律、Scheil 方程、Brody-Flemings 模型、Clyne-Kurz 模型、Ohnaka 模型和 Voller-Beckermann 模型。

（1）杠杆定律。假设凝固体系中始终保持热动力学平衡，即溶质元素在固相和液相内均为完全扩散。那么，凝固过程溶质再分配可由下式表示：

$$C_{l,\ i} = C_{l,\ i}^{*} = C_i\left[1 - (1 - k_{p,\ i}) \cdot f_s\right]^{-1} \tag{3-45}$$

$$C_{s,\ i} = C_{s,\ i}^{*} = k_{p,\ i}C_i\left[1 - (1 - k_{p,\ i}) \cdot f_s\right]^{-1} \tag{3-46}$$

式中，下标 s、l 分别为固相和液相；i 为某种溶质元素；上标 * 代表凝固前沿，而固相率 f_s 可表述为：

$$f_s = \frac{1}{1 - k_p}\frac{T_l - T}{T_f - T} \tag{3-47}$$

（2）Scheil 方程。不同于杠杆定律，Scheil 方程假设溶质元素在固相内的扩散系数远小于液相内的扩散系数，即忽略固相内的溶质元素扩散，计算中只考虑液相内的溶质扩散，并且假设为完全扩散：

$$C_{l,\ i} = C_{l,\ i}^{*} = C_i\ (1 - f_s)^{k_{p,\ i}-1} \tag{3-48}$$

虽然不考虑溶质元素在固相内扩散行为，但凝固前沿处始终假设处于热动力学平衡状态，因此可得：

$$C_{s,\ i} \neq C_{s,\ i}^{*} = k_{p,\ i}C_i\ (1 - f_s)^{k_{p,\ i}-1} \tag{3-49}$$

固相率 f_s 可表述为：

$$f_s = 1 - \left(\frac{T_f - T}{T_f - T_l}\right)^{1/(k_p-1)} \tag{3-50}$$

（3）Brody-Flemings 模型[29]。为了在模型中考虑溶质元素在固相内的有限扩散，Brody 和 Flemings 对 Scheil 方程进行了修改，在模型中引入了溶质傅里叶数 α_i 和溶质反向扩散系数 β_i：

$$\alpha_i = \frac{D_{s,\ i} \cdot t_f}{X^2} = \frac{4D_{s,\ i} \cdot t_f}{\lambda_2^2} \tag{3-51}$$

$$\beta_i = 2\alpha_i \tag{3-52}$$

液相内溶质元素质量分数：

$$C_{l,\ i} = C_{l,\ i}^* = C_i\left[1 - (1 - \beta_i k_{p,\ i}) \cdot f_s\right]^{(k_{p,\ i}-1)/(1-\beta_i k_{p,\ i})} \tag{3-53}$$

式中，X 为凝固末端微观偏析区间长度，通常假设为二次枝晶间距 λ_2 的二分之一。

固相率 f_s 可表述为：

$$f_s = \frac{1}{1 - \beta_i k_{p,\ i}}\left[1 - \left(\frac{T_f - T}{T_f - T_l}\right)^{(1-\beta_i k_{p,\ i})/(k_{p,\ i}-1)}\right] \tag{3-54}$$

虽然 Brody-Flemings 模型考虑了溶质元素在固相内的有限扩散，但其并不适用于凝固速率较慢的凝固体系，因为溶质傅里叶数较大，从而过度放大了固相内溶质反向扩散。为克服这一模型的应用限制，一些学者通过修正溶质反向扩散系数提出了新的微观偏析模型。

（4）Clyne-Kurz 模型[30]：

$$\beta_i = 2\alpha_i\left[1 - \exp\left(-\frac{1}{\alpha_i}\right)\right] - \exp\left(-\frac{1}{2\alpha_i}\right) \tag{3-55}$$

（5）Ohnaka 模型[31]：

$$\beta_i = \frac{4\alpha_i}{1 + 4\alpha_i} \quad 或 \quad \frac{2\alpha_i}{1 + 2\alpha_i} \tag{3-56}$$

（6）Voller-Beckermann 模型[32, 33]：

$$\beta_i = 2\alpha_i^+\left[1 - \exp\left(-\frac{1}{\alpha_i^+}\right)\right] - \exp\left(-\frac{1}{2\alpha_i^+}\right) \tag{3-57}$$

$$\alpha_i^+ = \alpha_i + \alpha^C \tag{3-58}$$

模型计算过程中假设相图中固、液相线均为直线，即溶质平衡分配系数 $k_{p,\ i}$ 为常数。那么，凝固过程中固液界面溶质再分配遵循以下公式：

$$C_{s,\ i}^* = k_{p,\ i}C_{l,\ i}^* \tag{3-59}$$

以上微观偏析模型均假设溶质元素在液相中为完全扩散，那么计算所得液相溶质质量分数始终等于固液界面处的液相溶质质量分数。但是，不同于液相内溶质分布规律，除了杠杆定律以外，其他五个微观偏析模型计算所得固相内溶质质量分数均不等于固液界面处的质量分数。

3.5 结晶器钢液内夹杂物、氩气泡运动行为

连铸过程中被捕捉并进入铸坯表层的大颗粒夹杂物及氩气泡是IF钢轧材表面缺陷的重要来源，尤其大颗粒夹杂物（>50μm）造成的危害更为严重。因此对IF钢连铸过程中钢液内粒子（大颗粒夹杂物及氩气泡）瞬态运动、捕捉行为及其在连铸坯表层分布进行预测，对于提高IF钢连铸坯表层洁净度，改善其轧材表面质量是非常必要的，并有理论和实际的意义。

该部分计算，需要将钢液流动-凝固与粒子运动相耦合在一起，对于钢液流动、凝固的数学模型上面章节已经详细介绍，不再赘述，这里主要介绍粒子运动、捕捉的数学模型。此外，需要指出的是，钢液作为连续相来对其动量进行求解，氩气泡和夹杂物作为离散相通过拉格朗日算法追踪其运动轨迹。钢液与氩气泡实现双向耦合，即钢液流动影响氩气泡运动，氩气泡与钢液间相互作用力也影响着钢液流动。由于夹杂物尺寸很小，数量相较于氩气泡数量也很少，其对钢液的作用力可以忽略不计。因此，钢液与夹杂物间采用单向耦合，即钢液流动影响夹杂物运动，而忽略了夹杂物运动对钢液流动的影响。

3.5.1 粒子运动数学模型

粒子运动轨迹由拉格朗日算法通过其受力平衡方程计算获得：

$$\rho_{\mathrm{p}}\frac{\pi}{6}d_{\mathrm{p}}^{3}\frac{\mathrm{d}\vec{u}_{\mathrm{p}}}{\mathrm{d}t}=\vec{F}_{\mathrm{D}}+\vec{F}_{\mathrm{p}}+\vec{F}_{\mathrm{b}}+\vec{F}_{\mathrm{VM}}+\vec{F}_{\mathrm{l}}+\vec{F}_{\mathrm{M}} \tag{3-60}$$

式中，ρ_{p} 为粒子密度，kg/m^3；d_{p} 为粒子直径，m；$\vec{u}_{\mathrm{p}}$ 为粒子速度，m/s；$\vec{F}_{\mathrm{D}}$ 为曳力，N；$\vec{F}_{\mathrm{p}}$ 为压力梯度力，N；$\vec{F}_{\mathrm{b}}$ 为浮力，N；$\vec{F}_{\mathrm{VM}}$ 为虚拟质量力，N；$\vec{F}_{\mathrm{l}}$ 为提升力，N。

$$\vec{F}_{\mathrm{D}}=\frac{\rho_{\mathrm{l}}\pi d_{\mathrm{p}}^{2}}{8}C_{\mathrm{D}}\left|\vec{u}_{\mathrm{l}}-\vec{u}_{\mathrm{p}}\right|(\vec{u}_{\mathrm{l}}-\vec{u}_{\mathrm{p}}) \tag{3-61}$$

式中，$\vec{u}_{\mathrm{l}}$ 为钢液速度，m/s；曳力系数 C_{D} 由以下公式给出：

$$C_{\mathrm{D}}=\begin{cases}\dfrac{24}{Re_{\mathrm{p}}}(1+0.15Re^{0.678}) & Re_{\mathrm{p}}\leqslant 1000\\[2ex] 0.44 & Re_{\mathrm{p}}>1000\end{cases} \tag{3-62}$$

式中，Re_p 为粒子雷诺数，$Re_p = \frac{\rho_l d_p |\vec{u}_p - \vec{u}_l|}{\mu}$。

$$\vec{F}_p = \frac{\rho_l \pi d_p^3}{6} \frac{d\vec{u}_l}{dt} \tag{3-63}$$

$$\vec{F}_b = \frac{(\rho_p - \rho_l)\pi d_p^3}{6}\vec{g} \tag{3-64}$$

$$\vec{F}_{VM} = \frac{\rho_l \pi d_p^3}{12} C_{VM} \frac{d}{dt}(\vec{u}_l - \vec{u}_p) \tag{3-65}$$

式中，C_{VM} 为虚拟质量力系数，取默认值 0.5。

$$\vec{F}_l = 1.62 d_p^2 (\rho_l \mu_{eff})^{1/2} |\nabla\times\vec{u}_l|^{-1/2}[(\vec{u}_l - \vec{u}_p)\times(\nabla\times\vec{u}_l)] \tag{3-66}$$

Marangoni 力 $\vec{F}_M$ 可以分解为热力项和溶质浓度项，Mukai 和 Lin[34] 提出了作用于凝固界面球形颗粒的 Marangoni 力，其表达式为：

$$\vec{F}_M = -\frac{2}{3}\pi d_p^2 \cdot \left(\frac{\partial\sigma}{\partial T}\frac{dT}{dx} + \frac{\partial\sigma}{\partial C}\frac{dC}{dx}\right) \tag{3-67}$$

其中表面张力 σ 可表达为[35]：

$$\sigma = \sigma_0 - A(T - T_m) - RT\Gamma_0 \ln[1 + k_0\alpha_0 e^{-(\Delta H^{\ominus}/RT)}] \tag{3-68}$$

IF 钢属于超低碳钢，其碳含量在 0.002%左右，因此忽略了 Marangoni 力 $\vec{F}_M$ 中溶质浓度项。

如图 3-21 所示，液相穴内粒子运动受浮力、压力梯度力、曳力、提升力、虚拟质量力控制。而当粒子运动至糊状区时，除了受到以上几个力外，还受到 Marangoni 力的作用。

粒子捕捉判据为：

（1）粒子接触 f=0.6 凝固界面[36]；

（2）粒子运动速度 $\vec{u}_p$ 小于 0.07m/s[37]；

（3）粒子存在指向凝固坯壳的速度分量。

当粒子同时满足此三个条件，其将被凝固坯壳捕捉，被捕捉后粒子将随凝固坯壳继续运动。若粒子不能同时满足这三个条件，将重新回到液相穴并继续追踪其运动轨迹。

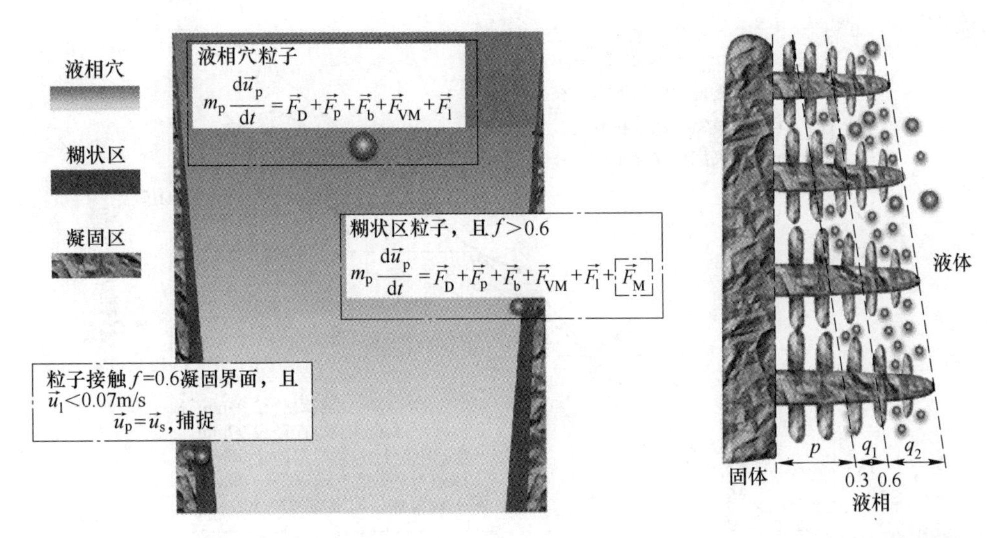

图 3-21 粒子受力及其被凝固前沿捕捉示意图

彩图 3-21

3.5.2 计算所用边界条件及模型细节

对于流动、传热的边界条件前面章节已经介绍，本章不再介绍，所用边界条件与前面章节一致。这里将重点介绍粒子运动边界条件。离散相粒子（氩气泡、夹杂物）由结晶器水口入口加入，粒子均匀分布在水口入口处。氩气泡尺寸根据 Jin K 和 Thomas B 等人[38]文章中的 Rosin-Rammler 分布确定，如图 3-22 所示，尺寸在 25μm 到 5mm 之间。夹杂物尺寸在 50μm 到 500μm 之间。尺寸分布根据 Li X 等人[39]提出的夹杂物概率密度函数确定：

$$f(x) = (1.15 + 4.0928 \times 10^{12} \cdot x^{5.20249})^{-1} \tag{3-69}$$

式中，x 为夹杂物直径。

夹杂物每秒加入数量为 500 个，氩气泡每秒加入数量由吹氩流量确定，大约 40000 个/秒，粒子加入贯穿整个计算过程。在 SEN 内壁和外壁处对粒子设置弹回（Rebound）边界条件。结晶器上表面及计算域出口处设置逃逸（Escape）边界条件。本章计算在 Ubuntu 16.04 系统下进行。基于开源计算流体程序库 OpenFOAM（4.1 版本）中 pimpleFoam（PIMPLE 算法，PISO 与 SIMPLE 的结合）代码，进行二次开发并编译，从而获得了本章的数学模型。求解过程中，通过库朗数控制时间步长，设定库朗数为 0.5，计算过程中时间步长一般在 0.001s 左右。

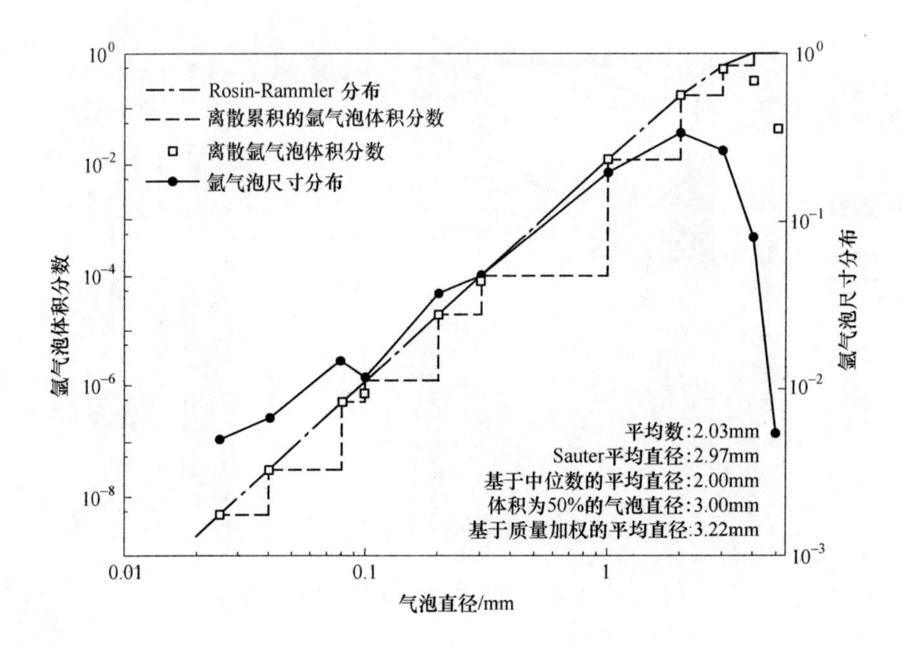

图 3-22 氩气泡尺寸分布

3.5.3 结晶器吹氩对液相穴内夹杂物瞬态运动的影响

图 3-23 为夹杂物经计算域入口（水口入口）射入结晶器 5s 后其在液相穴内的瞬态分布，灰色阴影轮廓为液相分数为 0.6 的等值面，球代表液相穴内的夹杂物。可以看出未吹氩时，夹杂物以较大的向下倾角随着钢液从水口出口进入液相穴内，一部分夹杂物由钢液带动进入上循环区，另一部分夹杂物运动至结晶器下部。而吹氩后，夹杂物的运动趋势类似。但是，由于钢液射流倾角变小，因此夹杂物从水口离开后较未吹氩时运动部位靠上，更快地到达结晶器上表面，从而可以更快地上浮去除。而且，吹氩后进入结晶器下部区域及足辊区的夹杂物数量较未吹氩时少。此外，在水口周围存在着一个夹杂物快速上浮区（虚线区域）。

夹杂物经计算域入口射入结晶器 10s 后在液相穴内的瞬态分布如图 3-24 所示。由图同样可以看出吹氩时，夹杂物随钢液进入液相穴向下的角度较未吹氩时明显变小。此外，上回流区内夹杂物出现弥散现象，而且未吹氩时夹杂物弥散程度更大。因此，未吹氩的情况下夹杂物在上回流区更易被凝固坯壳捕捉。进入直立段的夹杂物随着钢液继续往下运动，也出现了弥散的现象。图中点划线为未吹氩情况下，夹杂物在直立段液相穴内向下运动的最低位置，而吹氩后夹杂物并未运动至该深度。夹杂物经计算域入口射入结晶器 20s 后，夹杂物在结晶器上回流区充分地弥散，直立段内夹杂物继续向下运动及弥散。但是吹氩情况下，直立段

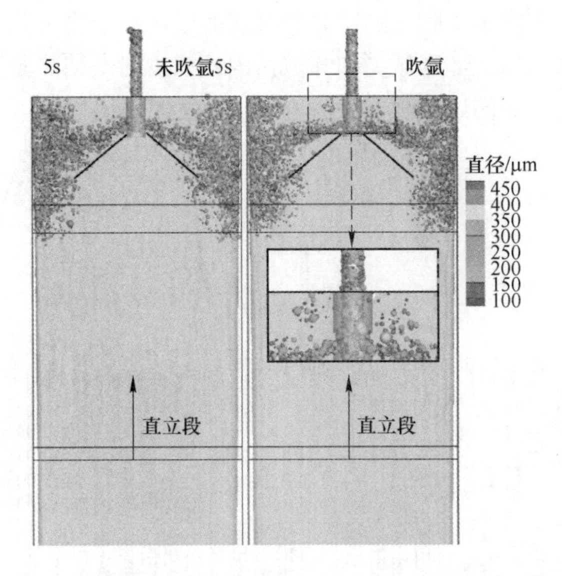

彩图 3-23

图 3-23 夹杂物射入结晶器 5s 后其在液相穴内的瞬态分布

内已有部分夹杂物随着钢液上回流上浮。在吹氩情况下，直立段内的夹杂物数量少而且未发现大于 450μm 的大尺寸夹杂物，这一趋势，从图中点划线框内更可以明显地看出。

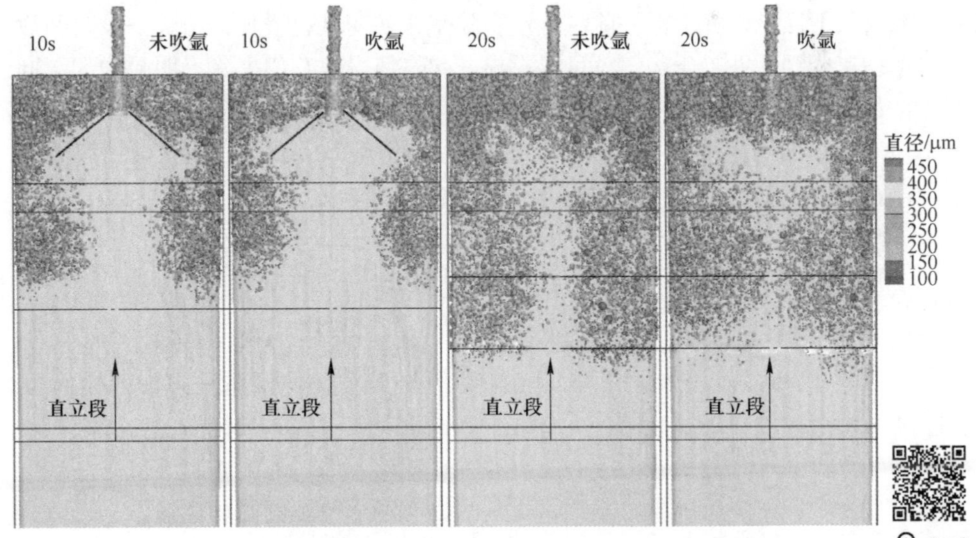

彩图 3-24

图 3-24 夹杂物射入结晶器 10s 和 20s 后其在液相穴内的瞬态分布

图 3-25 展示了两种条件下，夹杂物在结晶器上表面去除位置的统计结果。可以明显地看出吹氩后在水口附近出现了夹杂物易上浮区域，较多的夹杂物在水

口附近上浮去除，宽度 1/4 附近的结晶器上表面区域夹杂物去除率较小。而未吹氩时，夹杂物在结晶器上部区域更加弥散，因此该情况下结晶器上表面各位置处夹杂物上浮比率无明显的区别。

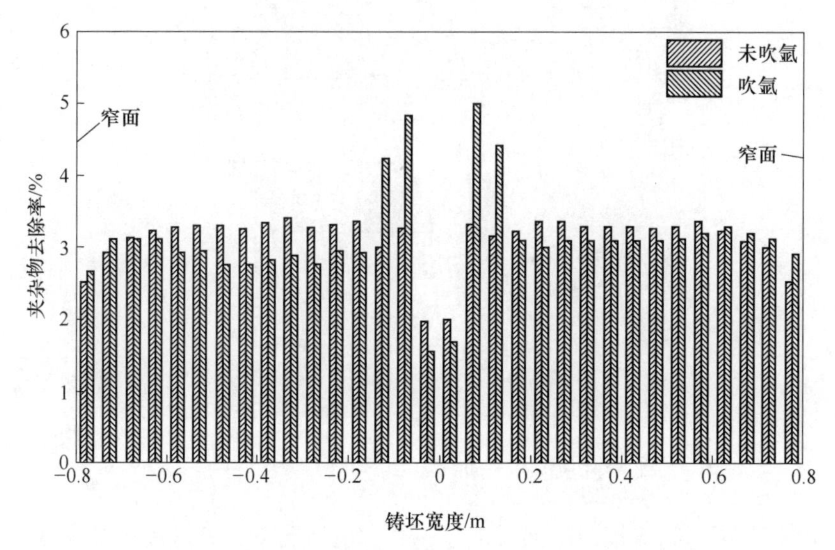

图 3-25　夹杂物在结晶器上表面去除位置的统计

图 3-26 为吹氩对夹杂物除去率的影响，一部分夹杂物经水口进入液相穴后随钢液进入上回流区并上浮去除，上浮去除率在初期迅速增长，增长一段时间后去除率增速变缓，并趋于稳定。可以看出，吹氩使得夹杂物去除率明显增大。同时夹杂物去除率随着夹杂物尺寸增大而增大。对于 100μm 夹杂物，其去除率仅在 10%左右。而绝大部分 500μm 夹杂物进入结晶器都会去除，未吹氩情况下其去除率在 80%左右，而吹氩后 500μm 夹杂物去除率高达 90%。

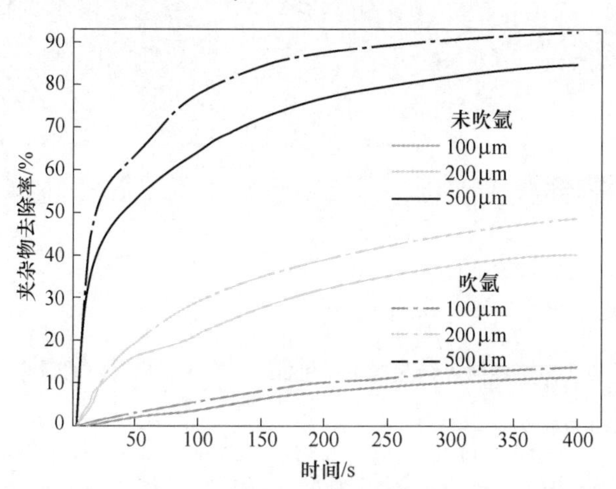

图 3-26　夹杂物去除率随时间变化

3.5.4 连铸坯表层内粒子分布的模型预测结果

图 3-27 为弯月面下 6.4m 处 10mm 范围内铸坯不同时刻被捕捉氩气泡在铸坯中的瞬态分布。图中灰色实线为结晶器出口处的凝固前沿，黑色点划线为二冷直立段出口处的凝固前沿。灰色区域为计算域出口，即弯月面下 6.4m 处凝固坯壳形貌。可以看出氩气泡在铸坯内分布是不均匀的，这种不均匀是由于流场的不对称造成的。由于液相穴内氩气泡主要集中在结晶器上部区域，极少量的氩气泡能

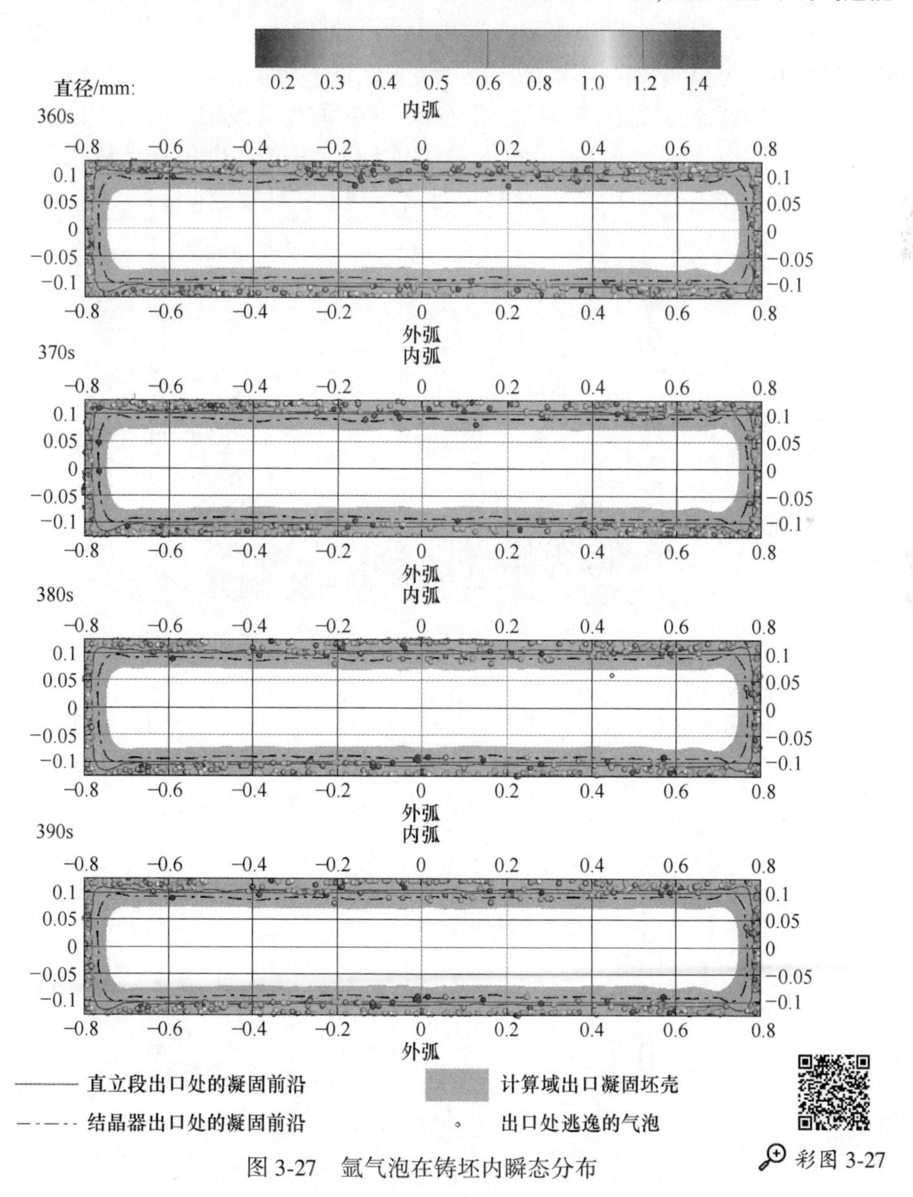

图 3-27 氩气泡在铸坯内瞬态分布

够运动至结晶器下部区域及二冷区直立段，对于运动至二冷区弯曲段的氩气泡少之又少。因此，氩气泡主要在结晶器区域内被捕捉，结晶器以下二冷直立段区域较少氩气泡被捕捉。极少量进入弯曲段的氩气泡都被内弧侧凝固前沿捕捉，因此在距铸坯内弧表面 30mm 以下有少量氩气泡存在。在四个时间点中，仅仅发现了一个氩气泡从计算域出口逃出（380s）。

351~400s 时间范围内，每隔 1s 提取弯月面下 6. 4m 处 10mm 铸坯横向切片内所有被捕捉氩气泡的坐标，然后对这 50 个切片内所有被捕捉氩气泡进行了统计，得出了铸坯内被捕捉氩气泡在宽度及厚度方向上的分布趋势，统计结果如图 3-28所示。可以看出，宽度方向上氩气泡分布不均匀，表现在边部、1/8 部位氩气泡较多，铸坯宽度左右 1/4 之间存在较少被捕捉氩气泡。厚度方向上，氩气泡主要分布在内外弧皮下 25mm 以内。在直立段范围内氩气泡在铸坯内分布基本是一致的，而在距内弧表面 30~45mm 处有氩气泡被捕捉。

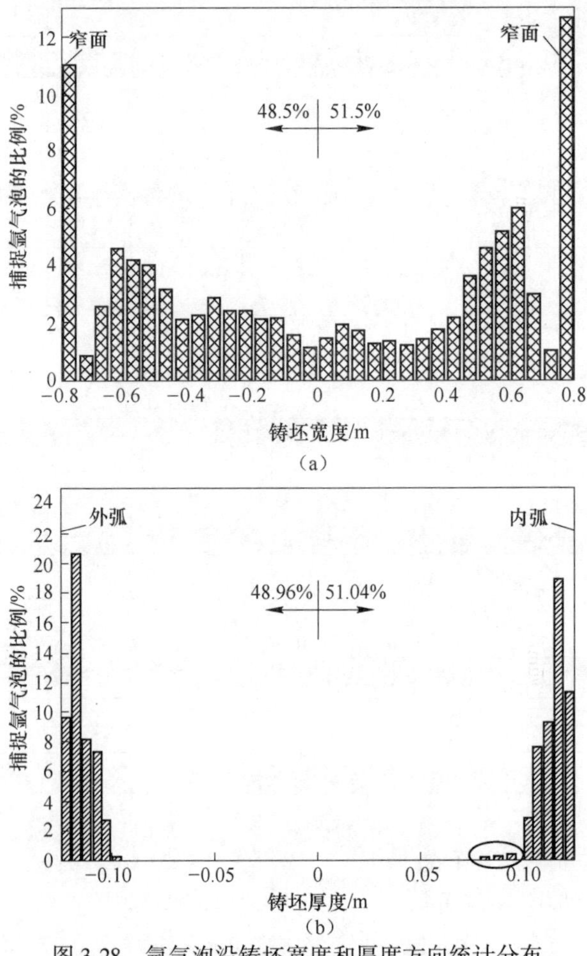

图 3-28　氩气泡沿铸坯宽度和厚度方向统计分布

图 3-29 为连铸坯不同部位的氩气泡分布的模型预测值与实验测量值之间的对比。可以看出模型预测值与实验测量值吻合得很好。同样可以看出铸坯宽面内氩气泡主要在距表面 25mm 范围内分布。此外在内弧表面下 40mm 处存在少量氩气泡聚集现象。铸坯窄面内氩气泡主要在距表面 20mm 内分布。距铸坯宽面表层 2mm 处存在模型预测值小于实验测量值的现象，在铸坯窄边处（5mm）这种现象变得更明显，这可能是由于未考虑振痕钩子“hook”结构对氩气泡的捕捉的影响造成的。对于铸坯内氩气泡平均直径，模型预测值明显大于实验测量值，这可能是由于金相检测是二维尺度的，测量的直径存在一定偏差。但是预测的氩气泡平均直径与其测量值在铸坯内的变化趋势是一样的，即总的趋势是距铸坯表面越深氩气泡平均直径越小。从预测值和测量值都可以看出，铸坯宽面中心处氩气泡直径要明显大于铸坯宽面 1/4 部位及铸坯窄面的氩气泡直径，只是因为液相穴内大尺寸氩气泡一般在水口附近分布而出现在结晶器 1/4 部位和窄面的机会极低。

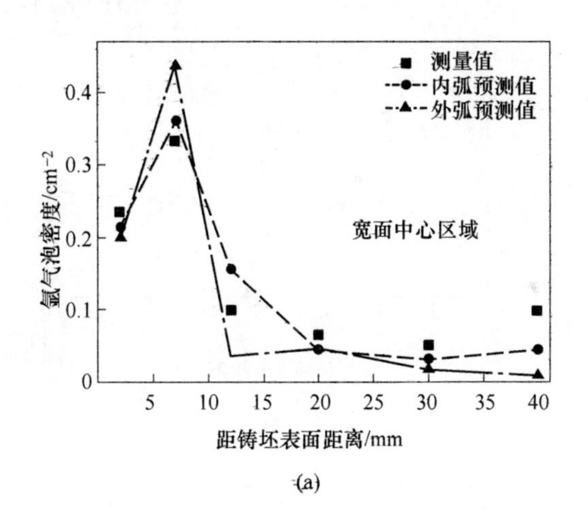

(a)

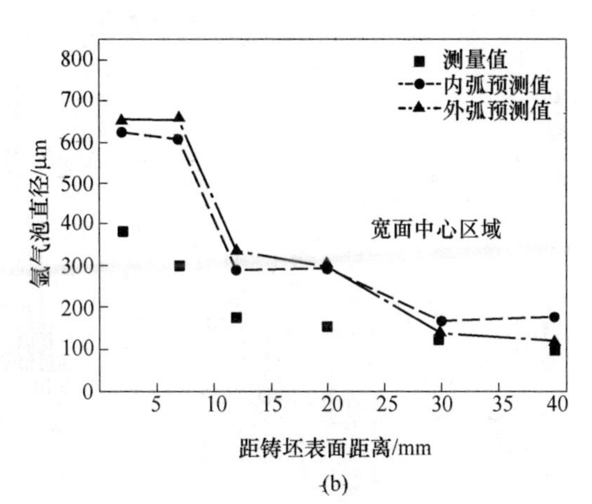

(b)

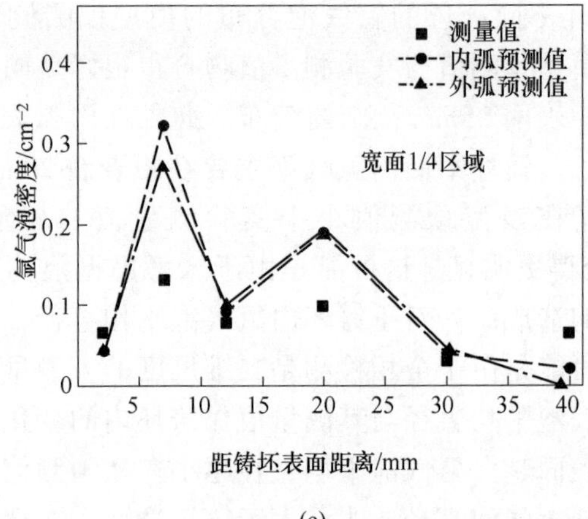
测量值
内弧预测值
外弧预测值
宽面1/4区域
氩气泡密度/cm⁻²
距铸坯表面距离/mm
0.4
0.3
0.2
0.1
0
5
10
15
20
25
30
35
40

(c)

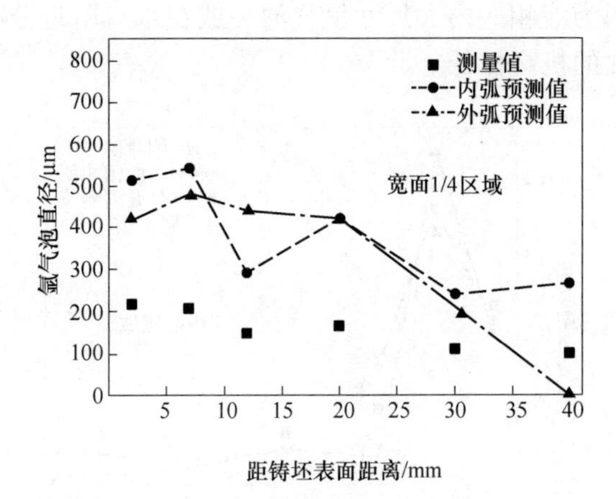
测量值
内弧预测值
外弧预测值
宽面1/4区域
氩气泡直径/μm
距铸坯表面距离/mm
800
700
600
500
400
300
200
100
0
5
10
15
20
25
30
35
40

(d)

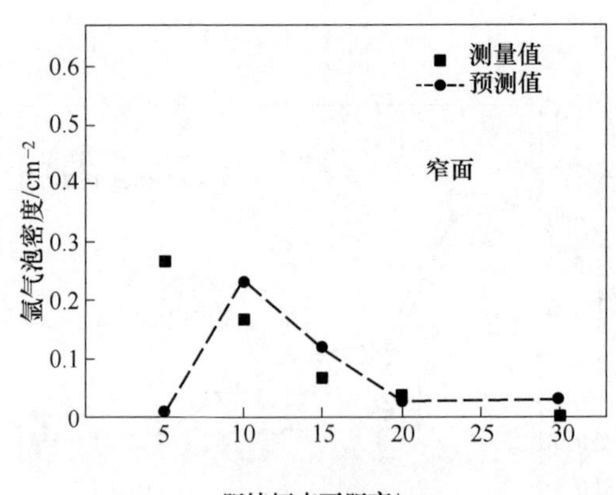
测量值
预测值
窄面
氩气泡密度/cm⁻²
距铸坯表面距离/mm
0.6
0.5
0.4
0.3
0.2
0.1
0
5
10
15
20
25
30

(e)

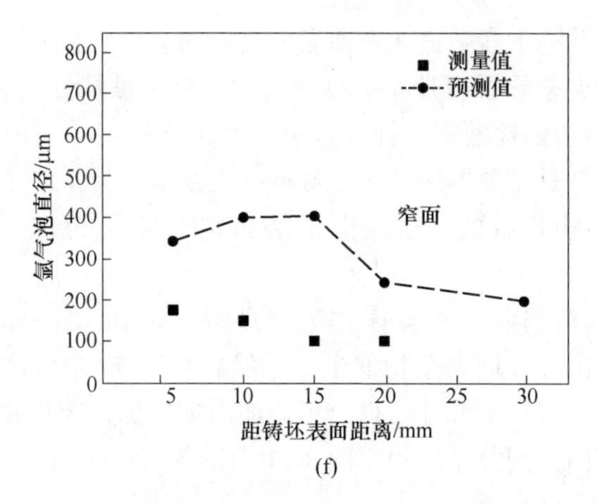

(f)

图 3-29 氩气泡沿铸坯厚度方向分布的测量值与预测值对比

图 3-30 为 350~351s 内弯月面下 6.4m 处 10mm 范围内铸坯中夹杂物的分布。可以看出，由于不对称、不稳定流场的原因，夹杂物在铸坯内分布同样也是不稳定的。夹杂物（尤其是大尺寸夹杂物）主要在结晶器范围内被捕捉，在二冷直立段少量夹杂物被捕捉。进入铸机弯曲段后，由于夹杂物浮力的影响，夹杂物会

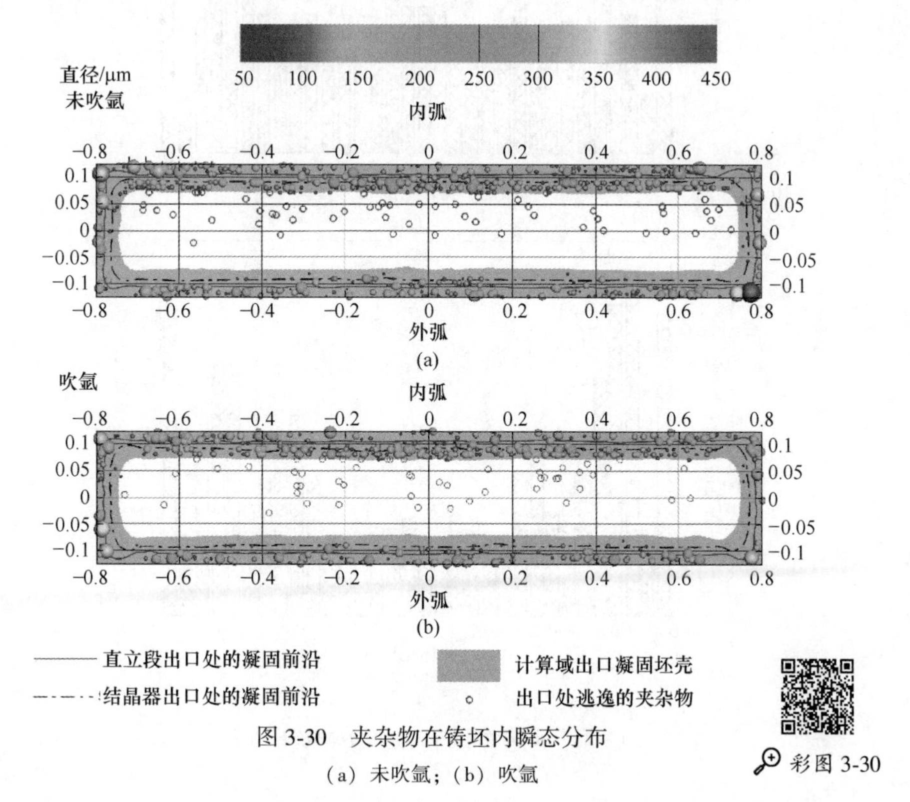

图 3-30 夹杂物在铸坯内瞬态分布

（a）未吹氩；（b）吹氩

彩图 3-30

向内弧侧运动，因此绝大多数进入弯曲段的夹杂物会被内弧凝固前沿捕捉，并在内弧侧形成明显的夹杂物聚集带。结晶器内吹氩后，被捕捉的夹杂物尺寸变小，无大于400μm 的夹杂物被捕捉。此外，可以看出吹氩后铸坯内被捕捉的夹杂物数量明显变少，尤其是结晶器区域内，被捕捉夹杂物数量是小于未吹氩情况下的该区域被捕捉夹杂物数量的。这是由于结晶器吹氩后，促进了夹杂物的上浮去除。

351~400s 时间范围内，每隔 1s 提取弯月面下 6.4m 处 10mm 铸坯横向切片内所有被捕捉及流出计算域夹杂物的坐标，然后对这 50 个切片内所有被捕捉及流出计算域的夹杂物进行了统计，得出了铸坯内被捕捉夹杂物和流出计算域夹杂物在宽度及厚度方向上的分布趋势，图 3-31 及图 3-32 展示了统计结果。可以看

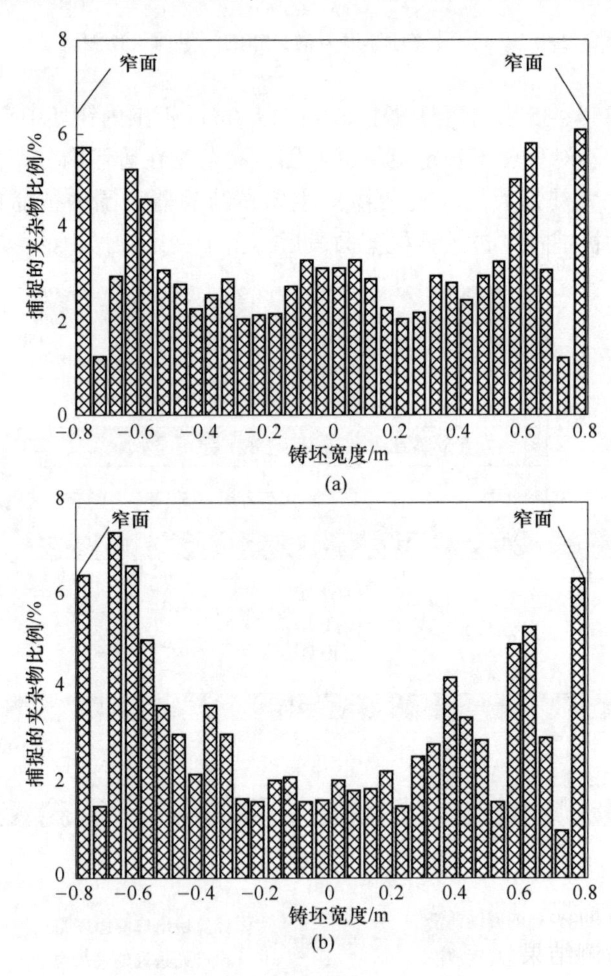

图 3-31　夹杂物沿铸坯宽度方向统计分布

(a) 未吹氩；(b) 吹氩

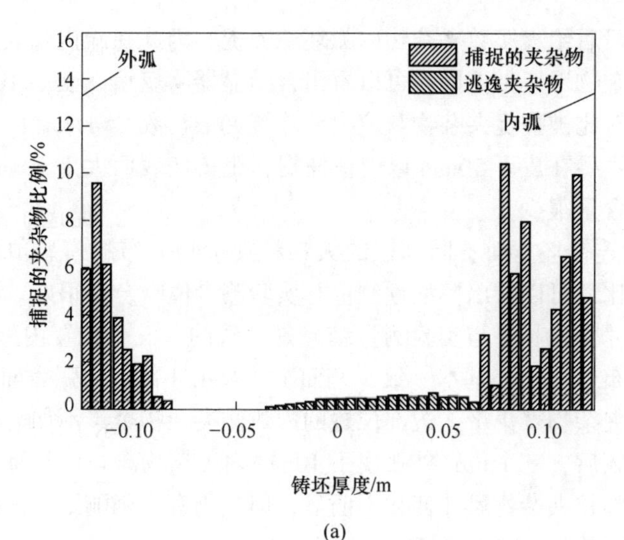

(a)

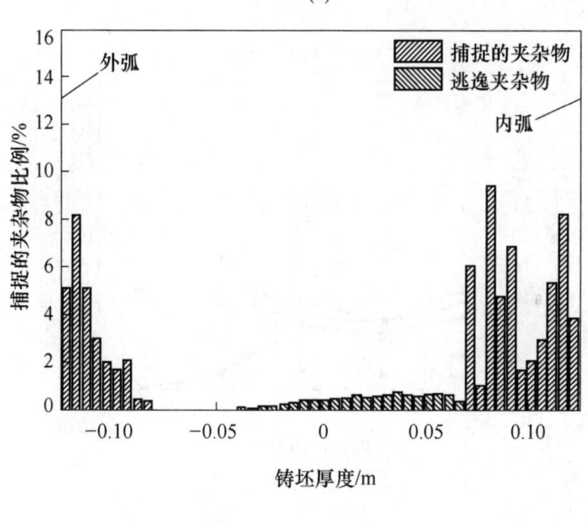

(b)

图 3-32　夹杂物沿铸坯厚度方向统计分布

(a) 未吹氩；(b) 吹氩

出，宽度方向上夹杂物分布不均匀。未吹氩时，铸坯边部和宽度中心夹杂物较多。而吹氩后，边部和宽度 1/4 处夹杂物较多，宽度中心夹杂物较少。这是由于结晶器吹氩后，氩气泡在水口周围带动钢液向上运动，使得该处的夹杂物容易上浮去除，不易被捕捉，从而明显地降低了铸坯宽面中心部位内夹杂物的含量。结合无水电解的检测结果（图 3-33）可以看出，吹氩以后，对夹杂物的预测结果与实验检测结果更吻合（宽度中心部位夹杂物含量少，宽度 1/4 及边部区域夹杂物含量多）。厚度方向上，内外弧距表面 30mm 内的夹杂物分布趋势基本一致。

由于进入弯曲段后绝大多数夹杂物内弧坯壳捕捉，因此在距内弧表面 35mm 开始出现明显的夹杂物聚集带。同时可以看出，结晶器吹氩后，表层 10mm 内被捕捉夹杂物变少。对比被捕捉夹杂物与流出计算域夹杂物数量可以看出，厚度方向上大颗粒夹杂物主要在皮下 50mm 以内被捕捉，距铸坯表面大于 50mm 以内的区域大颗粒夹杂物含量很少。

图 3-33 为连铸坯宽面不同部位的大颗粒夹杂物分布的模型预测值与实验测量值之间的对比，可以看出模型预测值与实验测量值吻合得很好。模型预测的夹杂物数量和尺寸变化趋势与实验测量结果是一致的。三个位置内外弧皮下 30mm 以内夹杂物分布变化趋势基本一致，宽面 1/2 及 1/4 部位内弧表面 30mm 以下开始出现明显的夹杂物聚集带。边部位置的内弧侧夹杂物聚集不如另外两个位置明显。结晶器吹氩后，三个位置外弧皮下 10mm 内夹杂物含量明显降低。三个位置不同深度处大颗粒夹杂物尺寸变化不明显，但是仍有一个随距表面距离增大而夹杂物尺寸减小的趋势。

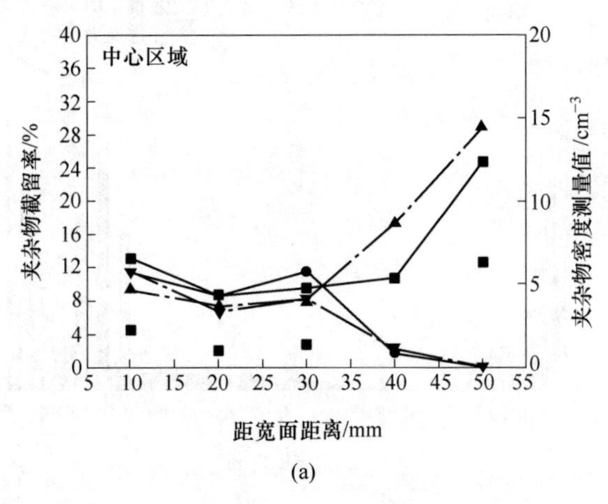

(a)

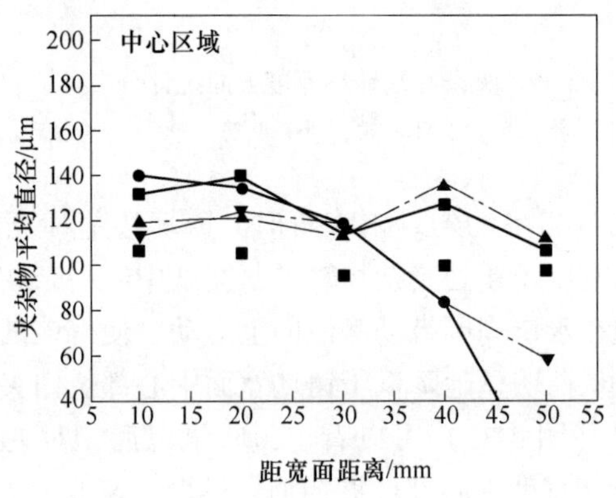

(b)

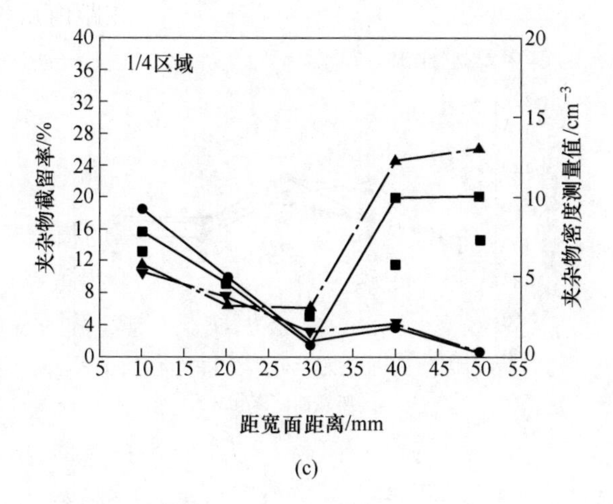
1/4区域
夹杂物截留率/%
夹杂物密度测量值/cm⁻³
距宽面距离/mm
(c)

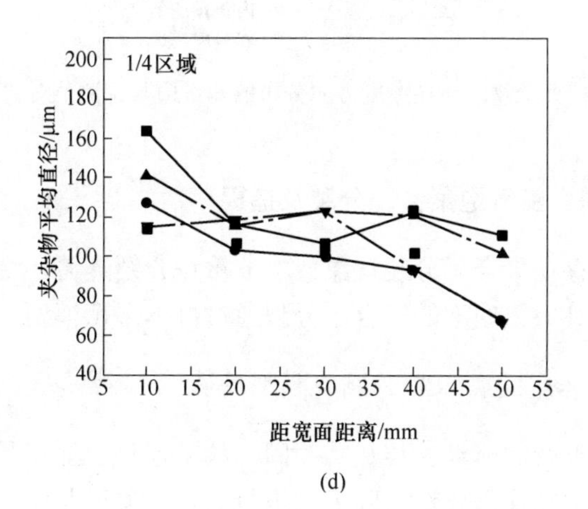
1/4区域
夹杂物平均直径/μm
距宽面距离/mm
(d)

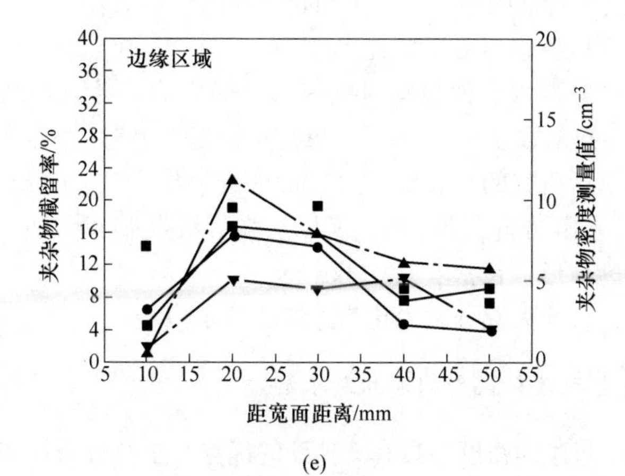
边缘区域
夹杂物截留率/%
夹杂物密度测量值/cm⁻³
距宽面距离/mm
(e)

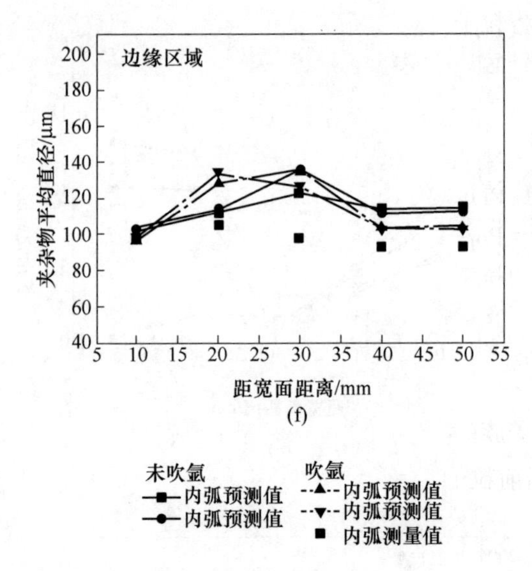

图 3-33　夹杂物沿铸坯厚度方向分布的测量值与预测值对比

3.5.5　连铸坯结晶器内氩气泡聚合、分裂及捕捉

氩气泡在钢液内存在聚合、分裂现象，本节重点介绍连铸坯结晶器内氩气泡聚合、分裂及捕捉，其中氩气泡的聚合、分裂通过群体平衡模型。

3.5.5.1　气泡聚合、分裂及凝固捕捉模型假设

实际连铸过程所涉及的流动、传热、凝固、粒子运动及捕捉是非常复杂的过程，在实际求解过程中往往需要对实际模型进行简化。遵循与实际模型近似，不改变主要的物理模型特征的原则，以下简化被应用于本书：

(1) 钢液被看作稳态不可压缩流体；

(2) 不考虑结晶器内液面波动对钢液流动的影响，考虑到结晶器顶部有保护渣覆盖，而其导热系数较小，所以认为结晶器顶部为绝热边界条件；

(3) 由于本书所研究的是表层 0~40mm 内夹杂物及气泡的分布行为，而 0~40mm 厚的坯壳并未出结晶器直立段，所以忽略结晶器弧度影响；

(4) 气泡视为球形，且密度取 0.3kg/m^3；

(5) 气泡的聚合长大及分裂简化为连续相数学模型。

3.5.5.2　气泡连续相模型的建立及求解

离散相模型比起连续相模型具有其独到的优势，求解方程简单，粒子轨迹可视，但求解粒子数量不能过多，求解碰撞过程较为复杂限制了离散相模型的应用

范围。连续相模型将粒子以浓度场的形式进行计算，对粒子运动的轨迹不能很好地表达，但对于大量的粒子运动具有得天独厚的求解优势，其不需要考虑单个粒子的运动行为，所以动量方程只求解载流体的动量方程即可，对于各个粒子组分只求解其对应的对流扩散方程，并且可以将碰撞过程以浓度场源相的形式进行考虑。对解决气泡在连铸过程中的分裂聚合长大过程有着得天独厚的优势。

群体平衡模型（Population Balance Equation）基于质量守恒的原则建立，对于密度、体积一定的粒子族，其数量的变化与总质量关系可以表述为：

$$M = \sum_{k=1}^{N} m_k = \sum_{k=1}^{N} n_k \rho_k v_k \tag{3-70}$$

式中，m_k 为每个粒子族的质量，kg；N 为粒子族的总数，1；n_k 为当前粒子族内粒子个数，1；ρ_k 为当前粒子族单个粒子的密度，kg/m^3；v_k 为当前粒子族单个粒子的体积，m^3。

不考虑粒子生成的情况下，粒子在载流体内运动的过程中涉及去除、分裂及碰撞聚合三种情况。而粒子分裂及碰撞聚合的过程描述如图 3-34 所示。

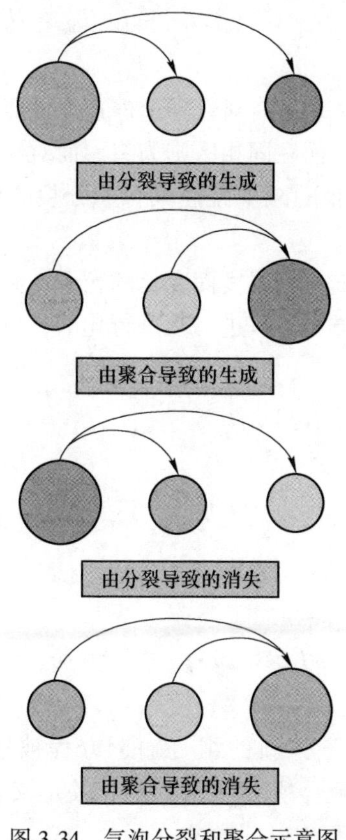

图 3-34 气泡分裂和聚合示意图

彩图 3-34

在钢液内，对于每个粒子族，其粒子变化遵循组分输运方程为：

$$\frac{\partial}{\partial t}(m_k) + \nabla\cdot[(U + U_{pk})m_k] = B'_{bk} - D'_{bk} + B'_{ck} - D'_{ck} \tag{3-71}$$

式中，U_{pk} 为第 k 粒子族上浮速度，m/s；B'_{bk} 为由大粒子分裂导致的该粒子的增加；D'_{bk} 为该粒子族分裂导致的该粒子族的减少；B'_{ck} 为小粒子族聚合形成该粒子族导致的该粒子族的增加；D'_{ck} 为该粒子族的聚合长大导致的该粒子族的减少。

两相区内及固相内，粒子的碰撞聚合、分裂及上浮去除与钢液内有较大差别，当出现固相时粒子的碰撞聚合、分裂就会受到相应的阻碍，在纯固相内粒子相对于固相静止，其碰撞聚合、分裂的概率为零，所以在两相区及固相内粒子的输运方程必须进行修正。而固液两相区及固相内影响粒子运动的主要因素为液相率，所以本书将液相率看作概率对方程进行修正：

$$\frac{\partial}{\partial t}(m_k) + \nabla\cdot[(U + f_1 U_{pk})m_k] = f_1(B'_{bk} - D'_{bk} + B'_{ck} - D'_{ck}) \tag{3-72}$$

这样使得方程在两相区求解时对粒子上浮速度进行修正，在两相区随着液相的减少上浮速度随之减小，而在固相区则为零。而对粒子的碰撞聚合、分裂的修正也满足在两相区随着液相的减少碰撞聚合、分裂的概率减小，而在固相区则为零。

对于气泡这一类体积随压力温度而变化的粒子，其质量与该粒子族的体积有关，则对于气泡来说输运方程可以进一步进行化简，可得：

$$\frac{\partial}{\partial t}(n_k v_k) + \nabla\cdot[(U + f_1 \cdot U_{pk})n_k v_k] = f_1 \cdot \frac{B'_{bk} - D'_{bk} + B'_{ck} - D'_{ck}}{\rho_k} \tag{3-73}$$

将气泡粒子族的体积看作整体来考虑，将 $n_k v_k$ 用新的变量 V_k 来表述，则方程可化简为：

$$\frac{\partial}{\partial t}(V_k) + \nabla\cdot[(U + f_1 \cdot U_{pk})V_k] = f_1 \cdot (B''_{bk} - D''_{bk} + B''_{ck} - D''_{ck}) \tag{3-74}$$

通过以上分析，关于气泡新的组分输运方程被建立了，但关于上浮速度 U_{pk}，分裂项 B''_{bk}、D''_{bk}，聚合项 B''_{ck}、D''_{ck} 的相关定义及选取必须进一步讨论确定。聚合项 B''_{ck}、D''_{ck} 可以写作以下形式：

$$B''_{ck} - D''_{ck} = v_k \frac{\mathrm{d}n_k}{\mathrm{d}t} = v_k(B_{ck} - D_{ck}) = v_k\left(\frac{1}{2}\sum_{i=1,\ i+j=k}^{k-1}\beta_{ij}n_in_j - \sum_{i=1}^{\infty}\beta_{ik}n_in_k\right) \tag{3-75}$$

聚合长大及分裂的理论部分限于篇幅，这里不再详细介绍，具体介绍可见文献［9］。

3.5.5.3 板坯连铸过程气泡分布模拟结果

为了验证聚合分裂模型的可靠性，现在通过数值迭代算法给定不同初始分布，对单一求解单元内气泡体积分数随时间的变化进行求解研究。得到如下两种不同主导类型的气泡体积分数随时间的变化规律曲线。

图 3-35 为给定 50μm 气泡初始体积分数为 0.004，其他族气泡初始体积分数为 0 时的气泡聚合分裂过程，可以看到其他族气泡由 50μm 气泡生成的过程，主要是气泡聚合主导，所以出现了明显的先增大后减小再趋于稳定的过程，并且这一过程根据气泡粒径的由小到大依次进行，这也是聚合长大过程的明显趋势图。

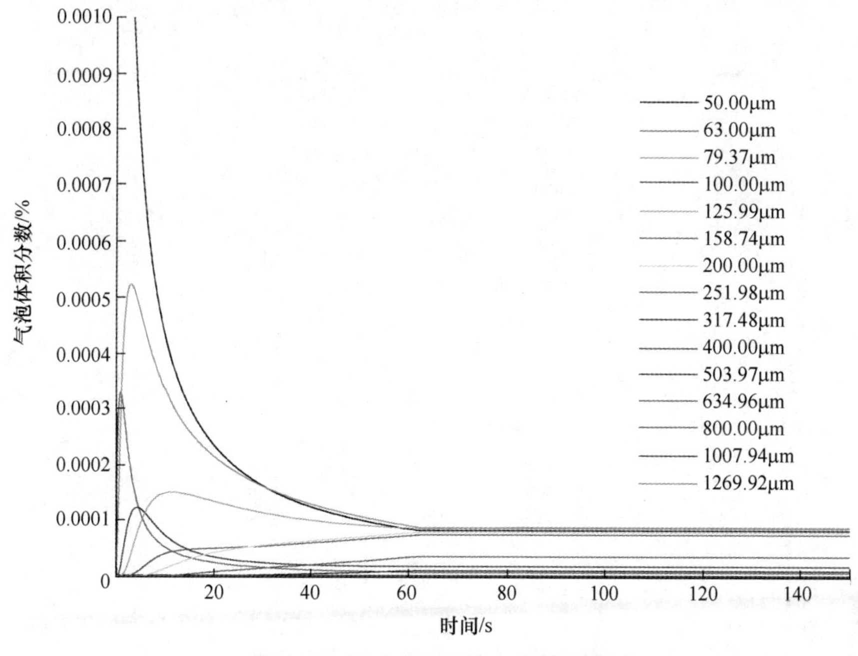

图 3-35 聚合主导的聚合分裂过程

彩图 3-35

图 3-36（a）为给定 1269.92μm 气泡初始体积分数为 0.004，其他族气泡初始体积分数为 0 时的气泡聚合分裂过程，其中图 3-36（b）为图 3-36（a）中方

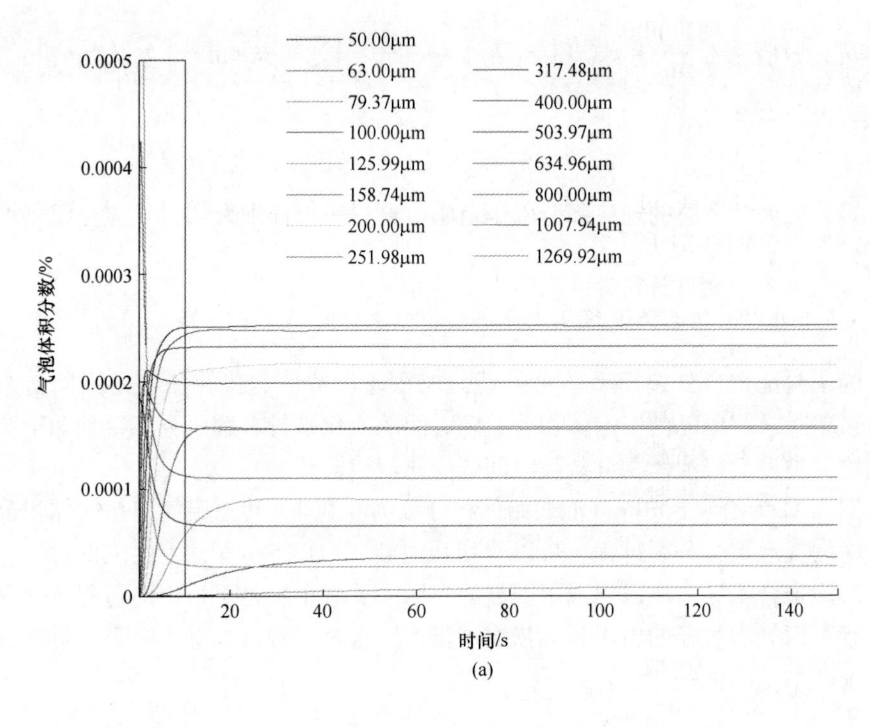

(a)

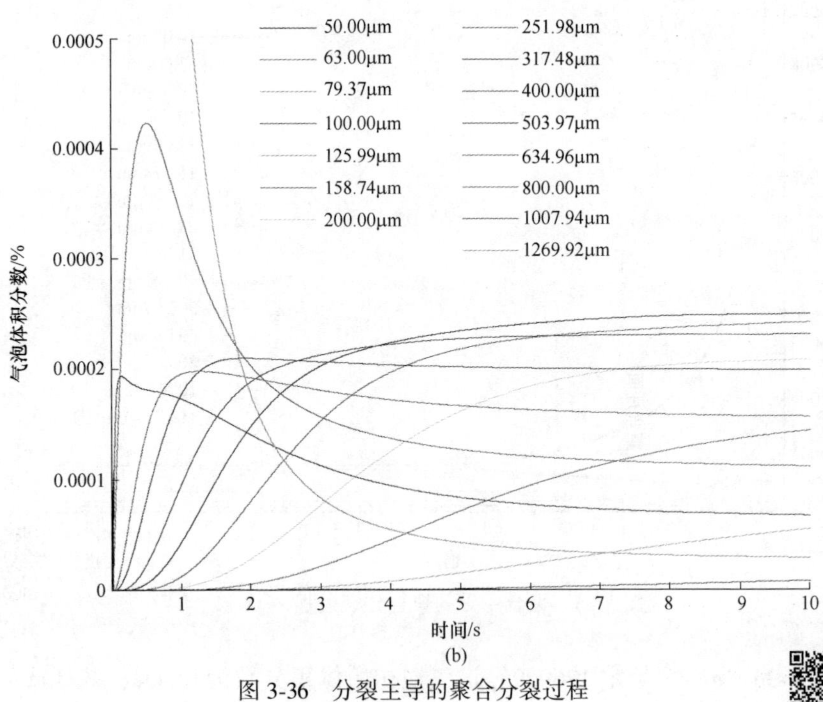

(b)

图 3-36　分裂主导的聚合分裂过程

（a）0～150s；（b）0～10s

彩图 3-36

框中的局部放大图。可以看到其他族气泡由 1269.92μm 气泡分裂生成的过程，主要是气泡分裂主导，所以出现了 1269.92μm 气泡逐渐减少，而其他组气泡逐渐增多随后趋于稳定的过程，并且这一过程根据气泡粒径的由大到小依次进行，这也是气泡分裂生成过程的明显趋势图。

拉速 0.020m/s、过热度 20K 时，不同直径的气泡在连铸坯厚度中心截面处的云图分布如图 3-37 所示，50.00μm 的气泡数量密度较大，随着气泡尺寸的增加，气泡的数量密度逐渐减小，且气泡上浮的趋势越来越明显，表现在等值线在下方的区域越来越小，而在水口冲击区域上方的等值线越来越密。

为了弄清大尺寸气泡在结晶器内的分布状况，如图 3-38 所示的 400.00μm、634.96μm、1007.94μm 及 1269.92μm 的气泡分别以独立标尺的形式展现，可以看出大气泡受浮力的影响在结晶器内主要分布在上回流区内，且随着尺寸的增大，气泡含量也越来越少，分布位置也越靠近弯月面。

如图 3-39（a）所示，气泡的捕捉位置主要出现在宽面凝固前沿 0.01m 及宽面窄边凝固前沿 0.03m 处，数量密度最大的区域位于宽面窄边，但在 1/4 宽面处可以明显看出有捕捉较少的区域出现在凝固前沿 0.01~0.02m 的区域内。这一结果就解释了实验和模拟结果在 1/4 宽面、距连铸坯表面 0.02m 处出现气泡含量较少的现象。如图 3-39（b）所示，在 1/4 宽面及宽面窄边气泡的平均直径较大，实际表现在这一区域为较大的气泡容易被凝固前沿捕捉，且 1/4 宽面处捕捉多位于距连铸坯表面 0.03~0.04m 之间。

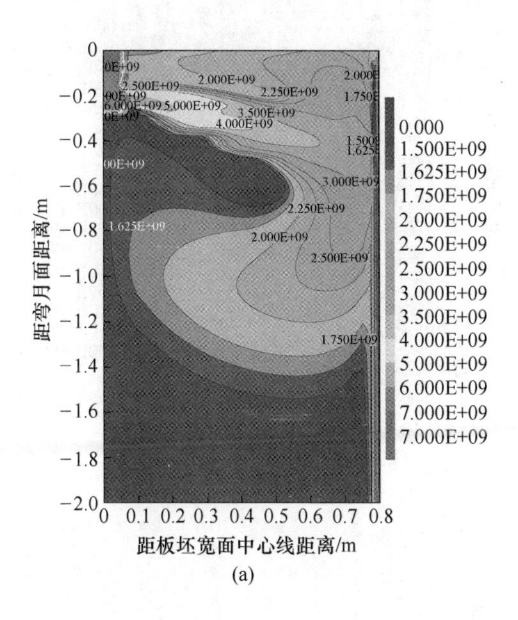

(a)

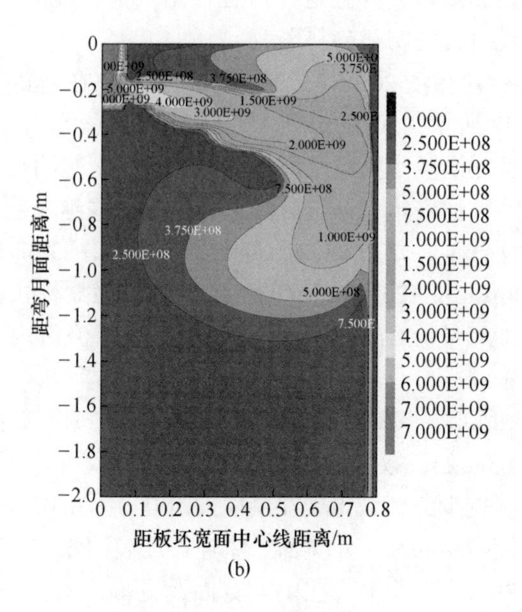
距弯月面距离/m
距板坯宽面中心线距离/m
0
−0.2
−0.4
−0.6
−0.8
−1.0
−1.2
−1.4
−1.6
−1.8
−2.0
0 0.1 0.2 0.3 0.4 0.5 0.6 0.7 0.8
2.500E+08
3.750E+08
5.000E+09
4.000E+09
3.000E+09
1.500E+09
2.000E+09
7.500E+08
3.750E+08
2.500E+08
1.000E+09
5.000E+08
0.000
2.500E+08
3.750E+08
5.000E+08
7.500E+08
1.000E+09
1.500E+09
2.000E+09
3.000E+09
4.000E+09
5.000E+09
6.000E+09
7.000E+09
7.000E+09

(b)

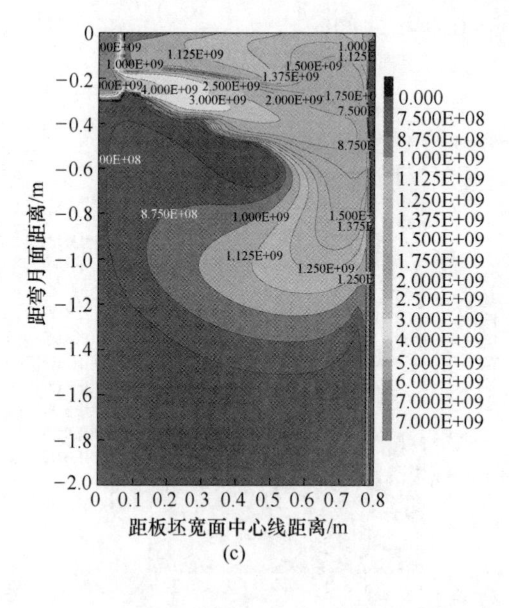
距弯月面距离/m
距板坯宽面中心线距离/m
0
−0.2
−0.4
−0.6
−0.8
−1.0
−1.2
−1.4
−1.6
−1.8
−2.0
0 0.1 0.2 0.3 0.4 0.5 0.6 0.7 0.8
1.125E+09
1.000E+09
1.500E+09
1.375E+09
4.000E+09
2.500E+09
3.000E+09
2.000E+09
8.750E+08
1.000E+09
1.125E+09
1.250E+09
0.000
7.500E+08
8.750E+08
1.000E+09
1.125E+09
1.250E+09
1.375E+09
1.500E+09
1.750E+09
2.000E+09
2.500E+09
3.000E+09
4.000E+09
5.000E+09
6.000E+09
7.000E+09
7.000E+09

(c)

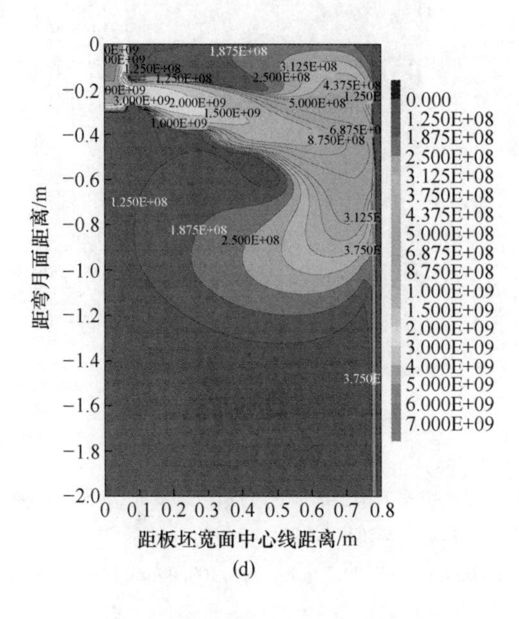
距弯月面距离/m
距板坯宽面中心线距离/m
0.000
1.250E+08
1.875E+08
2.500E+08
3.125E+08
3.750E+08
4.375E+08
5.000E+08
6.875E+08
8.750E+08
1.000E+09
1.500E+09
2.000E+09
3.000E+09
4.000E+09
5.000E+09
6.000E+09
7.000E+09

(d)

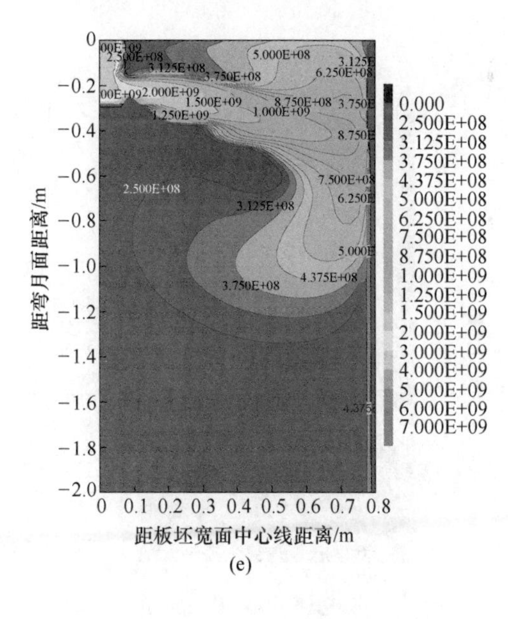
距弯月面距离/m
距板坯宽面中心线距离/m
0.000
2.500E+08
3.125E+08
3.750E+08
4.375E+08
5.000E+08
6.250E+08
7.500E+08
8.750E+08
1.000E+09
1.250E+09
1.500E+09
2.000E+09
3.000E+09
4.000E+09
5.000E+09
6.000E+09
7.000E+09

(e)

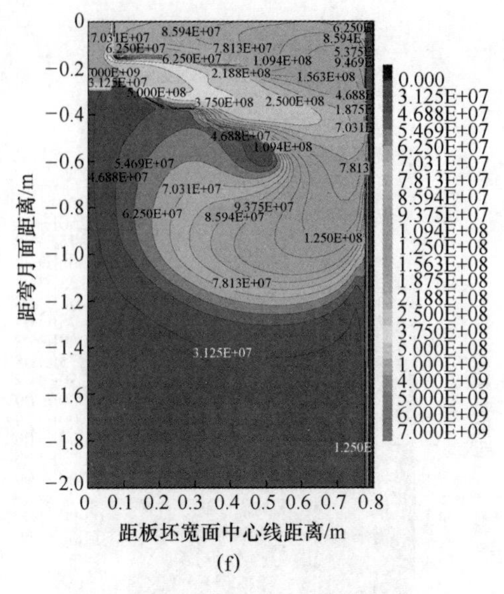

(f)

图 3-37　拉速 0.020m/s、过热度 20K 时，不同直径的气泡在连铸坯厚度中心截面处的云图分布

（a）50.00μm；（b）63.00μm；（c）79.37μm；（d）100.00μm；（e）125.99μm；（f）158.74μm

彩图 3-37

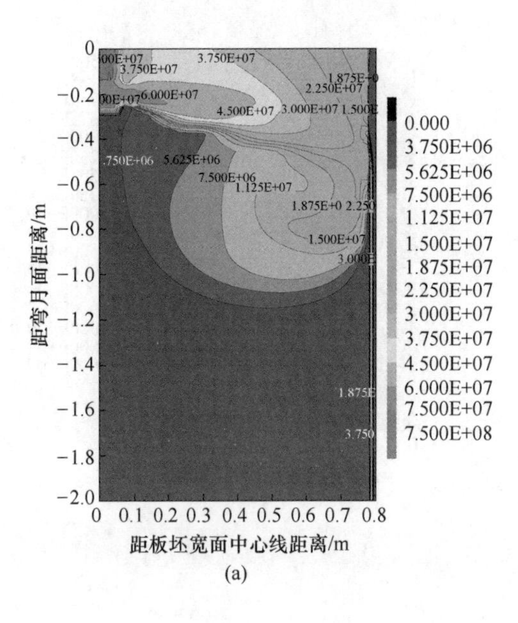

(a)

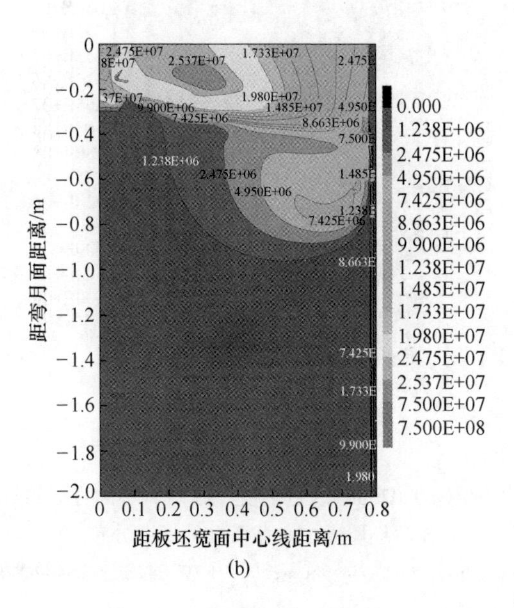
0.000
1.238E+06
2.475E+06
4.950E+06
7.425E+06
8.663E+06
9.900E+06
1.238E+07
1.485E+07
1.733E+07
1.980E+07
2.475E+07
2.537E+07
7.500E+07
7.500E+08
距弯月面距离/m
距板坯宽面中心线距离/m
(b)

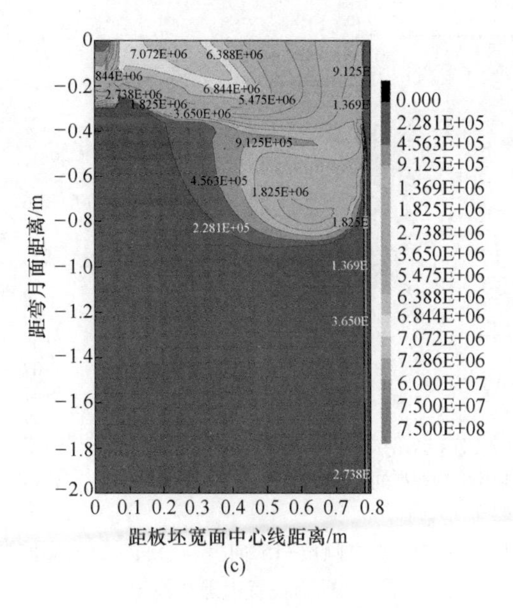
0.000
2.281E+05
4.563E+05
9.125E+05
1.369E+06
1.825E+06
2.738E+06
3.650E+06
5.475E+06
6.388E+06
6.844E+06
7.072E+06
7.286E+06
6.000E+07
7.500E+07
7.500E+08
距弯月面距离/m
距板坯宽面中心线距离/m
(c)

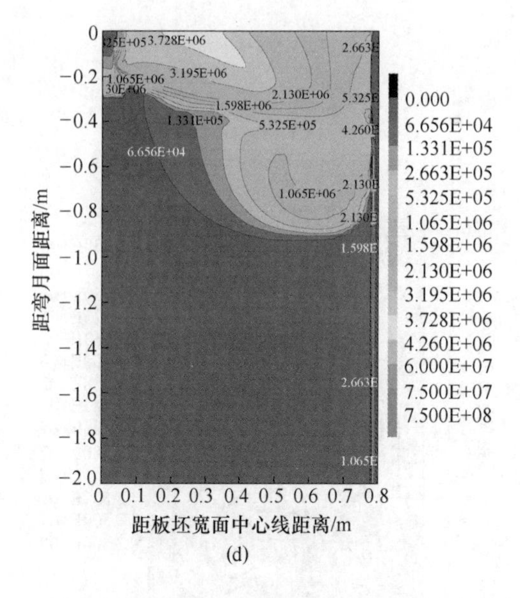

图 3-38 拉速 0.020m/s、过热度 20K 时，不同直径的气泡在连铸坯厚度中心截面处的云图分布

（a）400.00μm；（b）634.96μm；（c）1007.94μm；（d）1269.92μm

彩图 3-38

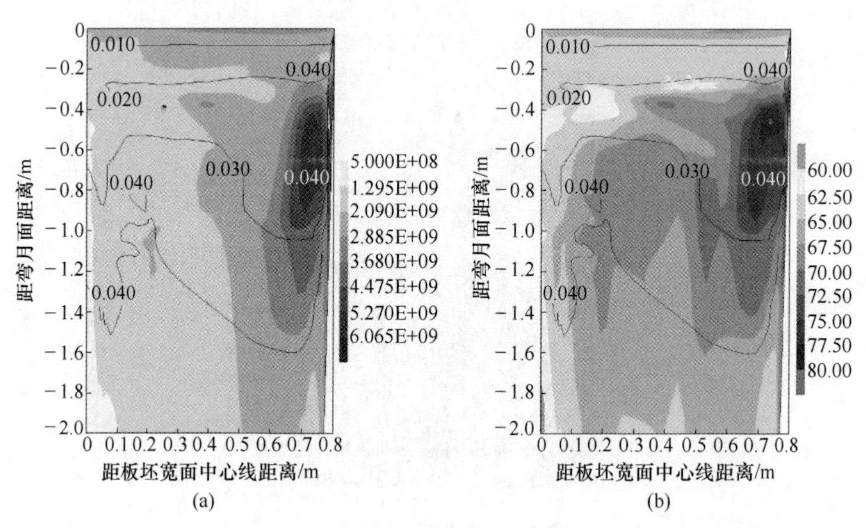

图 3-39 拉速 1.2m/min、水口倾角−15°向上、凹底时，凝固前沿气泡捕捉分布（凝固前沿位置由黑线标记）

（a）气泡体积数量密度，个/立方米；（b）气泡数量平均直径，μm

彩图 3-39

如图 3-40 所示，距弯月面 1.5m 处气泡的数量分布及平均直径分布以云图的形式给出。从图 3-40（a）中可以看出在宽面中心及 1/4 宽面处均出现了气泡较少的区域，比对标尺可以看出这些区域位于距连铸坯表面 0.02m 处。在角部这一现象不明显。结合图 3-40（b）可以看出在宽面中心及 1/4 宽面处所出现的气泡尺寸分布的不均性更为显著，表现在距连铸坯表面 0.02m 左右出现了较宽范围的气泡尺寸较小的区域。且 1/4 宽面处距连铸坯表层大于 0.02m 左右更易捕捉较大的气泡。

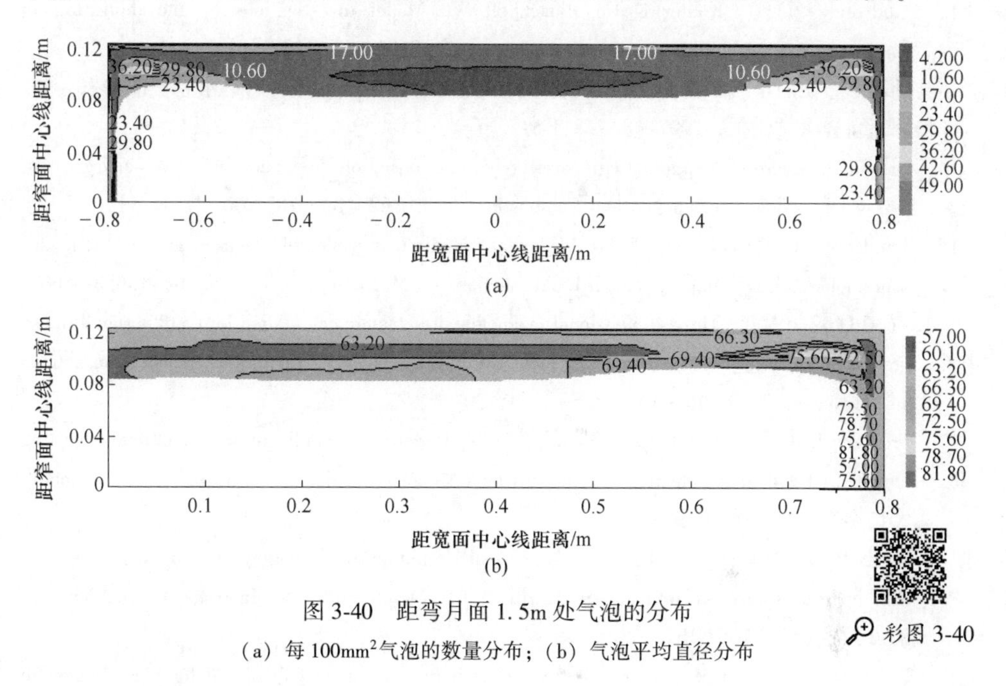

图 3-40 距弯月面 1.5m 处气泡的分布

（a）每 100mm² 气泡的数量分布；（b）气泡平均直径分布

参 考 文 献

[1] 蔡开科. 连铸结晶器［M］. 北京：冶金工业出版社，2008.

[2] 蔡开科. 连续铸钢原理与工艺［M］. 北京：冶金工业出版社，2009.

[3] 袁世伟，赖焕新. 五种低雷诺数 k-ε 模型的考核［J］. 工程热物理学报，2014，35（6）：1091-1095.

[4] Prescott P J, Incropera F P. The effect of turbulence on solidification of a binary metal alloy with electromagnetic stirring［J］. Heat Trans，1995，117：716-724.

[5] Mathur A，He S. Performance and implementation of the Launder-Sharma low-Reynolds number turbulence model［J］. Comput. Fluids，2013，79：134-139.

[6] 陶文铨. 数值传热学［M］. 西安：西安交通大学出版社，2001.

[7] 张炯明，赫冀成，李宝宽. 连铸小方坯三维流场的数值计算［J］. 鞍钢技术，1996，9：22-24.

[8] Dong Q P，Zhang J M，Yin Y B，et al. Three-dimensional numerical modeling of

macrosegregation in continuously cast billets [J]. Metals, 2017, 7 (6): 209.

[9] 雷少武. 板坯表层气泡及大型夹杂物分布研究 [D]. 北京: 北京科技大学, 2016.

[10] 尹延斌. IF 钢板坯表层缺陷形成机理的数值模拟研究 [D]. 北京: 北京科技大学, 2020.

[11] 陈阳, 张炯明, 韩丽辉. 宽板坯连铸结晶器内钢水流动的数值模拟 [J]. 钢铁研究, 2008 (3): 10-13.

[12] Audrzejew ski P, Kòhler K U, Pluschkell W. Model investigations on the fluid flow in continuous casting moulds of wide dimensions [J]. Steel Res, 1992 (6): 242.

[13] 陆巧彤, 王新华, 于会香, 等. F 数计算及其与板坯连铸结晶器内钢水卷渣的关系 [J]. 北京科技大学学报, 2007 (8): 811-815.

[14] Nicoud F, Ducros F. Subgrid-scale stress modelling based on the square of the velocity gradient tensor [J]. Flow, Turbulence and Combustion, 1999, 62 (3): 183-200.

[15] Trindade L B , Vilela A , Filho A , et al. Numerical model of electromagnetic stirring for continuous casting billets [J]. IEEE Transactions on Magnetics, 2002, 38 (6): 3658-3660.

[16] Yu H Q, Zhu M Y. Three-dimensional magnetohydrodynamic calculation for coupling multiphase flow in round billet continuous casting mold with electromagnetic stirring [J]. IEEE Transactions on Magnetics, 2009, 46 (1): 82-86.

[17] Trindade L B , Nadalon J , Contini A C , et al. Modeling of solidification in continuous casting round billet with mold electromagnetic stirring (M-EMS) [J]. Steel Research International, 2017, 88 (4): 1600319.

[18] Liu H P, Xu M Q, Qiu S T, et al. Numerical simulation of fluid flow in a round bloom mold with in-mold rotary electromagnetic stirring [J]. Metallurgical & Materials Transactions B, 2012, 43 (6): 1657-1675.

[19] Dong Q P, Zhang J M, Liu Q , et al. Magnetohydrodynamic calculation for electromagnetic stirring coupling fluid flow and solidification in continuously cast billets [J]. Steel Research International, 2017: 201700067.

[20] Yin Y B, Zhang J M, Wang B , et al. Effect of in-mould electromagnetic stirring on the flow, initial solidification and level fluctuation in a slab mould: a numerical simulation study [J]. Ironmaking & Steelmaking, 2018: 1-10.

[21] Wang Q, Li Y, Zhang L. Fluid flow related transport phenomena in continuous casting electromagnetic FC-mold strands [C] //Proceedings of AISTech, 2014, 2: 1951-1963.

[22] 胡汉起. 金属凝固原理 [M]. 北京: 机械工业出版社, 2000.

[23] Poole G M , Heyen M , Nastac L, et al. Numerical modeling of macrosegregation in binary alloys solidifying in the presence of electromagnetic stirring [J]. Metallurgical and Materials Transactions B, 2014, 45 (5): 1834-1841.

[24] Flemings M C. Solidification processing [J]. Metallurgical Transactions, 1974, 5 (10), 2124-2134.

[25] Mehrabian R , Keane M , Flemings M C . Interdendritic fluid flow and macrosegregation;

influence of gravity [J]. Metallurgical and Materials Transactions, 1970, 1 (5): 1209-1220.

[26] Ridder S D , Kou S , Mehrabian R . Mehrabian, Effect of fluid flow on macrosegregation in axisymmetric ingots [J]. Metallurgical Transactions B, 1981, 12 (3): 435-447.

[27] Bennon W D , Incropera F P . A continuum model for momentum, heat and species transport in binary solid-liquid phase change systems—I. Model formulation [J]. International Journal of Heat & Mass Transfer, 1987, 30 (10): 2161-2170.

[28] Bennon W D , Incropera F P . A continuum model for momentum, heat and species transport in binary solid-liquid phase change systems—Ⅱ. Application to solidification in a rectangular cavity [J]. International Journal of Heat and Mass Transfer, 1987, 30 (10): 2171-2187.

[29] Bower T F , Brody H D , Flemings M C . Flemings, Measurements of solute redistribution in dendritic solidification [J]. Transaction of the Metallurgical Society of AIME, 1966, 236: 624-633.

[30] Clyne T W , Wolf M , Kurz W . The effect of melt composition on solidification cracking of steel, with particular reference to continuous casting [J]. Metallurgical Transactions B, 1982, 13 (2): 259-266.

[31] Ohnaka I. Mathematical analysis of solute redistribution during solidification with diffusion in solid phase [J]. Transactions of the Iron and Steel Institute of Japan, 1986. 26 (12): 1045-1051.

[32] Voller V, Beckermann C. A unified model of microsegregation and coarsening [J]. Metallurgical and Materials Transactions A, 1999, 30 (8): 2183-2189.

[33] Voller V, Beckermann C. Approximate models of microsegregation with coarsening [J]. Metallurgical and Materials Transactions A, 1999, 30 (11): 3016-3019.

[34] Mukai K, Lin W. Motion of small particles in solution with a interfacial tension gradient and engulfment of the particles by solidifying interface [J]. Tetsu-to-Hagane, 1994, 80 (7), 527-532.

[35] Sahoo P, Debroy T, Mc Nallan M J. Surface tension of binary metal—surface active solute systems under conditions relevant to welding metallurgy [J]. Metallurgical Trans actions. B, 1988, 19 (3): 483-491.

[36] Liu Z, Li B, Zhang L. Analysis of transient transport and entrapment of particle in continuous casting mold [J]. ISIJ International, 2014, 54 (1): 2324-2333.

[37] Wang S, Zhang L, Wang Q. Effect of electromagnetic parameters on the motion and entrapment of inclusions in FC-mold continuous casting strands [J]. Metallurgical Research & Technology. 2016, 113 (2) : 205.

[38] Jin K, Thomas B, Ruan X. Modeling and measurements of multiphase flow and bubble entrapment in steel continuous casting [J]. Metallurgical and Materials Transactions B, 2016, 47 (1): 548-565.

[39] Li X, Li B, Liu Z. In-situ Analysis and Numerical Study of Inclusion Distribution in a Verticalbending Caster [J]. ISIJ International, 2018, 58 (11): 2052-2061.

4 连铸过程二冷模型及凝固冷却过程数值模拟

4.1 连铸过程铸坯冷却控制

铸坯冷却主要包括一次冷却（结晶器冷却）和二次冷却（二冷区冷却）两部分。铸坯一次冷却已经在本书的3.3节中进行了较为详尽的论述，下面重点讨论铸坯二次冷却的相关问题。

铸坯从结晶器拉出后，其心部仍为液体。为使铸坯在进入矫直点之前或是在进行切割之前完全凝固，必须在二冷区对铸坯进行进一步的冷却。为此，在连铸机的二冷区配备铸坯二冷系统。通常，铸坯在二冷区的散热量约为总散热量的23%~28%[1]，因而连铸坯在凝固过程中控制二次冷却是连铸工艺中的重要环节，它不仅影响到铸坯质量，也影响到铸机的生产率。

为了使连铸生产能够在保证质量的情况下高效进行，连铸二次冷却工艺须服从以下准则[2,3]：

（1）最大液芯长度准则。二冷强度与铸坯的凝固速度关系密切，故其大小直接影响铸坯的液芯长度。若液芯长度太长，至火切处仍未完全凝固，则会发生漏钢危险。故液芯长度不可过长，二冷水量不能太小。

（2）表面温度最大冷却速率和回温速率准则。如果表面温度下降速度过快或回温过大，会使铸坯表面产生较大的热应力，从而产生表面裂纹或者扩展已有的裂纹。因此应该避免铸坯从一区到另一区的发生表面温度的大幅波动，一般要求铸坯沿拉坯方向的回温速率不超过100℃/m，冷却速率不超过200℃/m。

（3）矫直点表面温度准则。铸坯处于矫直区时，表面温度若正好处在脆性口袋区，则极易产生表面横裂纹。故一般采用弱冷的时候，使铸坯表面温度高于脆性区；采用强冷的时候，使表面温度低于脆性区，从而保证铸坯在延性较好的温度区域内矫直。为了方便铸坯的热送热装，大部分钢厂一般都要求铸坯进入矫直区的温度高于900℃。对于方坯而言，由于拉速较高，铸坯进入矫直区时，其表面温度均脆性口袋区以上，故基本不用考虑此准则。

4.1.1 连铸二冷控制方法

早期的二次冷却水控制多为人工手动控制，即开浇前根据钢种设定二次冷却水水量，生产过程中，操作人员根据仪表显示的当前拉速，按照已设定的水表来调整喷水量。随着计算机技术的发展，计算机取代了人工，将二次冷却配水控制由传统的人工操作变为计算机控制，进而提高了连铸机的自动化程度。这些控制过程都是根据拉速的变化来调节水量，一般称为静态水表控制[4-6]。在当前的国内外连铸生产中，静态控制[7, 8]仍然是二冷水控制的主要模式，是目前应用最广，且比较成熟的方法。近年来，多数二冷配水控制系统都是在静态水表控制的基础上进行改进而实现的，其中应用较广的有比水量法和参数控制法。

4.1.1.1 比水量法

比水量法是依据 $Q = Kv$（K 为系数，v 为拉速），由钢种、铸坯断面确定比水量，再根据拉速确定二冷区总水量，把二冷区的总水量按比例分配到二冷各段中，并产生相应的水表。连铸过程中通过查表的办法确定二冷区各段水量。由于水量不能根据拉速的动态变化进行连续的调整，当拉速突然发生变化时，水量也会突然发生变化，铸坯表温度波动很大，这将直接影响铸坯表面质量和内部质量。部分钢铁厂虽然引入中间包温度的连续测量，但是中间包温度的动态变化目前只是起到监视的作用，尚未引入到控制中，因此铸坯质量难以得到确切的保证。

4.1.1.2 参数控制法

参数控制法是根据钢种，按照 $Q = Av^2 + Bv + C$ 的一元二次方程进行配水，这种控制方法的思路是先通过钢种的塑性温度曲线确定二冷区各段出口处的铸坯表面目标温度，根据铸坯凝固、传热理论及铸坯正常拉速范围，离线计算不同拉速下达到二冷区各段出口处铸坯表面目标温度所需的水量，用回归的方法回归出二次曲线，确定其循环水路的控制参数 A_i、B_i、C_i。此方法优于比水量法，但是这种控制方法为静态控制，它建立了水量与拉速之间预定的函数关系，基本按 $Q = Av^2 + Bv + C$ 的一元二次方程进行配水，对生产过程中工艺条件变化的应变能力较差，在稳态条件下，水量控制能满足质量要求，当拉速突变时，冷却水量也产生相应突变，从而导致铸坯表面温度产生较大的波动，特别是其缺少对连铸过程中过热度变化的分析。

生产中为防止漏钢，对于过热度变化的处理在保持拉速尽量不变的情况下，常采用人工过冷的方式，铸坯质量受到较大的影响。裂纹和缩孔等缺陷在大冷却梯度产生的热应力下很容易产生。但由于该控制模式易于实现，在其他工艺参数变化不大，拉速比较平稳的场合可以保证铸坯质量。因此，目前静态控制在国内外连铸二冷控制还经常被采用。

无论是水表法还是参数法控制，它们主要适用于恒拉速的情况，即以拉速大小为依据来控制水量，只要拉速改变就调节水量。实践证明：按静态控制方法调节水量，水量随拉速的升降而升降，这就难免会造成铸坯表面温度剧烈波动、局部过冷或是过热，进而导致缺陷的产生。

4.1.1.3　目标表面温度动态控制法

动态模型控制是指在一定程度上适应拉速变化情况的二次冷却配水方法[9-11]。水量除了与拉速有关外，还受拉速及浇铸状态的变化过程的影响，由二冷配控制数学模型每隔一段时间计算一次铸坯的表面温度，并与考虑到二冷配水原则所预先设定的目标温度进行比较，根据比较的差值结果，给出各段冷却水量，以使铸坯的表面温度与目标温度相吻合。这种计算和比较工作是由计算机完成的，目标温度确定是建立在最佳二冷配水基础上的，所以最佳二冷配水制度是指二冷区各冷却段的合理水量分配导致合理的温度分布，从而实现铸坯良好的质量控制。

通常可以采用两种方法来确定目标表面温度：一是从冶金学的角度考虑钢种的高温延展特性（如避开高温脆性区等）以及考虑二冷配水的诸多要素而确定，然后通过生产实践进一步修正和完善；二是从稳定的工艺条件的二冷水量的分布，通过铸坯传热数学模型，计算出铸坯表面温度变化，以此作为相对应的钢种的目标表面温度。制定目标表面温度曲线只需设定沿拉坯方向上若干个控制点的目标温度，开浇时，计算机收集铸坯尺寸、中间包钢水温度、拉速等过程数据，运用数学模型每隔 t 秒重复计算一次凝固坯壳厚度和铸坯表面温度，同时将冷却段计算出的铸坯表面温度与目标温度相比较，根据温差大小，计算出调整后的冷却水量 Q_i^{t+1}。为了使得在 t 秒这一周期各段冷却水量能够随时随着拉速进行变化，仪表会对水量进行微调，计算机并不将新设定的水量传送给仪表，而是按照 $Q_i^{t+1}=A'_i v^2+B'_i v+C'_i$ 和 A'_i、B'_i、C'_i 之间的逐个设定关系换算出对应的 A'_i、B'_i、C'_i，并将这些参数传递给仪表，仪表在设定的一个周期内各时刻水量时，根据这些参数对水量进行微调。

整个生产过程，铸坯表面温度能够充分接近目标温度，从而获得良好的铸坯质量。动态控制的方法有两大类：一类是基于实测铸坯表面温度的动态控制[12, 13]；一类是基于模型的动态控制[14]。

A　基于实测铸坯表面温度的动态控制

这种方法一般通过在二冷区每个二冷段末安装一个温度传感器，工控机实时采集测量点的铸坯表面温度，并与设定的温度数据进行比较，从而调整二冷各段水量。

铸坯表面温度动态反馈控制的方法是在二次冷却区各段装上温度传感器来测

量实际铸坯表面温度，二次冷却喷水量则根据各段冷却的目标温度与实测温度的偏差来进行控制。但是由于受二次冷却室水蒸气，以及铸坯冷却过程中随机生成的氧化铁皮的影响，红外辐射测温装置很难检测到铸坯表面的真实温度，测量的表面水汽和氧化铁皮等存在较大的不确定性，无法反推估计其真实温度，因此对铸坯表面温度进行实时测量的二次冷却动态控制系统不可靠的。后来，很多研究者利用模糊动态控制方法是避开直接测量铸坯的表面温度，而改用数学模型来计算，再根据计算出的铸坯表面温度来调节冷却水量，显然这种控制方法的成功与否取决于模型计算结果能否真实地反映实际表面温度及其变化规律。

B 基于模型的动态控制

连铸二冷模型动态控制方法是各冷却区域配水以冶金凝固和传热学为基础，通过建立传热数学模型，计算出各段铸坯表面温度的分布，并给出各冷却回路的最佳配水参数，作为实现水量动态控制的依据。目前，这种利用凝固传热数学模型对二次冷却进行动态配水的控制方式得到广泛应用，主要原因是这个模型是从铸坯凝固传热过程中的物理性质和特征出发，研究其某些特性随时间和空间来进行演变的过程，并分析了凝固传热的变化规律，进而找到了它的控制手段。

二冷动态控制模型通过结合实际拉速、浇铸温度、结晶器传热、二冷水量等铸注工艺参数，使铸坯的表面温度能够充分接近目标表面温度，从而获取良好的铸坯质量[15-18]。目前研究的动态控制模型是基于计算铸坯表面温度动态控制法。

4.1.2 国内外连铸二冷控制研究现状

国外对连铸坯二次冷却数学模型的研究已有 40 多年的历史，早期，Lait J E 等人[19,20]就建立了比较完整的铸坯凝固传热数学模型，数值解析法是求解凝固传热数学模型的主要方法；Hills A W D[21]应用线上求积法对方程的一维形式求解；而 Mizika E A 和 Lally B 等人[22]则用有限差分法求解该方程；南条敏夫和松野淳一等人也建立了凝固传热数学模型，并着重分析了板还连铸中凝固速度和铸坯表面温度对凝固组织和内、外质量的影响；Lait J E 等人通过模型分别探讨了不锈钢板还连铸和低碳钢方坯连铸的凝固特点；Samarasekera I V 等人利用数学模型研究了各工艺参数对铸坯质量的影响，目的是通过改变工艺参数来提高铸坯的质量。

我国从 20 世纪 80 年代开始对连铸数学模型进行研究，利用数学模型模拟了铸坯内部温度场、凝固壳厚度和液相穴的长度，并研究了各工艺参数间的相互关系以及它们对铸坯凝固过程的影响。提出了一种连铸二次冷却配水自适应动态优化控制策略，实现连铸二次冷却配水动态单元跟踪控制，使铸坯表面温度保持在目标值范围内。基于铸坯的在线凝固传热模型，采用抗饱和自适应整定 PID 控制算法，建立了连铸动态二次冷却配水控制模型，实现了铸坯二次冷却水量的动态控制，提出了一种基于多模型理论的新型连铸二次冷却动态配水控制系统，其控制器中的模型集采用了浇铸温度前馈配水、拉速控制、钢种目标表面温度、模糊自适应算法以及斜率法自更正控制等策略，实现了连铸复杂生产过程的二次冷却水量优化控制。运用神经网络、模糊控制，结合改进算法，设计了动态目标温度控制器、动态表面温度控制器，提出了一种二次冷却动态在线学习模糊神经网络控制策略，保证了铸坯的内部及表面质量，降低二次冷却用水量。

从结晶器出来的铸坯，其芯部仍是液体。为使铸坯在进入矫直点前或在切割前完全凝固，就必须在二冷区进一步对铸坯进行冷却。为使二冷系统能对铸坯表面温度均匀控制，应尽量使水雾均匀覆盖在铸坯表面。由于沿拉坯方向随着距结晶器距离的增加，通过铸坯表面散失的热量逐渐减少，相应二冷段的配水量也逐渐减少。二冷区冷却水的分配主要是根据钢种、铸坯断面、钢的高温状态的力学性能等来确定。由于在实际浇铸过程中，受冶炼水平和耐材保温等因素的影响，浇铸过程难以保持恒定的拉速。伴随着计算机工业和检测、控制技术的发展，为二冷控制技术从原始简单的静态控制到可以根据工艺条件变化而适时调整冷却强度的动态控制提供了基础。

目前，国内外连铸机二冷控制技术普遍采用基于拉速的静态配水控制方式，并有从静态向动态转变的趋势。虽然有多家冶金企业与高校等研究单位合作进行二冷动态配水方面研究，并有多篇文献[23, 24]介绍了相应的研究成果，但目前真正应用于生产现场的较少，二冷动态配水控制系统的研究有待进一步深入。

4.1.3 二冷三维动态配水模型

接下来以板坯为例介绍连铸二冷三维动态配水模型。连铸二冷动态配水模型运用凝固传热理论将连铸坯实现微元化，将整个铸坯分解为众多微元体，运用坯龄模型对微元体实现动态计算和跟踪，进而研究整个铸坯的冷却凝固状态。采用微元法，可以准确计算出一定工艺条件下的任意铸坯位置的坯壳厚度以及温度。知道了铸坯任意位置的坯壳厚度和温度后，就可以对铸机的拉速、喷嘴的分布，以及各区冷却水量的分配进行合理的调节，使铸坯的温度更加符合冷却要求，更加接近目标温度曲线，以及避开脆性区矫直等不利因素，使铸坯表面冷却更加均匀，减少表面缺陷和内部缺陷，提高成材率。

4.1.3.1 模型假设

在建立导热微分方程之前，首先做如下假定：

(1) 传热条件不随拉速的波动而发生改变。

(2) 不考虑结晶器弯月面和拉坯方向传热的传热，只考虑连铸坯宽面和窄面上的热量传递。由于在拉坯方向只能通过坯头横截面和结晶器液面对外散热，而由于现场保护措施等，该途径散失的热量只占铸坯全部热量的3%~6%，故只有在高导热性材料以及拉速极低的浇铸情况下，才会考虑拉坯方向上的传热问题。

(3) 液相穴的导热系数大于固相区的导热系数，并且随温度改变而改变，是温度的函数。

(4) 固相、液相以及两相区的密度均不发生变化，不考虑铸坯由于凝固发生的体积变化。

(5) 使用等效质量热容表示两相区的质量热容。

(6) 将铸坯内液相穴的对流换热简化处理为传导传热。

(7) 连铸机内各冷却区对铸坯的冷却以及结晶器对坯壳的冷却均为铸坯均匀冷却。

(8) 假设结晶器弯月面钢水温度与浇铸温度相同。

(9) 由于板坯在宽度方向上远远大于厚度方向，因此将板坯的凝固传热近似认为对称，只研究内弧侧的凝固传热方程，内外弧中心线按照绝热边界考虑。

4.1.3.2 凝固传热微分方程

钢包将钢水通过连铸回转平台注入到中间包，当中间包钢水量达到浇铸要求后，通过中间包水口流入到结晶器中，再通过冷却水循环冷却与结晶器内壁接触形成钢液，待钢液冷却，形成足够厚度的坯壳后，引锭杆开始移动，将铸坯从结晶器下部拉出，铸坯在向下移动的过程中，不断将热量从铸坯中心向铸坯表面扩展，再从表面扩散到周围环境中，为了研究分析铸坯的凝固过程，建立精确的传热模型，设立如图4-1所示的坐标系。

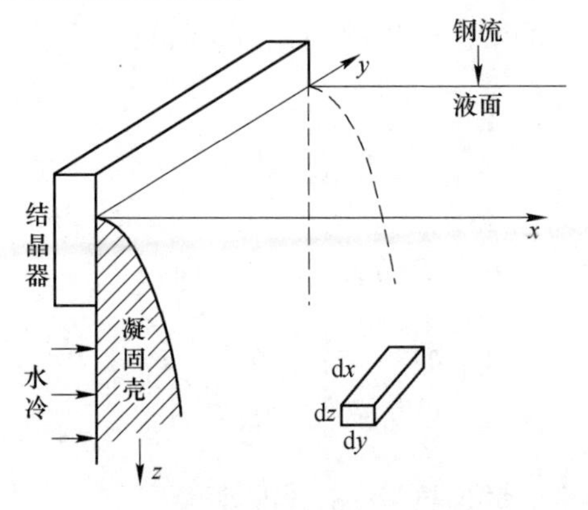

图4-1 坯壳凝固模型示意图

如图 4-1 所示，设 x 轴、y 轴、z 轴方向分别为板坯宽度、厚度以及拉坯方向，由于板坯宽度远远大于厚度，故将板坯截面近似理解为中心对称，则只需研究 1/4 铸坯断面，设断面某位置温度函数为 $T(x, y, t)$ 。

假想由结晶器外侧向中心取一个体积无限小的微元体，宽度、厚度、高度分别为 dx、dy、dz。假设该微元体在向下运动的过程中按假设条件发生热量的传输并且发生相变，这样微元体的热量平衡可以表示为存储热量等于传输、相变热量收支之差。为了讨论方便，我们通过将相变产生的热量收支采用等价比热法换算到热容中，这样就隐含了相变。因此微元体热平衡为：

微元体存储的热量=微元体接收的热量-微元体支出的热量。

（1）微元体从铸坯顶面吸收的热量（dx，dy 面）：

$$\rho vcT\mathrm{d}x\mathrm{d}y \tag{4-1}$$

（2）微元体从铸坯宽面吸收的热量（dx，dz 面）：

$$\lambda\frac{\partial T}{\partial y}\mathrm{d}x\mathrm{d}z \tag{4-2}$$

（3）微元体从铸坯窄面吸收的热量（dy，dz 面）：

$$\lambda\frac{\partial T}{\partial x}\mathrm{d}y\mathrm{d}z \tag{4-3}$$

（4）微元体内储存的热量：

$$-\rho c\frac{\partial T}{\partial t}\mathrm{d}x\mathrm{d}y\mathrm{d}z \tag{4-4}$$

（5）微元体向下运动带走的热量（dx，dy 面）：

$$\rho c\frac{\partial T}{\partial z}\mathrm{d}x\mathrm{d}y\mathrm{d}z \tag{4-5}$$

（6）微元体通过宽面散失的热量（dx，dz 面）：

$$\left[\lambda\frac{\partial T}{\partial y}+\frac{\partial}{\partial y}\left(\lambda\frac{\partial T}{\partial y}\right)\mathrm{d}y\right]\mathrm{d}x\mathrm{d}z \tag{4-6}$$

（7）微元体通过窄面散失热量（dy，dz 面）：

$$\left[\lambda \frac{\partial T}{\partial x} + \frac{\partial}{\partial x}\left(\lambda \frac{\partial T}{\partial x}\right) \mathrm{d}x\right] \mathrm{d}y \mathrm{d}z \tag{4-7}$$

(8) 内热源热量 G。

将以上各热量代入能量平衡方程得：

$$\rho c \frac{\partial T}{\partial t} - \rho v c \frac{\partial T}{\partial z} - \frac{\partial}{\partial x}\left(\lambda \frac{\partial T}{\partial x}\right) - \frac{\partial}{\partial y}\left(\partial \frac{\partial T}{\partial y}\right) + G = 0 \tag{4-8}$$

假设坐标系随同铸坯以相同速度向下运动，这样微元体的相对速度即为 0，则微元体的能量平衡方程简化为：

$$\rho c \frac{\partial T}{\partial t} + G = \frac{\partial}{\partial x}\left(\lambda \frac{\partial T}{\partial x}\right) + \frac{\partial}{\partial y}\left(\lambda \frac{\partial T}{\partial y}\right) \tag{4-9}$$

式中，ρ 为钢的密度，kg/m^3；T 为节点温度，K；c 为质量定压热容；λ 为钢的导热系数，kJ/(kg·℃)。

4.1.3.3 二维切片跟踪模型

由凝固传热模型的假设条件建立的二维切片跟踪模型的微分方程式为：

$$\rho c_{\mathrm{e}} \frac{\partial T}{\partial t} + G = \frac{\partial}{\partial x}\left(\lambda_{\mathrm{e}} \frac{\partial T}{\partial x}\right) + \frac{\partial}{\partial y}\left(\lambda_{\mathrm{e}} \frac{\partial T}{\partial y}\right) \tag{4-10}$$

A 建立凝固传热差分方程

考虑到板坯建立模型的中心对称性，本书只研究模型 1/4 横截面部分。假设在模型中取一个切片，离散为数量多且大小相同的微元区域，每一个区域的中心为一个离散节点，而且节点包含了整个小区域的热容，如此节点的温度就是整个小区域的平均温度。离散的小区域彼此相互连接，就构成了整个铸坯温度分布。

模型离散化后，差分网格的宽面步长设为 Δx，节点用 i 表示，厚度方向为 Δy，节点用 j 表示，切片向下移动的时间增量为 Δt，如图 4-2 所示。

导热系数的选择：

板坯凝固的导热系数是空间和温度的函数，不同位置和温度的微元体导热系数各不相同，假设中间微元节点的导热系数是沿着某一产热方向的几种材料的串联，如图 4-3 所示。

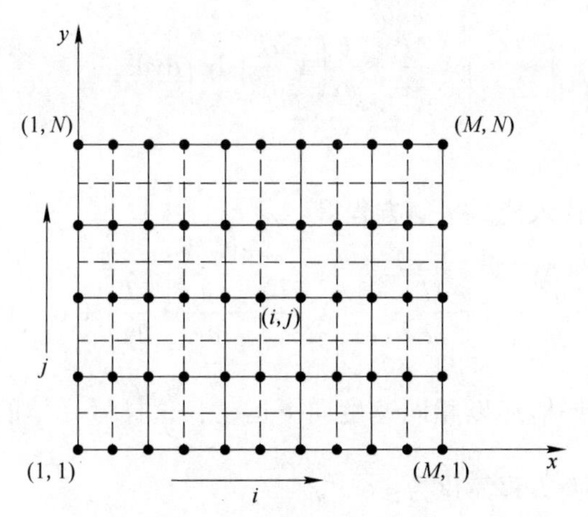

图 4-2 1/4 截面离散网格

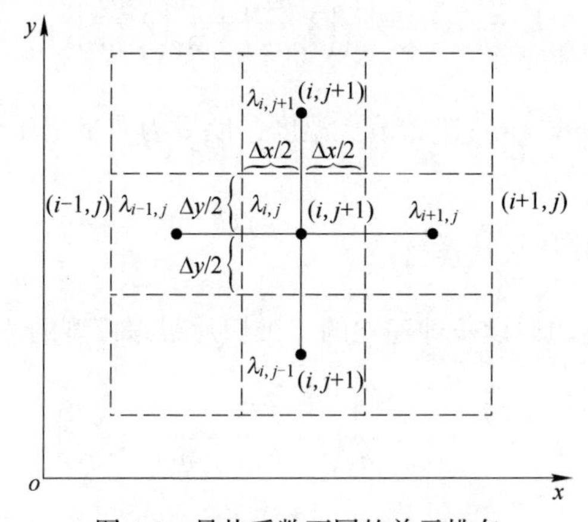

图 4-3 导热系数不同的单元排布

x 方向通过单元的热量密度为：

$$q(i \pm 1,\ j) - q(i,\ j) = \frac{t_{i \pm 1,\ j} - t_{i,\ j}}{\dfrac{\Delta x/2}{\lambda_{i \pm 1,\ j}} + \dfrac{\Delta x/2}{\lambda_{i,\ j}}} \tag{4-11}$$

y 方向通过单元的热量密度为：

$$q(i,\ j \pm 1) - q(i,\ j) = \frac{t_{i,\ j \pm 1} - t_{i,\ j}}{\dfrac{\Delta y/2}{\lambda_{i,\ j \pm 1}} + \dfrac{\Delta y/2}{\lambda_{i,\ j}}} \tag{4-12}$$

B 交替隐式差分方程的建立

二维非稳态导热一般形式差分方程如下：

$$\eta\left(\frac{t_{i-1,j}^{k+1}-t_{i,j}^{k+1}}{\frac{\Delta x/2}{\lambda_{i-1,j}^{k+1}}+\frac{\Delta x/2}{\lambda_{i,j}^{k+1}}}\Delta y+\frac{t_{i+1,j}^{k+1}-t_{i,j}^{k+1}}{\frac{\Delta x/2}{\lambda_{i+1,j}^{k+1}}+\frac{\Delta x/2}{\lambda_{i,j}^{k+1}}}\Delta y+\frac{t_{i,j-1}^{k+1}-t_{i,j}^{k+1}}{\frac{\Delta y/2}{\lambda_{i,j-1}^{k+1}}+\frac{\Delta y/2}{\lambda_{i,j}^{k+1}}}\Delta x+\frac{t_{i,j+1}^{k+1}-t_{i,j}^{k+1}}{\frac{\Delta y/2}{\lambda_{i,j+1}^{k+1}}+\frac{\Delta y/2}{\lambda_{i,j}^{k+1}}}\Delta x\right)+$$

$$(1-\eta)\left(\frac{t_{i-1,j}^{k}-t_{i,j}^{k}}{\frac{\Delta x/2}{\lambda_{i-1,j}^{k}}+\frac{\Delta x/2}{\lambda_{i,j}^{k}}}\Delta y+\frac{t_{i+1,j}^{k}-t_{i,j}^{k}}{\frac{\Delta x/2}{\lambda_{i+1,j}^{k}}+\frac{\Delta x/2}{\lambda_{i,j}^{k}}}\Delta y+\frac{t_{i,j-1}^{k}-t_{i,j}^{k}}{\frac{\Delta y/2}{\lambda_{i,j-1}^{k}}+\frac{\Delta y/2}{\lambda_{i,j}^{k}}}\Delta x+\frac{t_{i,j+1}^{k}-t_{i,j}^{k}}{\frac{\Delta y/2}{\lambda_{i,j+1}^{k}}+\frac{\Delta y/2}{\lambda_{i,j}^{k}}}\Delta x\right)$$

$$=\rho c\,\frac{t_{i,j}^{k+1}-t_{i,j}^{k}}{\Delta\tau}\Delta x\Delta y \tag{4-13}$$

当 $\eta=0$ 时为显式，只有满足一定的空间和时间步长的情况下，差分方程才能保证计算的稳定性；

当 $\eta=1$ 时为隐式，差分方程无条件稳定。

由于求解全隐式差分求解传热问题计算量庞大，需要时间较长，为了缩短计算时间，采用交替方向隐式差分法方法，这样方程的稳定性不说也行时间步长，方程更容易求解，采用显式和隐式组合而成的交替方向隐式差分法。

当 x 方向为显式，y 方向为隐式时，前 1/2 时间步长 $k\to k+1/2$ 的差分方程为：

$$\frac{t_{i-1,j}^{k}-t_{i,j}^{k}}{\frac{\Delta x/2}{\lambda_{i-1,j}^{k}}+\frac{\Delta x/2}{\lambda_{i,j}^{k}}}\Delta y+\frac{t_{i+1,j}^{k}-t_{i,j}^{k}}{\frac{\Delta x/2}{\lambda_{i+1,j}^{k}}+\frac{\Delta x/2}{\lambda_{i,j}^{k}}}\Delta y+\frac{t_{i,j-1}^{k+1/2}-t_{i,j}^{k+1/2}}{\frac{\Delta y/2}{\lambda_{i,j-1}^{k}}+\frac{\Delta y/2}{\lambda_{i,j}^{k}}}\Delta x+\frac{t_{i,j+1}^{k+1/2}-t_{i,j}^{k+1/2}}{\frac{\Delta y/2}{\lambda_{i,j+1}^{k}}+\frac{\Delta y/2}{\lambda_{i,j}^{k}}}\Delta x$$

$$=\rho c\,\frac{t_{i,j}^{k+1/2}-t_{i,j}^{k}}{\frac{\Delta\tau}{2}}\Delta x\Delta y \tag{4-14}$$

当 x 方向为隐式，y 方向为显式时，后 1/2 时间步长 $k+1/2\to k+1$ 的差分方程为：

$$\frac{t_{i-1,j}^{k+1}-t_{i,j}^{k+1}}{\frac{\Delta x/2}{\lambda_{i-1,j}^{k+1/2}}+\frac{\Delta x/2}{\lambda_{i,j}^{k+1/2}}}\Delta y+\frac{t_{i+1,j}^{k+1}-t_{i,j}^{k+1}}{\frac{\Delta x/2}{\lambda_{i+1,j}^{k+1/2}}+\frac{\Delta x/2}{\lambda_{i,j}^{k+1/2}}}\Delta y+\frac{t_{i,j-1}^{k+1/2}-t_{i,j}^{k+1/2}}{\frac{\Delta y/2}{\lambda_{i,j-1}^{k+1/2}}+\frac{\Delta y/2}{\lambda_{i,j}^{k+1/2}}}\Delta x+\frac{t_{i,j+1}^{k+1/2}-t_{i,j}^{k+1/2}}{\frac{\Delta y/2}{\lambda_{i,j+1}^{k+1/2}}+\frac{\Delta y/2}{\lambda_{i,j}^{k+1/2}}}\Delta x$$

$$= \rho c \frac{t_{i,j}^{k+1} - t_{i,j}^{k+1/2}}{\frac{\Delta \tau}{2}} \Delta x \Delta y \tag{4-15}$$

使用交替方向隐式差分法将微分方程离散为 18 个差分方程，分别表示内弧侧角部节点、内弧侧中心节点、内弧节点、厚度方向中心线角部节点、厚度方向中心线中心节点、厚度方向中心线节点、铸坯内部节点、宽度方向中心线节点，以及侧面边界节点。设内弧侧的边界热流密度为 q_1，侧面边界热流密度为 q_2。

$k \to k + 1/2$ 时间内，微分方程离散为 9 个差分方程：

（1）铸坯内部节点（$i = 2 \sim (M-1)$，$j = 2 \sim (N-1)$）：

$$\frac{t_{i-1,j}^{k} - t_{i,j}^{k}}{\frac{\Delta x/2}{\lambda_{i-1,j}^{k}} + \frac{\Delta x/2}{\lambda_{i,j}^{k}}} \Delta y + \frac{t_{i+1,j}^{k} - t_{i,j}^{k}}{\frac{\Delta x/2}{\lambda_{i+1,j}^{k}} + \frac{\Delta x/2}{\lambda_{i,j}^{k}}} \Delta y + \frac{t_{i,j-1}^{k+1/2} - t_{i,j}^{k+1/2}}{\frac{\Delta y/2}{\lambda_{i,j-1}^{k}} + \frac{\Delta y/2}{\lambda_{i,j}^{k}}} \Delta x + \frac{t_{i,j+1}^{k+1/2} - t_{i,j}^{k+1/2}}{\frac{\Delta y/2}{\lambda_{i,j+1}^{k}} + \frac{\Delta y/2}{\lambda_{i,j}^{k}}} \Delta x$$

$$= \rho c \frac{t_{i,j}^{k+1/2} - t_{i,j}^{k}}{\frac{\Delta \tau}{2}} \Delta x \Delta y \tag{4-16}$$

（2）内弧侧中心节点（$i = 1$，$j = N$）：

$$2 \times \frac{t_{i+1,j}^{k} - t_{i,j}^{k}}{\frac{\Delta x/2}{\lambda_{i+1,j}^{k}} + \frac{\Delta x/2}{\lambda_{i,j}^{k}}} \frac{\Delta y}{2} + \frac{t_{i,j-1}^{k+1/2} - t_{i,j}^{k+1/2}}{\frac{\Delta y/2}{\lambda_{i,j-1}^{k}} + \frac{\Delta y/2}{\lambda_{i,j}^{k}}} \frac{\Delta x}{2} + q_1 \frac{\Delta x}{2}$$

$$= \rho c \frac{t_{i,j}^{k+1/2} - t_{i,j}^{k}}{\frac{\Delta \tau}{2}} \frac{\Delta x}{2} \frac{\Delta y}{2} \tag{4-17}$$

（3）内弧侧角部节点（$i = M$，$j = N$）：

$$\frac{t_{i-1,j}^{k} - t_{i,j}^{k}}{\frac{\Delta x/2}{\lambda_{i-1,j}^{k}} + \frac{\Delta x/2}{\lambda_{i,j}^{k}}} \frac{\Delta y}{2} + \frac{t_{i,j-1}^{k+1/2} - t_{i,j}^{k+1/2}}{\frac{\Delta y/2}{\lambda_{i,j-1}^{k}} + \frac{\Delta y/2}{\lambda_{i,j}^{k}}} \frac{\Delta x}{2} + q_1 \frac{\Delta x}{2}$$

$$= \rho c \frac{t_{i,j}^{k+1/2} - t_{i,j}^{k}}{\frac{\Delta \tau}{2}} \frac{\Delta x}{2} \frac{\Delta y}{2} \tag{4-18}$$

（4）内弧侧节点（$i = 2 \sim (M - 1)$，$j = N$）：

$$\frac{t_{i-1,j}^{k} - t_{i,j}^{k}}{\frac{\Delta x/2}{\lambda_{i-1,j}^{k}} + \frac{\Delta x/2}{\lambda_{i,j}^{k}}} \frac{\Delta y}{2} + \frac{t_{i+1,j}^{k} - t_{i,j}^{k}}{\frac{\Delta x/2}{\lambda_{i+1,j}^{k}} + \frac{\Delta x/2}{\lambda_{i,j}^{k}}} \frac{\Delta y}{2} + \frac{t_{i,j-1}^{k+1/2} - t_{i,j}^{k+1/2}}{\frac{\Delta y/2}{\lambda_{i,j-1}^{k}} + \frac{\Delta y/2}{\lambda_{i,j}^{k}}} \Delta x + q_1 \Delta x$$

$$= \rho c \frac{t_{i,j}^{k+1/2} - t_{i,j}^{k}}{\frac{\Delta \tau}{2}} \Delta x \frac{\Delta y}{2} \tag{4-19}$$

（5）厚度方向中心线中心节点（$i = 1$，$j = 1$）：

$$2 \times \frac{t_{i+1,j}^{k} - t_{i,j}^{k}}{\frac{\Delta x/2}{\lambda_{i+1,j}^{k}} + \frac{\Delta x/2}{\lambda_{i,j}^{k}}} \frac{\Delta y}{2} + \frac{t_{i,j+1}^{k+1/2} - t_{i,j}^{k+1/2}}{\frac{\Delta y/2}{\lambda_{i,j+1}^{k}} + \frac{\Delta y/2}{\lambda_{i,j}^{k}}} \frac{\Delta x}{2}$$

$$= \rho c \frac{t_{i,j}^{k+1/2} - t_{i,j}^{k}}{\frac{\Delta \tau}{2}} \frac{\Delta x}{2} \frac{\Delta y}{2} \tag{4-20}$$

（6）厚度方向中心线角部节点（$i = M$，$j = 1$）：

$$\frac{t_{i-1,j}^{k} - t_{i,j}^{k}}{\frac{\Delta x/2}{\lambda_{i-1,j}^{k}} + \frac{\Delta x/2}{\lambda_{i,j}^{k}}} \frac{\Delta y}{2} + \frac{t_{i,j+1}^{k+1/2} - t_{i,j}^{k+1/2}}{\frac{\Delta y/2}{\lambda_{i,j+1}^{k}} + \frac{\Delta y/2}{\lambda_{i,j}^{k}}} \frac{\Delta x}{2} + q_2 \frac{\Delta y}{2}$$

$$= \rho c \frac{t_{i,j}^{k+1/2} - t_{i,j}^{k}}{\frac{\Delta \tau}{2}} \frac{\Delta x}{2} \frac{\Delta y}{2} \tag{4-21}$$

（7）厚度方向中心线节点（$i = 2 \sim (M - 1)$，$j = 1$）：

$$\frac{t_{i-1,j}^{k}-t_{i,j}^{k}}{\dfrac{\dfrac{\Delta x/2}{\lambda_{i-1,j}^{k}}+\dfrac{\Delta x/2}{\lambda_{i,j}^{k}}}}\frac{\Delta y}{2}+\frac{t_{i+1,j}^{k}-t_{i,j}^{k}}{\dfrac{\Delta x/2}{\lambda_{i+1,j}^{k}}+\dfrac{\Delta x/2}{\lambda_{i,j}^{k}}}\frac{\Delta y}{2}+\frac{t_{i,j+1}^{k+1/2}-t_{i,j}^{k+1/2}}{\dfrac{\Delta y/2}{\lambda_{i,j+1}^{k}}+\dfrac{\Delta y/2}{\lambda_{i,j}^{k}}}\Delta x$$

$$=\rho c\frac{t_{i,j}^{k+1/2}-t_{i,j}^{k}}{\dfrac{\Delta\tau}{2}}\Delta x\frac{\Delta y}{2} \tag{4-22}$$

(8) 宽度方向中心线节点（$i=1$，$j=2\sim(N-1)$）：

$$2\times\frac{t_{i+1,j}^{k}-t_{i,j}^{k}}{\dfrac{\Delta x/2}{\lambda_{i+1,j}^{k}}+\dfrac{\Delta x/2}{\lambda_{i,j}^{k}}}\Delta y+\frac{t_{i,j-1}^{k+1/2}-t_{i,j}^{k+1/2}}{\dfrac{\Delta y/2}{\lambda_{i,j-1}^{k}}+\dfrac{\Delta y/2}{\lambda_{i,j}^{k}}}\frac{\Delta x}{2}+\frac{t_{i,j+1}^{k+1/2}-t_{i,j}^{k+1/2}}{\dfrac{\Delta y/2}{\lambda_{i,j+1}^{k}}+\dfrac{\Delta y/2}{\lambda_{i,j}^{k}}}\frac{\Delta x}{2}$$

$$=\rho c\frac{t_{i,j}^{k+1/2}-t_{i,j}^{k}}{\dfrac{\Delta\tau}{2}}\frac{\Delta x}{2}\Delta y \tag{4-23}$$

(9) 右侧面边界节点（$i=M$，$j=2\sim(N-1)$）：

$$\frac{t_{i-1,j}^{k}-t_{i,j}^{k}}{\dfrac{\Delta x/2}{\lambda_{i-1,j}^{k}}+\dfrac{\Delta x/2}{\lambda_{i,j}^{k}}}\Delta y+q_2\Delta y+\frac{t_{i,j-1}^{k+1/2}-t_{i,j}^{k+1/2}}{\dfrac{\Delta y/2}{\lambda_{i,j-1}^{k}}+\dfrac{\Delta y/2}{\lambda_{i,j}^{k}}}\frac{\Delta x}{2}+\frac{t_{i,j+1}^{k+1/2}-t_{i,j}^{k+1/2}}{\dfrac{\Delta y/2}{\lambda_{i,j+1}^{k}}+\dfrac{\Delta y/2}{\lambda_{i,j}^{k}}}\frac{\Delta x}{2}$$

$$=\rho c\frac{t_{i,j}^{k+1/2}-t_{i,j}^{k}}{\dfrac{\Delta\tau}{2}}\frac{\Delta x}{2}\Delta y \tag{4-24}$$

$k+1/2\rightarrow k+1$ 时间内，微分方程离散为 9 个差分方程：

(1) 铸坯内部节点（$i=2\sim(M-1)$，$j=2\sim(N-1)$）：

$$\frac{t_{i,j-1}^{k+1/2}-t_{i,j}^{k+1/2}}{\dfrac{\Delta y/2}{\lambda_{i,j-1}^{k+1/2}}+\dfrac{\Delta y/2}{\lambda_{i,j}^{k+1/2}}}\Delta x+\frac{t_{i,j+1}^{k+1/2}-t_{i,j}^{k+1/2}}{\dfrac{\Delta y/2}{\lambda_{i,j+1}^{k+1/2}}+\dfrac{\Delta y/2}{\lambda_{i,j}^{k+1/2}}}\Delta x+\frac{t_{i-1,j}^{k+1}-t_{i,j}^{k+1}}{\dfrac{\Delta x/2}{\lambda_{i-1,j}^{k+1/2}}+\dfrac{\Delta x/2}{\lambda_{i,j}^{k+1/2}}}\Delta y+\frac{t_{i+1,j}^{k+1}-t_{i,j}^{k+1}}{\dfrac{\Delta x/2}{\lambda_{i+1,j}^{k+1/2}}+\dfrac{\Delta x/2}{\lambda_{i,j}^{k+1/2}}}\Delta y$$

$$=\rho c\frac{t_{i,j}^{k+1}-t_{i,j}^{k+1/2}}{\frac{\Delta\tau}{2}}\Delta x\Delta y \tag{4-25}$$

（2）内弧中心节点（$i=1$，$j=N$）：

$$\frac{t_{i+1,\ j-1}^{k+1/2}-t_{i,j}^{k+1/2}}{\frac{\Delta y/2}{\lambda_{i,j-1}^{k+1/2}}+\frac{\Delta y/2}{\lambda_{i,j}^{k+1/2}}}\frac{\Delta x}{2}+q_1\frac{\Delta x}{2}+2\times\frac{t_{i+1,j}^{k+1}-t_{i,j}^{k+1}}{\frac{\Delta x/2}{\lambda_{i+1,j}^{k+1/2}}+\frac{\Delta x/2}{\lambda_{i,j}^{k+1/2}}}\frac{\Delta y}{2}$$

$$=\rho c\frac{t_{i,j}^{k+1}-t_{i,j}^{k+1/2}}{\frac{\Delta\tau}{2}}\frac{\Delta x}{2}\frac{\Delta y}{2} \tag{4-26}$$

（3）内弧侧角部节点（$i=M$，$j=N$）：

$$\frac{t_{i,j-1}^{k+1/2}-t_{i,j}^{k+1/2}}{\frac{\Delta y/2}{\lambda_{i,j-1}^{k+1/2}}+\frac{\Delta y/2}{\lambda_{i,j}^{k+1/2}}}\frac{\Delta x}{2}+q_1\frac{\Delta x}{2}+\frac{t_{i-1,j}^{k+1}-t_{i,j}^{k+1}}{\frac{\Delta x/2}{\lambda_{i-1,j}^{k+1/2}}+\frac{\Delta x/2}{\lambda_{i,j}^{k+1/2}}}\frac{\Delta y}{2}+q_2\frac{\Delta y}{2}$$

$$=\rho c\frac{t_{i,j}^{k+1}-t_{i,j}^{k+1/2}}{\frac{\Delta\tau}{2}}\frac{\Delta x}{2}\frac{\Delta y}{2} \tag{4-27}$$

（4）内弧侧节点（$i=2\sim(M-1)$，$j=N$）：

$$\frac{t_{i,j-1}^{k+1/2}-t_{i,j}^{k+1/2}}{\frac{\Delta y/2}{\lambda_{i,j-1}^{k+1/2}}+\frac{\Delta y/2}{\lambda_{i,j}^{k+1/2}}}\Delta x+q_1\Delta x+\frac{t_{i-1,j}^{k+1}-t_{i,j}^{k+1}}{\frac{\Delta x/2}{\lambda_{i-1,j}^{k+1/2}}+\frac{\Delta x/2}{\lambda_{i,j}^{k+1/2}}}\frac{\Delta y}{2}+\frac{t_{i+1,j}^{k+1}-t_{i,j}^{k+1}}{\frac{\Delta x/2}{\lambda_{i+1,j}^{k+1/2}}+\frac{\Delta x/2}{\lambda_{i,j}^{k+1/2}}}\frac{\Delta y}{2}$$

$$=\rho c\frac{t_{i,j}^{k+1}-t_{i,j}^{k+1/2}}{\frac{\Delta\tau}{2}}\Delta x\frac{\Delta y}{2} \tag{4-28}$$

（5）厚度方向中心线中心节点（$i=1$，$j=1$）：

$$\frac{t_{i+1,\ j+1}^{k+1/2} - t_{i,j}^{k+1/2}}{\dfrac{\Delta y/2}{\lambda_{i,j+1}^{k+1/2}} + \dfrac{\Delta y/2}{\lambda_{i,j}^{k+1/2}}} \frac{\Delta x}{2} + 2 \times \frac{t_{i+1,j}^{k+1} - t_{i,j}^{k+1}}{\dfrac{\Delta x/2}{\lambda_{i+1,j}^{k+1/2}} + \dfrac{\Delta x/2}{\lambda_{i,j}^{k+1/2}}} \frac{\Delta y}{2}$$

$$= \rho c \frac{t_{i,j}^{k+1} - t_{i,j}^{k+1/2}}{\dfrac{\Delta \tau}{2}} \frac{\Delta x}{2} \frac{\Delta y}{2} \tag{4-29}$$

（6）厚度方向中心线角部节点（$i = M$，$j = 1$）：

$$\frac{t_{i,j+1}^{k+1/2} - t_{i,j}^{k+1/2}}{\dfrac{\Delta y/2}{\lambda_{i,j+1}^{k+1/2}} + \dfrac{\Delta y/2}{\lambda_{i,j}^{k+1/2}}} \frac{\Delta x}{2} + \frac{t_{i-1,j}^{k+1} - t_{i,j}^{k+1}}{\dfrac{\Delta x/2}{\lambda_{i-1,j}^{k+1/2}} + \dfrac{\Delta x/2}{\lambda_{i,j}^{k+1/2}}} \frac{\Delta y}{2} + q_2 \frac{\Delta y}{2}$$

$$= \rho c \frac{t_{i,j}^{k+1} - t_{i,j}^{k+1/2}}{\dfrac{\Delta \tau}{2}} \frac{\Delta x}{2} \frac{\Delta y}{2} \tag{4-30}$$

（7）厚度方向中心线节点（$i = 2 \sim (M - 1)$，$j = 1$）：

$$\frac{t_{i,j+1}^{k+1/2} - t_{i,j}^{k+1/2}}{\dfrac{\Delta y/2}{\lambda_{i,j+1}^{k+1/2}} + \dfrac{\Delta y/2}{\lambda_{i,j}^{k+1/2}}} \Delta x + \frac{t_{i-1,j}^{k+1} - t_{i,j}^{k+1}}{\dfrac{\Delta x/2}{\lambda_{i-1,j}^{k+1/2}} + \dfrac{\Delta x/2}{\lambda_{i,j}^{k+1/2}}} \frac{\Delta y}{2} + \frac{t_{i+1,j}^{k+1} - t_{i,j}^{k+1}}{\dfrac{\Delta x/2}{\lambda_{i+1,j}^{k+1/2}} + \dfrac{\Delta x/2}{\lambda_{i,j}^{k+1/2}}} \frac{\Delta y}{2}$$

$$= \rho c \frac{t_{i,j}^{k+1} - t_{i,j}^{k+1/2}}{\dfrac{\Delta \tau}{2}} \Delta x \frac{\Delta y}{2} \tag{4-31}$$

（8）宽度方向中心线节点（$i = 1$，$j = 2 \sim (N - 1)$）：

$$\frac{t_{i,j-1}^{k+1/2} - t_{i,j}^{k+1/2}}{\dfrac{\Delta y/2}{\lambda_{i,j-1}^{k+1/2}} + \dfrac{\Delta y/2}{\lambda_{i,j}^{k+1/2}}} \frac{\Delta x}{2} + \frac{t_{i,j+1}^{k+1/2} - t_{i,j}^{k+1/2}}{\dfrac{\Delta y/2}{\lambda_{i,j+1}^{k+1/2}} + \dfrac{\Delta y/2}{\lambda_{i,j}^{k+1/2}}} \frac{\Delta x}{2} + 2 \times \frac{t_{i+1,j}^{k+1} - t_{i,j}^{k+1}}{\dfrac{\Delta x/2}{\lambda_{i+1,j}^{k+1/2}} + \dfrac{\Delta x/2}{\lambda_{i,j}^{k+1/2}}} \Delta y$$

$$=\rho c\frac{t_{i,j}^{k+1}-t_{i,j}^{k+1/2}}{\frac{\Delta\tau}{2}}\frac{\Delta x}{2}\Delta y \tag{4-32}$$

(9) 右侧面边界节点（$i=M$，$j=2\sim(N-1)$）：

$$\frac{t_{i,j-1}^{k+1/2}-t_{i,j}^{k+1/2}}{\frac{\Delta y/2}{\lambda_{i,j-1}^{k+1/2}}+\frac{\Delta y/2}{\lambda_{i,j}^{k+1/2}}}\frac{\Delta x}{2}+\frac{t_{i,j+1}^{k+1/2}-t_{i,j}^{k+1/2}}{\frac{\Delta y/2}{\lambda_{i,j+1}^{k+1/2}}+\frac{\Delta y/2}{\lambda_{i,j}^{k+1/2}}}\frac{\Delta x}{2}+\frac{t_{i-1,j}^{k+1}-t_{i,j}^{k+1}}{\frac{\Delta x/2}{\lambda_{i-1,j}^{k+1/2}}+\frac{\Delta x/2}{\lambda_{i,j}^{k+1/2}}}\Delta y+q_2\Delta y$$

$$=\rho c\frac{t_{i,j}^{k+1}-t_{i,j}^{k+1/2}}{\frac{\Delta\tau}{2}}\frac{\Delta x}{2}\Delta y \tag{4-33}$$

C　交替隐式差分方程的数值求解

交替隐式差分方程的数值求解采用追赶法，先求出来 $\tau_{k+1/2}$ 的温度，然后由 $\tau_{k+1/2}$ 作为初始条件计算 τ_{k+1} 时刻的温度，从而实现了模拟整个铸坯温度场，同时可以通过锁定切片位置变化时间步长和锁定时间步长变化切片位置的方法来跟踪切片模型。

为了更简洁地表述差分方程，令：

$$A=2W\frac{\lambda_{i-1,j}^{k}\lambda_{i,j}^{k}}{\lambda_{i-1,j}^{k}+\lambda_{i,j}^{k}},\ B=2W\frac{\lambda_{i+1,j}^{k}\lambda_{i,j}^{k}}{\lambda_{i+1,j}^{k}+\lambda_{i,j}^{k}},\ E=\frac{2\Delta x\Delta y\rho c}{\Delta\tau},$$

$$Q=2R\frac{\lambda_{i,j+1}^{k}\lambda_{i,j}^{k}}{\lambda_{i,j+1}^{k}+\lambda_{i,j}^{k}},\ P=2R\frac{\lambda_{i,\ j-1}^{k+1/2}\lambda_{i,j}^{k+1/2}}{\lambda_{i,j-1}^{k+1/2}+\lambda_{i,j}^{k+1/2}},\ H=2R\frac{\lambda_{i,j+1}^{k+1/2}\lambda_{i,j}^{k+1/2}}{\lambda_{i,j+1}^{k+1/2}+\lambda_{i,j}^{k+1/2}},$$

$$F=2W\frac{\lambda_{i-1,j}^{k+1/2}\lambda_{i,j}^{k+1/2}}{\lambda_{i-1,j}^{k+1/2}+\lambda_{i,j}^{k+1/2}},\ W=\frac{\Delta y}{\Delta x},\ R=\frac{\Delta x}{\Delta y}$$

在 $k\rightarrow k+1/2$ 时间内，j 方向使用追赶法求解得：

(1) 内部节点（$i=2\sim(M-1)$，$j=2\sim(N-1)$）：

$$(-P)t_{i,j-1}^{k+1/2}+(E+P+Q)t_{i,j}^{k+1/2}+(-Q)t_{i,j+1}^{k+1/2}$$
$$=At_{i-1,j}^{k}+(E-A-B)t_{i,j}^{k}+Bt_{i+1,j}^{k} \tag{4-34}$$

（2）内弧中心节点（$i=1$，$j=N$）：

$$\begin{aligned}&(2P+E)t_{i,j}^{k+1/2}+(-2P)t_{i,j+1}^{k+1/2}\\&=(E-4B)t_{i,j}^{k}+4Bt_{i+1,j}^{k}+2q_1\Delta x\end{aligned} \tag{4-35}$$

（3）厚度方向中心线中心节点（$i=1$，$j=1$）：

$$\begin{aligned}&(2Q+E)t_{i,j}^{k+1/2}+(-2Q)t_{i,j+1}^{k+1/2}\\&=(E-4B)t_{i,j}^{k}+4Bt_{i+1,j}^{k}\end{aligned} \tag{4-36}$$

（4）内弧侧角部节点（$i=M$，$j=N$）：

$$\begin{aligned}&(-2P)t_{i,j+1}^{k+1/2}+(2P+E)t_{i,j}^{k+1/2}\\&=(E-2A)t_{i,j}^{k}+2At_{i-1,j}^{k}+2q_2\Delta y\end{aligned} \tag{4-37}$$

（5）厚度方向中心线角部节点（$i=M$，$j=1$）：

$$\begin{aligned}&(2Q+E)t_{i,j}^{k+1/2}+(-2Q)t_{i,j+1}^{k+1/2}\\&=(E-2A)t_{i,j}^{k}+2At_{i-1,j}^{k}+2q_2\Delta y\end{aligned} \tag{4-38}$$

（6）内弧侧节点（$i=2\sim(M-1)$，$j=N$）：

$$(-2P)t_{i,j-1}^{k+1/2}+(E+2P)t_{i,j}^{k+1/2}$$
$$=At_{i-1,j}^{k}+(E-A-B)t_{i,j}^{k}+Bt_{i+1,j}^{k}+2q_1\Delta x \tag{4-39}$$

（7）厚度方向中心线节点（$i = \sim (M-1)$，$j = 1$）：

$$(E + 2Q)t_{i,j}^{k+1/2} + (-2Q)t_{i,\ j-1}^{k+1/2}$$

$$= At_{i-1,j}^{k} + (E - A - B)t_{i,j}^{k} + Bt_{i+1,j}^{k} \tag{4-40}$$

（8）中心线节点（$i = 1$，$j = 2 \sim (N-1)$）：

$$(-P)t_{i,\ j-1}^{k+1/2} + (E + P + Q)t_{i,j}^{k+1/2} + (-Q)t_{i,j+1}^{k+1/2}$$

$$= (E - 4B)t_{i,j}^{k} + 4Bt_{i+1,j}^{k} \tag{4-41}$$

（9）右侧面边界节点（$i = M$，$j = 2 \sim (N-1)$）：

$$(-P)t_{i,\ j-1}^{k+1/2} + (E + P + Q)t_{i,j}^{k+1/2} + (-Q)t_{i,j+1}^{k+1/2}$$

$$= 2At_{i-1,j}^{k} + (E - 2A)t_{i,j}^{k} + 2q_2\Delta y \tag{4-42}$$

在 $k + 1/2 \rightarrow k + 1$ 时间内，i 方向使用追赶法求解得：

（1）内部节点（$i = 2 \sim (M-1)$，$j = 2 \sim (N-1)$）：

$$(-F)t_{i-1,j}^{k+1} + (E + F + G)t_{i,j}^{k+1} + (-G)t_{i+1,j}^{k+1}$$

$$= Kt_{i,\ j-1}^{k+1/2} + (E - P - H)t_{i,j}^{k+1/2} + Ht_{i,j+1}^{k+1/2} \tag{4-43}$$

（2）内弧中心节点（$i = 1$，$j = N$）：

$$\begin{aligned}&(E + 4G)t_{i,j}^{k+1} + (-4G)t_{i+1,j}^{k+1}\\&= 2Kt_{i,\ j-1}^{k+1/2} + (E - 2P)t_{i,j}^{k+1/2} + 2q_1\Delta x\end{aligned} \tag{4-44}$$

（3）厚度方向中心线中心节点（$i = 1$，$j = 1$）：

$$(E + 4G)t_{i,j}^{k+1} + (-4G)t_{i+1,j}^{k+1} = (E - 2H)t_{i,j}^{k+1/2} + 2Ht_{i,j+1}^{k+1/2} \tag{4-45}$$

(4) 内弧侧角部节点 ($i = M$, $j = N$):

$$
\begin{aligned}
&(-2F)t_{i-1,j}^{k+1} + (E+2F)t_{i,j}^{k+1} \\
&= 2Kt_{i,\ j-1}^{k+1/2} + (E-2P)t_{i,j}^{k+1/2} + 2q_1\Delta x + 2q_2\Delta y
\end{aligned}
\tag{4-46}
$$

(5) 厚度方向中心线角部节点 ($i = M$, $j = 1$):

$$
\begin{aligned}
&(-2F)t_{i-1,j}^{k+1} + (E+2F)t_{i,j}^{k+1} \\
&= (E-2P)t_{i,j}^{k+1/2} + 2Ht_{i,j+1}^{k+1/2} + 2q_2\Delta y
\end{aligned}
\tag{4-47}
$$

(6) 内弧侧节点 ($i = 2 \sim (M-1)$, $j = N$):

$$
\begin{aligned}
&(-F)t_{i-1,j}^{k+1} + (E+F+G)t_{i,j}^{k+1} + (-G)t_{i+1,j}^{k+1} \\
&= 2Pt_{i,\ j-1}^{k+1/2} + (E-2P)t_{i,j}^{k+1/2} + 2q_1\Delta x
\end{aligned}
\tag{4-48}
$$

(7) 厚度方向中心线节点 ($i = 2 \sim (M-1)$, $j = 1$):

$$
\begin{aligned}
&(-F)t_{i-1,j}^{k+1} + (E+F+G)t_{i,j}^{k+1} + (-G)t_{i+1,j}^{k+1} \\
&= (E-2H)t_{i,j}^{k+1/2} + 2Ht_{i,j+1}^{k+1/2}
\end{aligned}
\tag{4-49}
$$

(8) 中心线节点 ($i = 1$, $j = 2 \sim (N-1)$):

$$
\begin{aligned}
&(E+4G)t_{i,j}^{k+1} + (-4G)t_{i+1,j}^{k+1} \\
&= Kt_{i,\ j-1}^{k+1/2} + (E-P-H)t_{i,j}^{k+1/2} + Ht_{i,j+1}^{k+1/2}
\end{aligned}
\tag{4-50}
$$

(9) 右侧面边界节点 ($i = M$, $j = 2 \sim (N-1)$):

$$
\begin{aligned}
&(-2F)t_{i-1,j}^{k+1} + (E+2F)t_{i,j}^{k+1} \\
&= Kt_{i,\ j-1}^{k+1/2} + (E-P-H)t_{i,j}^{k+1/2} + Ht_{i,j+1}^{k+1/2} + 2q_4\Delta y
\end{aligned}
\tag{4-51}
$$

4.1.3.4 初始条件和边界条件

初始条件用于说明传热过程开始时物体内部的温度场分布特征。边界条件是指系统与系统外的边界情况，边界条件的存在导致系统传热过程的发生，如物体的表面温度、对流换热以及热流情况等：

$$\rho c_{\mathrm{e}} \frac{\partial T}{\partial t} + G = \frac{\partial}{\partial x}\left(\lambda_{\mathrm{e}} \frac{\partial T}{\partial x}\right) + \frac{\partial}{\partial y}\left(\lambda_{\mathrm{e}} \frac{\partial T}{\partial y}\right) \tag{4-52}$$

求解二维非稳态传热偏微分方程需要给出初始条件和边界条件，其初始条件为：$t = 0$ 时，结晶器的钢液温度和中间包温度相同：

$$T(x \geqslant 0,\ y \geqslant 0,\ t = 0) = T_{\text{浇铸温度}} \tag{4-53}$$

导热问题常见的边界条件可归纳为以下三类：

（1）规定了边界上的温度值，称为第一类边界条件。这类边界条件最简单的例子就是规定边界温度保持常数。对于非稳态导热这类边界条件要求给出以下关系式：

$$t > 0 \text{ 时，} T_{\mathrm{b}} = f_1(t) \tag{4-54}$$

（2）规定了边界上的热流密度值，称为第二类边界条件。这类边界条件最简单的例子就是规定边界上的热流密度值保持定值，即 q = 常数。对于非稳态导热，这类边界条件要求给出以下关系式：

$$t > 0 \text{ 时，} -\lambda \left(\frac{\partial T}{\partial n}\right)_{\mathrm{b}} = f(t) \tag{4-55}$$

（3）规定了边界上物体与周围流体间的换热系数 h 及周围流体的温度 T_{f}，称为第三类边界条件，以物体被冷却的场合为例，第三类边界条件可表示为：

$$t > 0 \text{ 时，} \lambda \left(\frac{\partial T}{\partial n}\right)_{\mathrm{b}} = h(T_{\mathrm{b}} - T_{\mathrm{f}}) \tag{4-56}$$

因此，铸坯凝固传热微分方程 $\rho c \frac{\partial T}{\partial t} = \frac{\partial}{\partial x}\left(\lambda \frac{\partial T}{\partial x}\right) + \frac{\partial}{\partial y}\left(\lambda \frac{\partial T}{\partial y}\right)$ 的边界条件为：

（1）铸坯中心。铸坯中心线两边为对称传热，中心点的边界条件可以视为绝热边界，所以：

$$-\lambda \frac{\partial T}{\partial x} = 0 \tag{4-57}$$

（2）固液界面：

$$T(x_s, t) = T_s \tag{4-58}$$

$$\lambda \frac{\partial T}{\partial x}\bigg|_{x=x_s} = \rho L_f^* \frac{dx_s}{dt} \tag{4-59}$$

式中，ρ 为钢的密度，kg/m^3；L_f^* 为转换凝固潜热，kJ/kg；T_s 为固相线温度，K；L_f 为钢水凝固潜热，kJ/kg；λ 为钢的导热系数，kJ/(kg · ℃)。

（3）铸坯表面。铸坯表面是铸坯内部热量向外传递的必经途径，但因为铸坯在结晶器、二冷区以及空冷区的传热特点存在差异，因此它们的边界条件需要分别考虑：

1）结晶器。结晶器选用第二类边界条件：

$$-\lambda \frac{\partial T}{\partial x} = q_{xy} = A - B\sqrt{t} \tag{4-60}$$

式中，q_{xy} 为结晶器瞬时平均热流密度，$J/(m^2 \cdot s)$。

2）二冷区。二冷区选用第三类边界条件，将各段冷却水传热等效为综合传热系数 h：

$$-k \frac{\partial T}{\partial x} = h_1(T_b - T_w) + \varepsilon\sigma[(T_b + 273)^4 - (T_a + 273)^4] \tag{4-61}$$

式中，h_1 为连铸坯内弧侧与冷却水的综合传热系数，$J/(m^2 \cdot s \cdot ℃)$；T_b 为铸坯表面温度，℃；T_w 为冷却水温度，℃。

3）空冷辐射区：

$$-k \frac{\partial T}{\partial x} = -k \frac{\partial T}{\partial y} = \varepsilon\sigma[(T_b + 273)^4 - (T_a + 273)^4] \tag{4-62}$$

式中，σ 为玻耳兹曼常数，5.67×10^{-8} J/(m^2 · K^4 · s)；ε 为铸坯外表面的黑度系数，取 0.8；T_b 为铸坯表面温度，℃；T_a 为环境温度，℃。

以上所推导的偏微分方程加上初始条件和边界条件，就构成了连铸方坯二维非稳态传热数学模型的基本方程组。

4.1.3.5 物性参数选择及处理

A 液、固相线温度

钢的液、固相线取决于化学成分。根据钢中含 C、Si、Mn、P、S、Cu、Ni、Cr、Al 含量，并依据经验公式计算：

$$T_l = 1536 - (90\%C + 6.2\%Si + 1.7\%Mn + 28\%P + 40\%S + 2.6\%Cu + 2.9\%Ni + 1.8\%Cr + 5.1\%Al) \tag{4-63}$$

$$T_s = 1536 - (415.3\%C + 12.3\%Si + 6.8\%Mn + 124.8\%P + 183.9\%S + 4.3\%Ni + 1.4\%Cr + 4.1\%Al) \tag{4-64}$$

B 热物性参数

a 质量热容 c_p凝固潜热 L_f

质量热容随着温度的升高而增大，但在高温下质量热容变化不大，因此将质量热容作为常数处理。液态钢液中质量热容为 756J/(kg · ℃)，固相区的质量热容为 664J/(kg · ℃)。

凝固潜热是指从液相线温度冷却到固相线温度所放出的热量。对于凝固潜热 L_f，采用等价比热法，将其凝固潜热计算在两相区的质量热容中，即两相区质量热容为：

$$c_{sl} = \frac{c_s + c_l}{2} + \frac{L_f}{T_L - T_s} \tag{4-65}$$

式中，c_s、c_l 为钢的固态、液态质量热容，J/(kg · ℃)；L_f 为凝固潜热，J/kg。

b 导热系数

导热系数与钢种和温度有关，对固相区的导热系数一般视为常数，或为温度的线性关系：

$$\lambda(T) = a + bT,\ T \leqslant T_s \tag{4-66}$$

式中，a、b 为常数。

液相区由于注流动能或电磁搅拌引起钢水的强制对流，会加速液相中的热量传递，一般用相当于静止钢液导热系数的综合倍来综合考虑对流传热的作用，即用放大导热系数的方法综合考虑液相对对流传热的影响。对于方坯而言，一般取液相区的等效导热系数为固相区的 1~4 倍。液相区的等效导热系数为：

$$\lambda(T) = m(a + bT),\ T \geqslant T_l \tag{4-67}$$

式中，m 为常数，一般为 1~4。

根据查阅的文献，两相区的导热系数与树枝晶的多少密切相关，若简单地使其与温度呈线性关系，则导热系数将比实际值偏高。这是因为在树枝晶的根部，钢液的流动非常小，而在有少量固相生成的区域，少量的固相阻止钢液流动的效果非常明显。因此本研究中采用下面的公式计算两相区的导热系数：

$$\lambda_{eff} = \lambda(T)\left[1 + (m - 1)\left(\frac{T - T_s}{T_l - T_s}\right)^2\right] \tag{4-68}$$

式中，λ_{eff}、$\lambda(T)$ 为两相区有效导热系数，固相区导热系数；m 为常数。

c　密度

钢在不同的相状态下具有不同的密度，但是在同一状态下，钢的密度随着温度变化不大。因此，在同一相状态下，钢的密度可取为常数：固相区密度，取 $7400kg/m^3$；液相区密度，取 $7000kg/m^3$；固液两相区密度，取 $7200kg/m^3$。

d　二冷区传热系数

二冷区综合传热系数是描述二冷区传热效果，进行连铸计算的重要参数，它与喷嘴类型、喷嘴布置、水流密度、水温及铸坯表面状态有关，由于传热系数的重要性，国内外学者进行了大量的测定和研究，得到了不同条件下的经验公式。从理论上讲，应测定二冷区使用不同类型喷雾水滴与高温铸坯的传热系数作为数学模型计算的边界条件，实际上进行这种测定耗资巨大，且是十分困难的，再就是影响因素复杂，不同学者测定结果也往往差异很大。而二冷区不同冷却段的传热系数 h 值又是传热计算所必需的，为此采用的方法是：

（1）借鉴相关文献，选择经验公式；

（2）结合现场生产数据；

（3）计算机程序处理得到换热系数公式。

程序处理框图如图 4-4 所示。

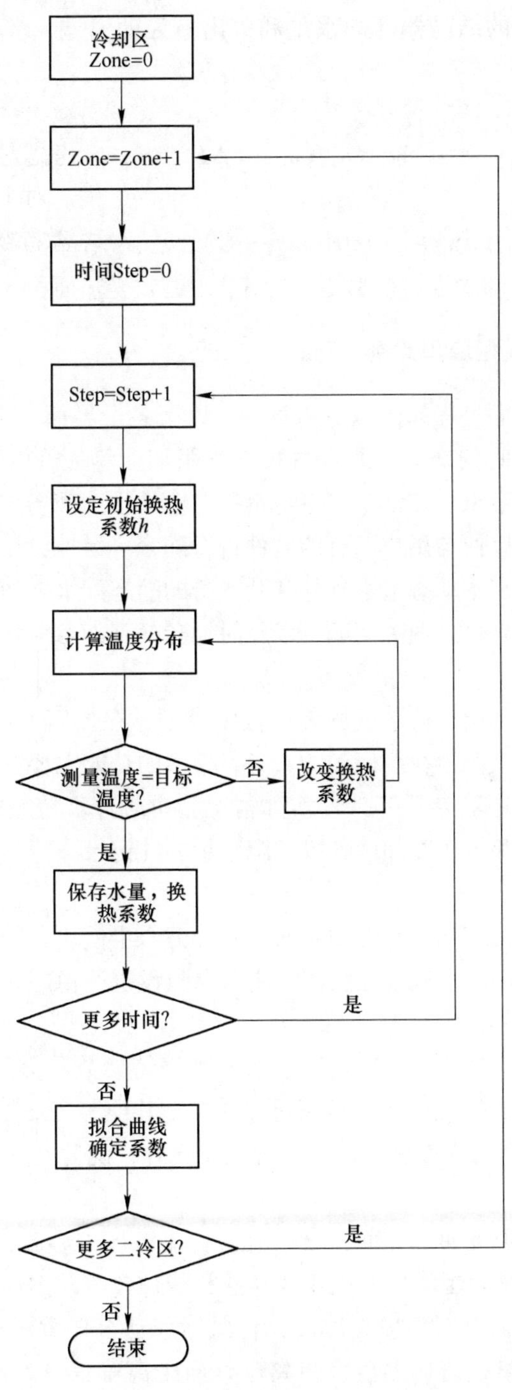

图 4-4 获得换热系数的程序框图

e　结晶器的热流密度

利用现场测定的结晶器冷却水量和进出口处的温差，求出结晶器平均热流密度：

$$\bar{q} = c_w \cdot q_w \cdot (\Delta T)_w / S_{eff} \tag{4-69}$$

式中，c_w 为水的质量热容，4180J/(kg · ℃)；q_w 为结晶器冷却水量，m^3/min；$(\Delta T)_w$ 为结晶器冷却水进出口温差，℃；S_{eff} 为有效受热面积，m^2。

4.1.4　动态配水模型应用实例

为了使连铸凝固过程的模拟更为直观，以及各个界面之间可以方便地切换，方便用户与程序之间的交互，北京科技大学张炯明等人开发了三维二冷配水软件，并成功应用于宝钢、鞍钢、安钢等钢铁企业的生产现场。该软件具有交互式软件的开发特点，以便与用户已有的软件进行配合。另外，在用户计算机上添加了切换按钮，用于在本动态配水软件和其本身的静态配水之间进行切换，使生产过程更加安全。如果一旦遇到问题可以及时地转换到静态配水，从而保证生产的正常进行。

在线配水程序利用连铸坯凝固传热数学模型，在控制方法上采用坯龄模型，并将编制的离线模型作为在线模型的参考。模型的功能主要有：根据钢种、工艺参数、设备参数及环境参数等现场实际情况，实时计算铸坯的表面以及中心温度、凝固坯壳厚度和二次冷却区各段的配水量，并记录浇铸参数和二冷段实时水量等。

配水软件界面：该配水软件的界面主要分为八个模块：监控主画面、凝固温度曲线、铸坯温度场、水流量柱状图、浇铸参数设定、稳态计算、演示面板、切换铸流。

通过图 4-5 所示的界面可以在线查看各种浇铸参数和信息，如钢种、断面、各区水量等。通过“铸流切换”按钮可以切换至其他铸流查看水量。

通过图 4-6 所示的界面可以实现设置浇铸钢种、浇铸宽度、矫正结晶器进出口水温差等功能。

通过观察凝固温度曲线界面，可以获得各流铸坯中心温度、铸坯角部温度，表面中心温度、表面目标温度、固相线和液相线位置等。图 4-7 中上部为不同铸坯位置的温度曲线，下部为坯壳厚度，将鼠标移动至任意一点即可显示出固相率、该位置坯壳厚度、铸坯温度、距离弯月面距离等信息。通过点击“铸流切换”按钮，可以方便切换至其他铸流。

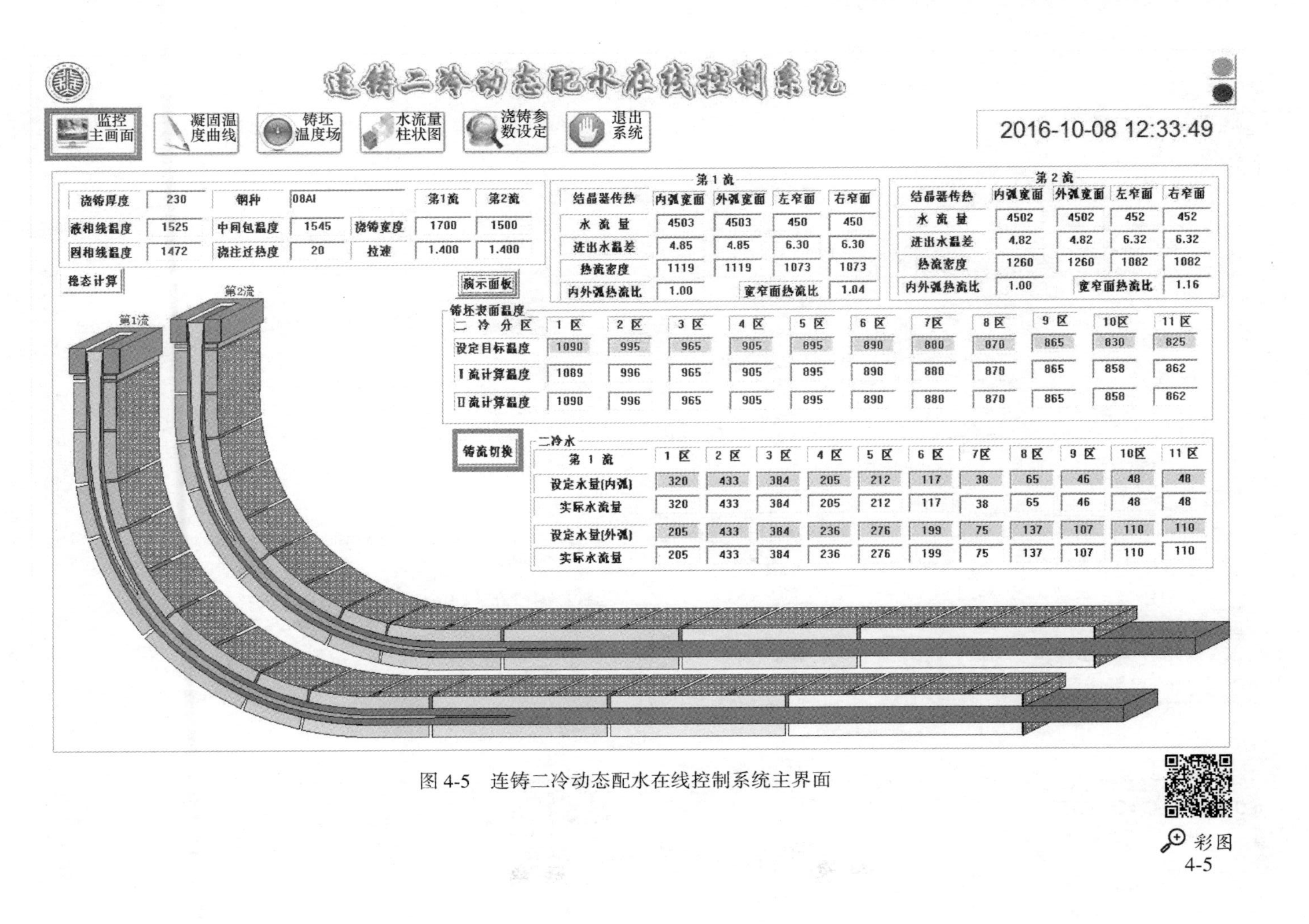

图 4-5 连铸二冷动态配水在线控制系统主界面

彩图 4-5

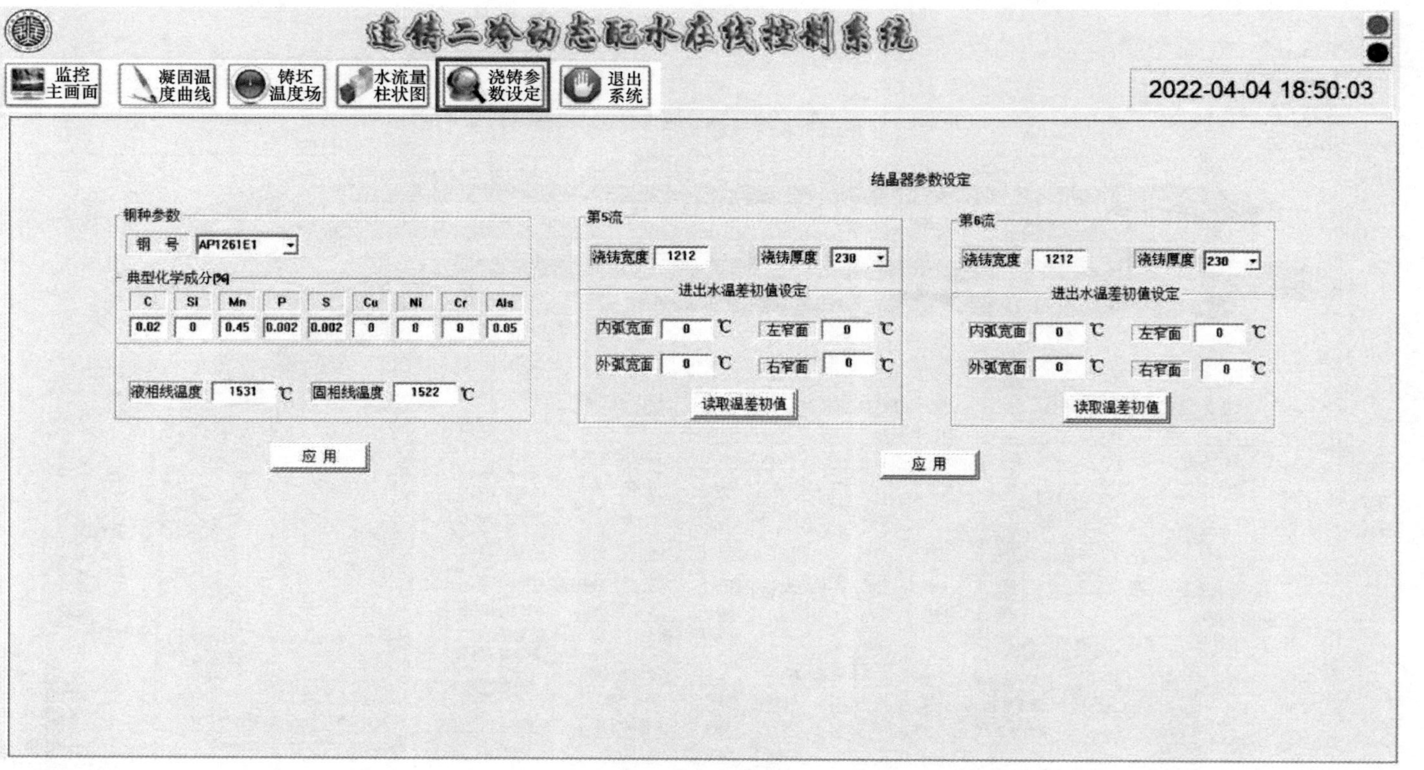

图 4-6 浇铸参数设定界面

彩图 4-6

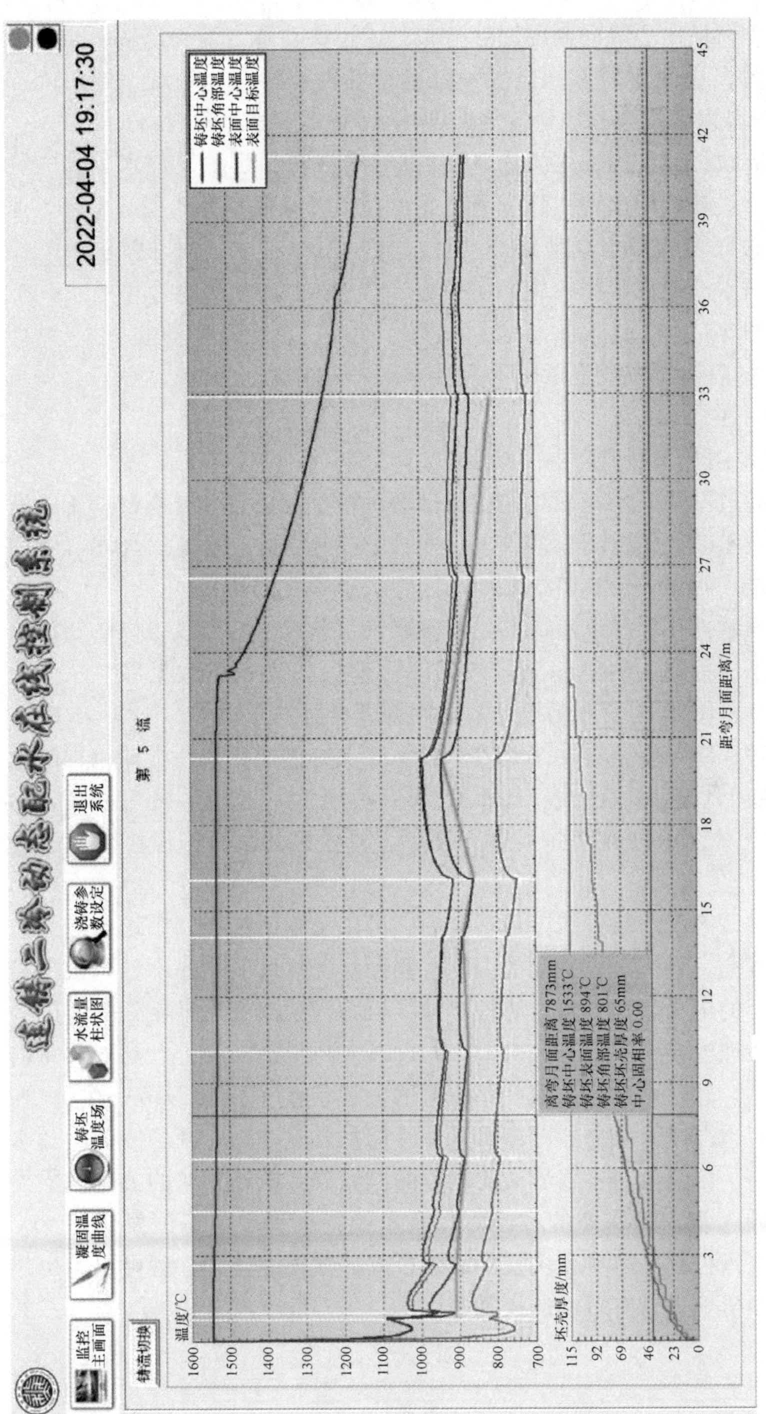

彩图 4-7

图 4-7 连铸坯各位置实时温度数据

通过观察铸坯温度场云图（图 4-8），可以直观看出铸坯表面温度分布、横向断面温度分布、铸坯中心纵向断面温度分布。通过移动下方箭头滑块，可以定位至铸坯不同位置，进而查看不同位置铸坯横向断面温度分布情况。通过点击“铸流切换”按钮可以切换至其他铸流的温度场云图。

通过观察水流量柱状图（图 4-9），可以直观地查看各区的设定水量和实际水量，如果流量计或者阀门出现故障，通过此柱状图可以很容易地观察出来。通过“铸流切换”按钮可切换至其他铸流水流量柱状图。通过“内外弧切换”按钮可以实现内外弧水流量柱状图的相互切换。

软件具有在线调宽功能，在离线软件中，进入“浇铸参数设定”界面（图 4-10），在“结晶器参数设定区域”直接输入浇铸宽度，点击“应用”，即可实现浇铸宽度的改变。

图 4-11 为在线调宽功能实时温度场云图。

该软件系统通过网络介质与现场连铸机自动化设备连接后，可以自动采集并记录连铸机的浇铸参数，如时间、钢种、拉速、中间包温度、坯宽、坯厚、结晶器各冷却回路流量和水温差、连铸机各冷却回路水量等（图 4-12）。

二冷动态配水软件在界面上不提供关键参数及工艺数据的修改，以防错误操作导致的不良后果，因此，另外编制了数据库管理程序 Access 数据库，从而提高了系统的安全性，图 4-13 所示为冶金数据库管理界面。

该数据库管理程序可以查看并修改冶金数据库中的数据，包括不同钢种的化学成分、物性参数、目标温度曲线、比水量及坯壳厚度等。此外，还可以在目标温度曲线对话框中对设定的温度曲线进行调整，对各区的最大、最小水量进行设定。

开发出的三维动态配水软件线上运行以后，可以实施所集成的关键技术。软件的可视化程度较高，各横、纵截面的温度、凝固状况均可清楚显示，可根据需要保存半年到一年的记录数据并自动清理，计算机始终存储有近半年到一年的数据。软件可以便捷地安装在 2 级工控机上，通过以太网与 PLC 相连，通过简单的配置即可连接 PLC。软件可在线读取一些瞬时的关键参数（2~3s 读取一次），如拉速、断面、中间包温度、结晶器冷却水量、冷却水温差、二冷区各区的冷却水量、各扇形段入口、出口值、各扇形段驱动辊的电流等；通过读取的关键参数模拟计算连铸坯凝固过程，将所需的各区冷却水量及各扇形段开口度发送给 PLC 计算机，对铸机进行控制，一些现场实际数据可以在软件中显示，还可以给出建议拉速，对扇形段压下进行有目的的控制。

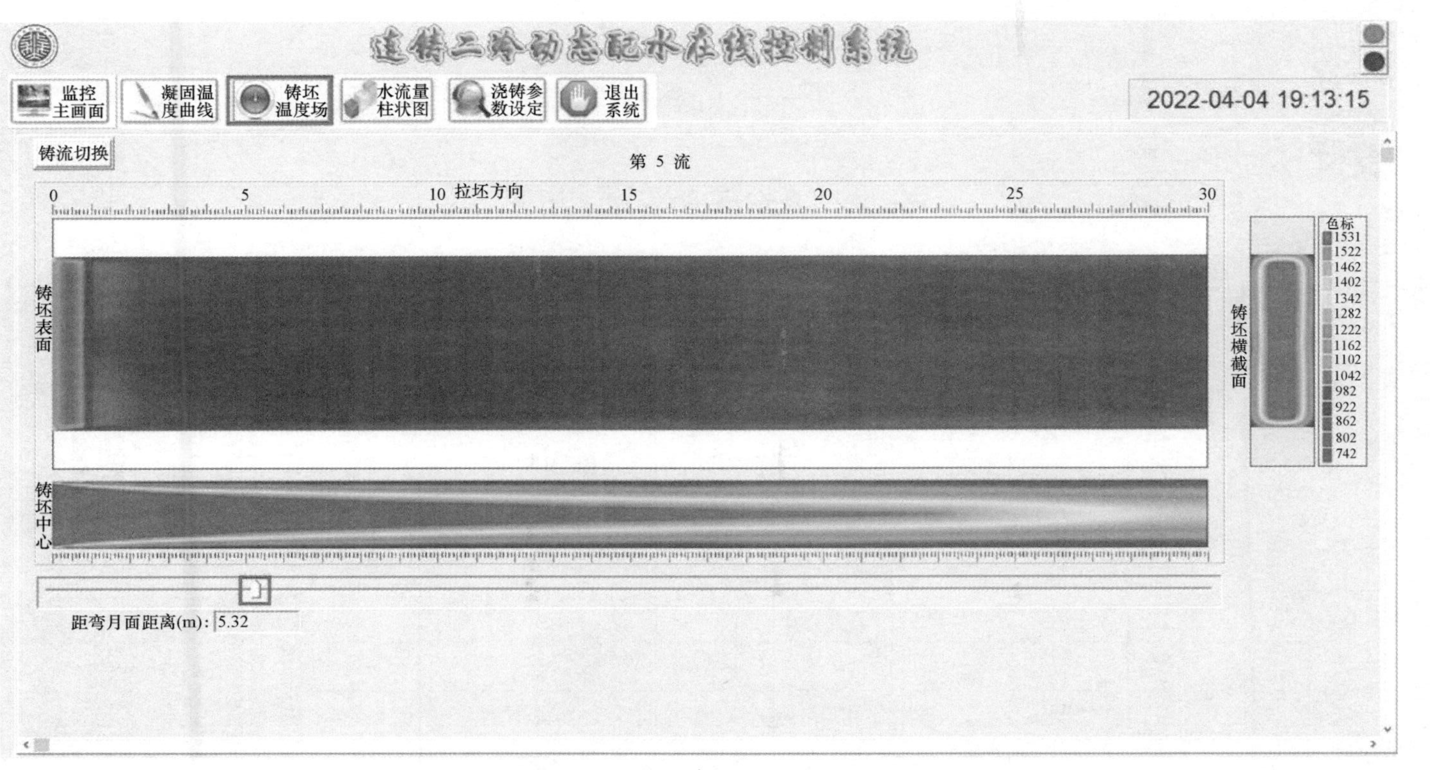

图 4-8 铸坯温度分布实时云图

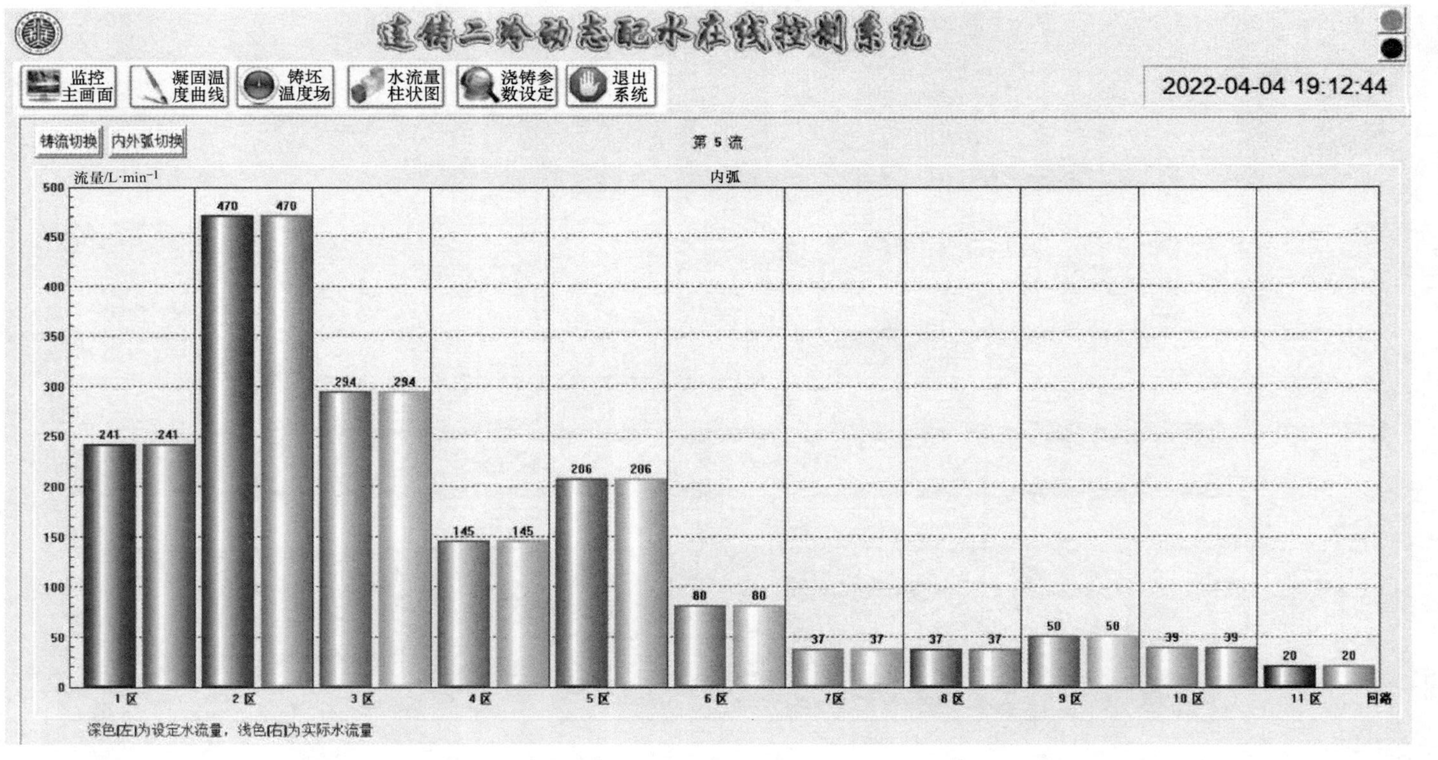

图 4-9 连铸坯各冷却区水量分布图

彩图 4-9

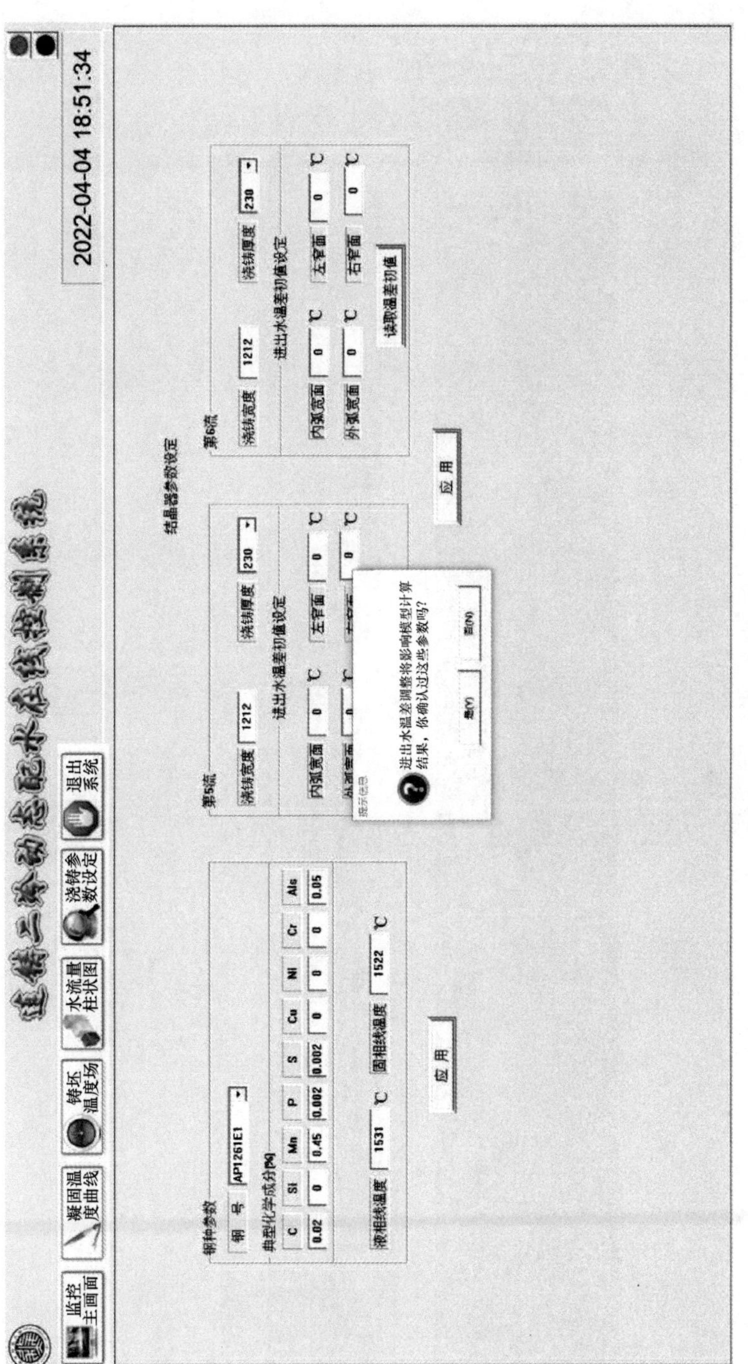

图 4-10 结晶器参数设定

彩图 4-10

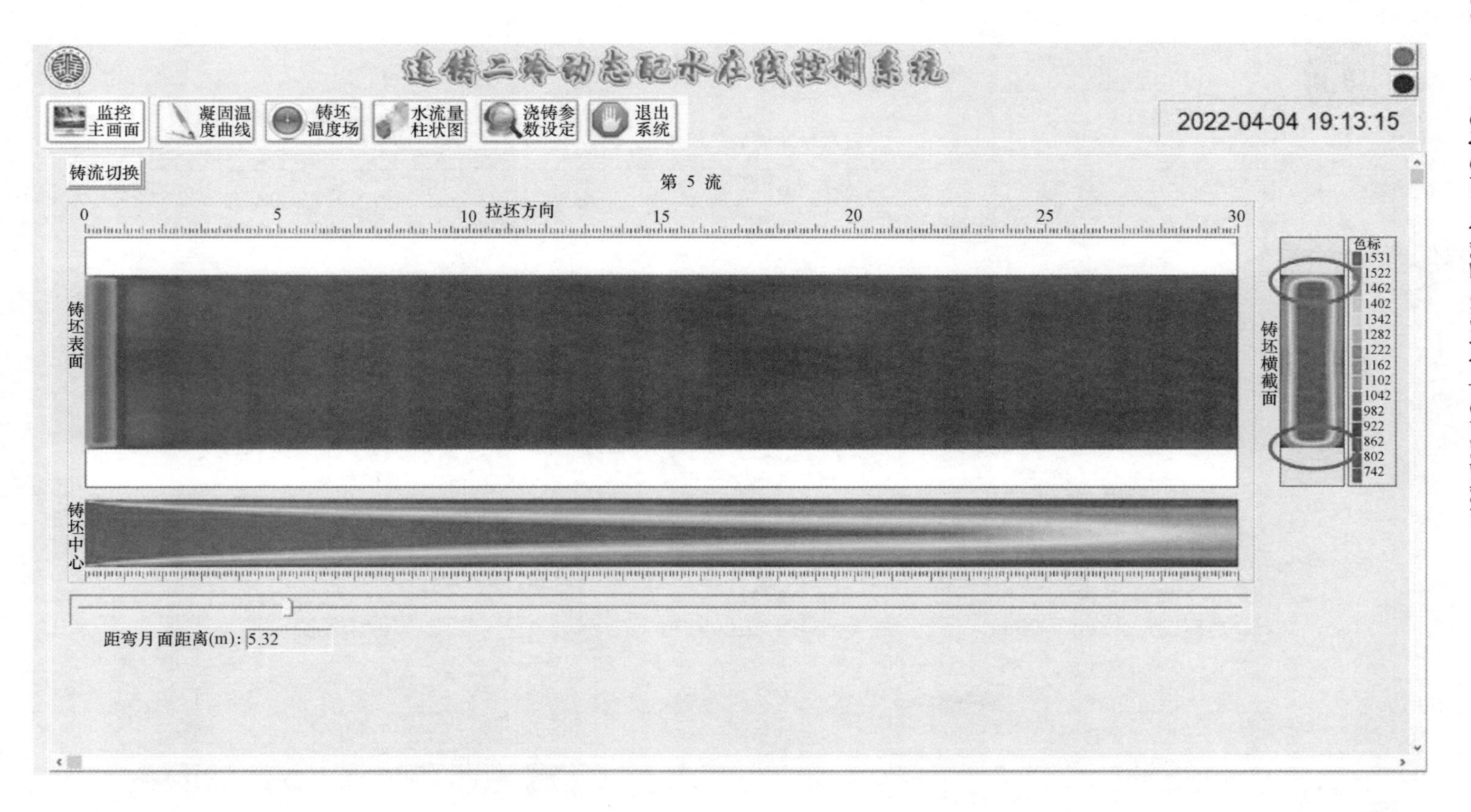
连铸二冷动态配水在线控制系统
监控主画面
凝固温度曲线
铸坯温度场
水流量柱状图
浇铸参数设定
退出系统
2022-04-04 19:13:15
铸流切换
第 5 流
拉坯方向
0
5
10
15
20
25
30
铸坯表面
铸坯中心
铸坯横截面
色标
1531
1522
1462
1402
1342
1282
1222
1162
1102
1042
982
922
862
802
742
距弯月面距离(m): 5.32

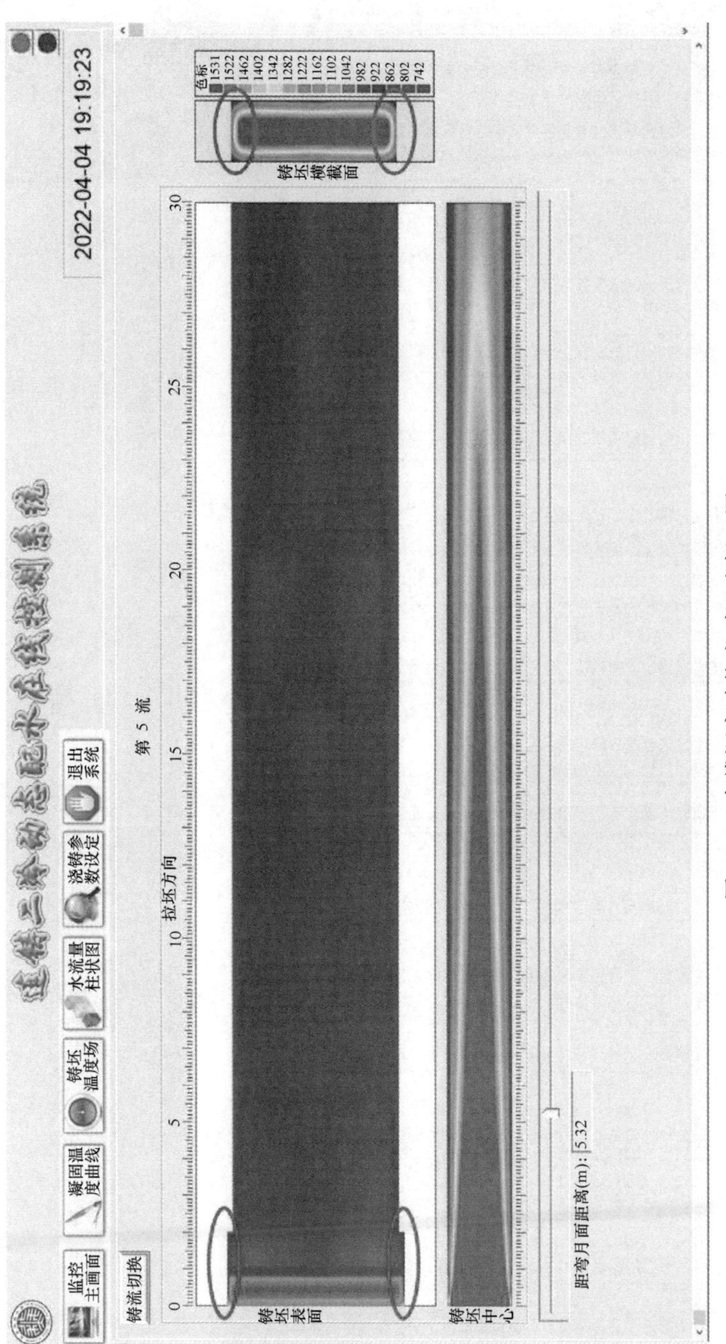

图 4-11　在线调宽功能实时温度场云图

彩图 4-11

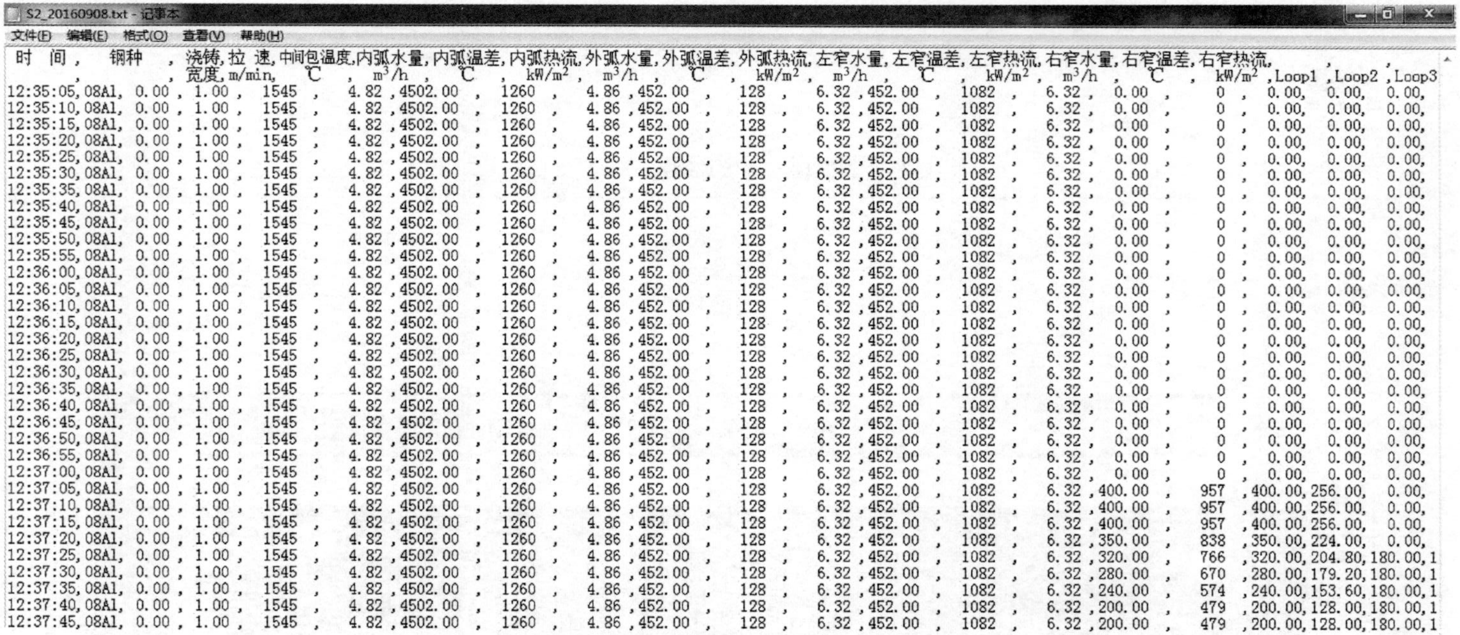

S2_20160908.txt - 记事本

文件(F)　编辑(E)　格式(O)　查看(V)　帮助(H)

时　间	钢种	浇铸宽度	拉　速 m/min	中间包温度 ℃	内弧水量 m^3/h	内弧温差 ℃	内弧热流 kW/m^2	外弧水量 m^3/h	外弧温差 ℃	外弧热流 kW/m^2	左窄水量 m^3/h	左窄温差 ℃	左窄热流 kW/m^2	右窄水量 m^3/h	右窄温差 ℃	右窄热流 kW/m^2	Loop1	Loop2	Loop3
12:35:05	08Al	0.00	1.00	1545	4.82	4502.00	1260	4.86	452.00	128	6.32	452.00	1082	6.32	0.00	0	0.00	0.00	0.00
12:35:10	08Al	0.00	1.00	1545	4.82	4502.00	1260	4.86	452.00	128	6.32	452.00	1082	6.32	0.00	0	0.00	0.00	0.00
12:35:15	08Al	0.00	1.00	1545	4.82	4502.00	1260	4.86	452.00	128	6.32	452.00	1082	6.32	0.00	0	0.00	0.00	0.00
12:35:20	08Al	0.00	1.00	1545	4.82	4502.00	1260	4.86	452.00	128	6.32	452.00	1082	6.32	0.00	0	0.00	0.00	0.00
12:35:25	08Al	0.00	1.00	1545	4.82	4502.00	1260	4.86	452.00	128	6.32	452.00	1082	6.32	0.00	0	0.00	0.00	0.00
12:35:30	08Al	0.00	1.00	1545	4.82	4502.00	1260	4.86	452.00	128	6.32	452.00	1082	6.32	0.00	0	0.00	0.00	0.00
12:35:35	08Al	0.00	1.00	1545	4.82	4502.00	1260	4.86	452.00	128	6.32	452.00	1082	6.32	0.00	0	0.00	0.00	0.00
12:35:40	08Al	0.00	1.00	1545	4.82	4502.00	1260	4.86	452.00	128	6.32	452.00	1082	6.32	0.00	0	0.00	0.00	0.00
12:35:45	08Al	0.00	1.00	1545	4.82	4502.00	1260	4.86	452.00	128	6.32	452.00	1082	6.32	0.00	0	0.00	0.00	0.00
12:35:50	08Al	0.00	1.00	1545	4.82	4502.00	1260	4.86	452.00	128	6.32	452.00	1082	6.32	0.00	0	0.00	0.00	0.00
12:35:55	08Al	0.00	1.00	1545	4.82	4502.00	1260	4.86	452.00	128	6.32	452.00	1082	6.32	0.00	0	0.00	0.00	0.00
12:36:00	08Al	0.00	1.00	1545	4.82	4502.00	1260	4.86	452.00	128	6.32	452.00	1082	6.32	0.00	0	0.00	0.00	0.00
12:36:05	08Al	0.00	1.00	1545	4.82	4502.00	1260	4.86	452.00	128	6.32	452.00	1082	6.32	0.00	0	0.00	0.00	0.00
12:36:10	08Al	0.00	1.00	1545	4.82	4502.00	1260	4.86	452.00	128	6.32	452.00	1082	6.32	0.00	0	0.00	0.00	0.00
12:36:15	08Al	0.00	1.00	1545	4.82	4502.00	1260	4.86	452.00	128	6.32	452.00	1082	6.32	0.00	0	0.00	0.00	0.00
12:36:20	08Al	0.00	1.00	1545	4.82	4502.00	1260	4.86	452.00	128	6.32	452.00	1082	6.32	0.00	0	0.00	0.00	0.00
12:36:25	08Al	0.00	1.00	1545	4.82	4502.00	1260	4.86	452.00	128	6.32	452.00	1082	6.32	0.00	0	0.00	0.00	0.00
12:36:30	08Al	0.00	1.00	1545	4.82	4502.00	1260	4.86	452.00	128	6.32	452.00	1082	6.32	0.00	0	0.00	0.00	0.00
12:36:35	08Al	0.00	1.00	1545	4.82	4502.00	1260	4.86	452.00	128	6.32	452.00	1082	6.32	0.00	0	0.00	0.00	0.00
12:36:40	08Al	0.00	1.00	1545	4.82	4502.00	1260	4.86	452.00	128	6.32	452.00	1082	6.32	0.00	0	0.00	0.00	0.00
12:36:45	08Al	0.00	1.00	1545	4.82	4502.00	1260	4.86	452.00	128	6.32	452.00	1082	6.32	0.00	0	0.00	0.00	0.00
12:36:50	08Al	0.00	1.00	1545	4.82	4502.00	1260	4.86	452.00	128	6.32	452.00	1082	6.32	0.00	0	0.00	0.00	0.00
12:36:55	08Al	0.00	1.00	1545	4.82	4502.00	1260	4.86	452.00	128	6.32	452.00	1082	6.32	0.00	0	0.00	0.00	0.00
12:37:00	08Al	0.00	1.00	1545	4.82	4502.00	1260	4.86	452.00	128	6.32	452.00	1082	6.32	0.00	0	0.00	0.00	0.00
12:37:05	08Al	0.00	1.00	1545	4.82	4502.00	1260	4.86	452.00	128	6.32	452.00	1082	6.32	400.00	957	400.00	256.00	0.00
12:37:10	08Al	0.00	1.00	1545	4.82	4502.00	1260	4.86	452.00	128	6.32	452.00	1082	6.32	400.00	957	400.00	256.00	0.00
12:37:15	08Al	0.00	1.00	1545	4.82	4502.00	1260	4.86	452.00	128	6.32	452.00	1082	6.32	400.00	957	400.00	256.00	0.00
12:37:20	08Al	0.00	1.00	1545	4.82	4502.00	1260	4.86	452.00	128	6.32	452.00	1082	6.32	350.00	838	350.00	224.00	0.00
12:37:25	08Al	0.00	1.00	1545	4.82	4502.00	1260	4.86	452.00	128	6.32	452.00	1082	6.32	320.00	766	320.00	204.80	180.00,1
12:37:30	08Al	0.00	1.00	1545	4.82	4502.00	1260	4.86	452.00	128	6.32	452.00	1082	6.32	280.00	670	280.00	179.20	180.00,1
12:37:35	08Al	0.00	1.00	1545	4.82	4502.00	1260	4.86	452.00	128	6.32	452.00	1082	6.32	240.00	574	240.00	153.60	180.00,1
12:37:40	08Al	0.00	1.00	1545	4.82	4502.00	1260	4.86	452.00	128	6.32	452.00	1082	6.32	200.00	479	200.00	128.00	180.00,1
12:37:45	08Al	0.00	1.00	1545	4.82	4502.00	1260	4.86	452.00	128	6.32	452.00	1082	6.32	200.00	479	200.00	128.00	180.00,1

图 4-12　连铸机数据采集功能

彩图 4-12

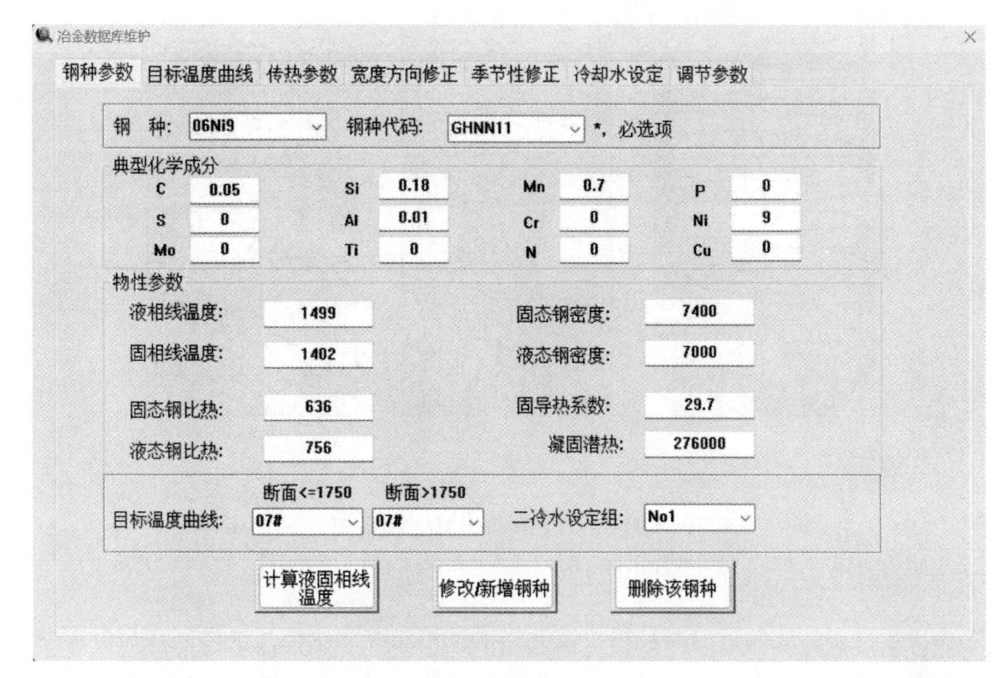

图 4-13　冶金数据库管理界面

彩图 4-13

4.2　铸坯（锭）凝固过程组织转变

4.2.1　铸坯（锭）凝固组织

金属液在锭模中以结晶的形式进行凝固，最终得到具有一定几何形状的铸锭[25]。铸锭的宏观组织通常由三个晶区组成，包括表层的细晶区、中间的柱状晶区及中心的等轴晶区。由于铸造工艺条件的不同，所得到各晶区的尺寸及形貌会出现较大差异，如图 4-14 所示[26]。图 4-14（a）为由柱状晶形成“穿晶”的凝固组织，图 4-14（b）为常见的三晶区凝固组织，图 4-14（c）为 100%等轴晶比例的凝固组织，可以看出，相同截面的三块铸锭，在不同的铸造工艺条件下可以获得完全不同的凝固组织，因此可通过设计铸造工艺来调控铸锭的凝固组织。

4.2.1.1　表层细晶区形成过程

当高温的金属液倒入铸型后，结晶首先从模壁处开始，温度较低的模壁使其附近的一层薄薄的金属液中产生极大的过冷度，加上粗糙的模壁可作为非均质形核的基底，因此在此薄膜液体层中产生大量的晶核，并同时向各个方向生长。由

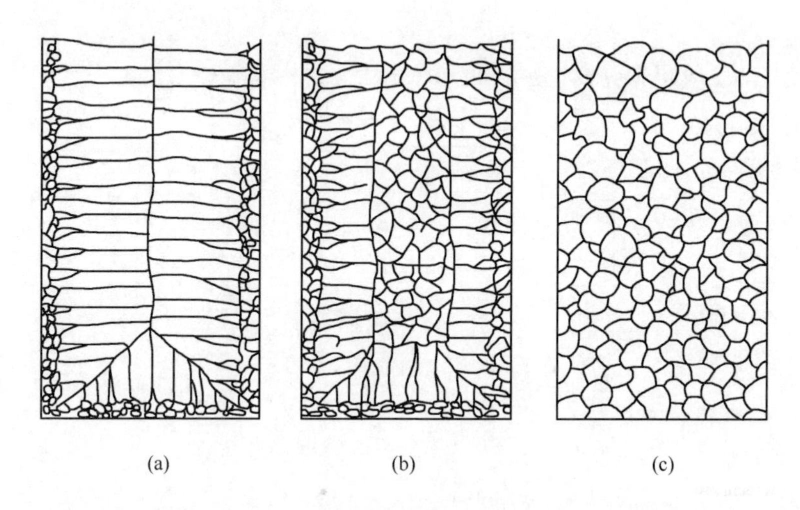

图 4-14　铸锭的凝固组织示意图[26]

(a) 柱状晶“穿晶”凝固组织；(b) 含有三个晶区的凝固组织；(c) 全部等轴晶的凝固组织

于晶核数目多，故邻近的晶粒很快彼此相遇，不能继续生长，这样便在靠近模壁处形成一很细的薄膜层等轴晶区，又称为激冷区。表层细晶区的晶粒细小，组织致密，力学性能很好。但细晶区的厚度一般都很薄，有的只有几个毫米厚，因此没有多大的实际意义[26]。

4.2.1.2　中间柱状晶区形成过程

柱状晶区由垂直于铸型模壁（沿热流方向）彼此平行排列的柱状晶晶粒组成。在表层细晶区形成的同时，一方面型壁的温度由于被液态金属加热而迅速升高，另一方面由于金属凝固后的收缩，使得细晶区和模壁脱离，形成一层空气，给金属液散热造成困难。此外，细晶区的形成还释放出了大量的结晶潜热，也造成模壁的温度升高。上述种种原因，均使液态金属冷却减慢，温度梯度变得平缓，这时即开始形成柱状晶区，如图 4-15 所示[27]。由于这些优先生长的晶粒平行并向着熔体中生长，侧面受到彼此的限制而不能侧向生长，只能沿散热方向生长，从而形成了柱状晶区。

4.2.1.3　中心等轴晶区[28, 29]形成过程

随着柱状晶的发展，经过散热，铸锭中心部分的液态金属的温度全部降至熔点以下，再加上液态金属中杂质等因素的作用，满足了形核对过冷度的要求，于是在整个剩余液体中同时形核。由于此时的散热已经失去方向性，晶核在液体中可以自由生长，在各个方向上的长大速度差不多相等，即长成了等轴晶。与柱状晶区相比，等轴晶区的各个晶粒在长大时彼此交叉，枝杈间的搭接牢固，裂纹不

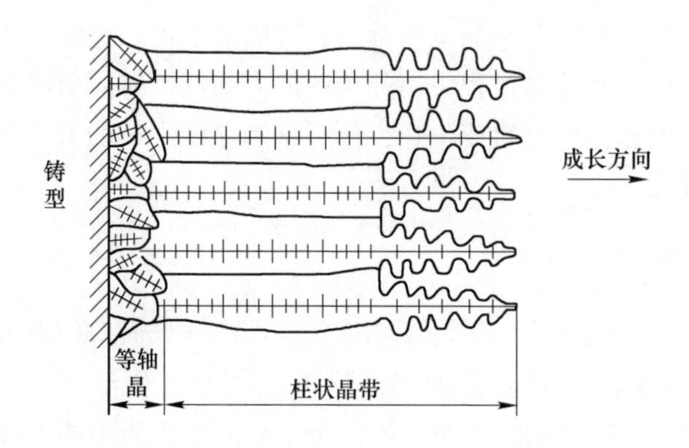

图 4-15 表层细晶粒发展成柱状晶的示意图[27]

易扩展，不存在明显的脆弱界面，各晶粒的取向各不相同，其性能不存在方向性。这些是等轴晶的优点。但其缺点是等轴晶的树枝状晶体比较发达，分枝较多，因此显微缩孔较多，组织不够致密。但由于显微缩孔一般均未氧化，因此通过压力加工后，一般均可焊合。

4.2.2 凝固组织控制

在铸造过程中，无论是连铸法还是模铸法，控制铸坯凝固组织对减少铸造缺陷以及提高产品质量具有重要意义。

4.2.2.1 CET 转变机理

CET 是宏观上能看到的从柱状晶向等轴晶转变，柱状晶和等轴晶的比例决定 CET 的位置。近十年，许多国内外学者研究了 CET 机理[30, 31]，柱状晶前沿过冷液相中生成的等轴晶达到一定比例后阻挡了柱状晶的生长，且由 X 射线图片证实了这一理论，而关于等轴晶怎么阻挡柱状晶生长目前仍存在争议[32]。普遍被接受的机理包括：机械的方式[33]和溶质作用[34]或热作用[35, 36]方式。

X 射线照相的同步加速器实验能实时地直接观察金属在微观结构范围内的凝固和对流[37]，实验发现，树枝晶碎裂是由树枝晶尖端到开放区域的溶质流形成的，碎片的移动和沉淀组织的生长，促进等轴晶的形成。工业上通过电磁搅拌来得到树枝晶尖端碎片就是应用了这一原理。

柱状晶的生成机理为晶体的择优生长和传热具有方向性。立方结构的晶体优先生长方向为［100］，当热流方向与晶体的［100］方向平行时则晶体沿［100］方向优先快速生长，形成柱状晶；主轴平行于热流方向的晶体生长速度快，使凝固过程中晶体生长具有方向性，形成柱状晶。而等轴晶生成的理论还包括：成分过冷理论、爆发形核理论、树枝晶熔断理论、结晶雨理论、固体质点核心理论以及晶体游离理论等。每种理论的本质都是在凝固前沿得到足够多的晶核。

综上可知，铸件在冷却过程中消除传热的方向性，凝固前沿有足够的有效形核核心，且所有的核心同时快速生长，便可抑制晶体生长的方向性，促进更多的等轴晶晶粒形成。

4.2.2.2　CET 的临界条件

当熔体中温度梯度很小、过冷度比柱状晶前沿形核需要的过冷度大时，游离的晶体便可以形核长大形成等轴晶，阻止柱状晶的生长[38]。Martorano[34] 和 Krupińska[39] 研究发现 CET 的转变位置与液相线前面熔体中的温度梯度以及合金的成分有关。Iqbal 等人[40] 研究 4.5%Al-Cu 合金提出温度梯度 G 与树枝晶生长速度 v 之间的关系，得到当 $G<0.74v^{0.64}$ 时，发生 CET 转变；而 Tadayon 和 Spittle 认为用温度梯度表征 CET 转变过于简单了[41]。

柱状晶向等轴晶转变存在一个孕育期，孕育期的长短由合金的成分、纯净度、浇铸温度、铸坯尺寸、铸模形状以及搅拌和各种机械作用等过程参数控制[42-45]。科尔（Cole）研究了凝固过程中异质形核对等轴晶生成的作用[46]。通过国外的研究成果可以得出：随凝固前沿核心数量的增加，有利于形成等轴晶[47, 48]。

Hunt 等人[49] 建立了过冷度与合金成分、生长速率和温度梯度之间的关系并提出，当柱状晶前沿的等轴晶体积分数达到一个临界值时，则 CET 转变即会发生，可以由下式表示：

$$G < 0.617N_0^{1/3}\left[1 - \left(\frac{\Delta T_n}{\Delta T_c}\right)^3\right]\Delta T_c \tag{4-70}$$

获得全部柱状晶的条件为：

$$G > 0.617\,(100N_0)^{1/3}\left[1 - \left(\frac{\Delta T_n}{\Delta T_c}\right)^3\right]\Delta T_c \tag{4-71}$$

Hunt 模型需要假设钢液中有效核心的数目和核心生长需要的成分过冷，而成分过冷很难定量分析，这个模型被 Brown 和 Spittle 证实。Gäumann[50] 将 Hunt 的 CET 判据简化为：

$$G/r > \alpha \cdot N_0^{\ 1/3} \cdot \Delta T\left(1 - \frac{\Delta T_n}{\Delta T_c}\right) \tag{4-72}$$

4.2.3 凝固组织的数值模拟

凝固过程非常复杂，仅依靠实验来分析凝固过程，耗时耗力，往往达不到理想的效果。近些年来随着计算机技术的快速发展，数值模拟技术不断成熟，已被广大科研工作者认可并采用。利用计算模拟可以对复杂的凝固过程进行较为准确地描述，且可以预测最终的凝固组织，有利于对凝固组织的形成机理进行深入了解，为调整和优化生产工艺提供依据。

4.2.3.1 凝固过程模拟计算的方法

凝固组织模拟的计算方法主要包括确定性方法（Deterministic Modeling）、随机性方法（Stochastic Modeling）及相场法（Phase-Field Modeling）[51]。

（1）确定性方法[52-57]。该方法模拟计算时需要假设晶粒的形核密度与生长速度是一个确定的函数，通常由实验可以得出该函数。由于忽略了与结晶有关的一些因素，因此，确定性方法存在一定的局限性：不能够解释发生在柱状晶区的晶粒择优生长现象，也不能预测铸模表面等轴晶与柱状晶之间的转变和柱状晶宽度的变化情况。但确定性方法可以较准确地预测晶粒尺寸和宏观偏析。

（2）随机性模拟方法[58-62]。该方法是用概率的方法来研究晶粒的形核与长大。因为随机性方法中形核位置的随机分布、晶向的随机取向、传质过程及能量起伏和结构起伏均是随机过程，所以用该法计算得到凝固组织更接近实际。目前随机性方法的主要有元胞自动机（Cellular Automaton，CA）法和蒙特卡洛法（Monte Carlo Method，MC）。

（3）相场法[63-65]。相场模型的表达式主要有熵函数法和自由能函数法。以自由能函数法为基础的相场模型具有多样性，如用于不同合金和组织的 Karma 模型、WBM 模型和 Kobayashi 模型。考虑热力学上体系的熵与自由能是相关的，同时采用渐进分析方法与热力学一致方法，提出了界面能梯度和独立焓梯度的相场模型，由于增加了自由度，所以能够消除出现的异常项。

4.2.3.2 关于 CAFE 法模拟

用 CA 方法模拟凝固组织最早是由瑞士的 Rappaz 等人[66]于 1993 年提出的，Rappaz 和 Gandin 在考虑非自发形核和基于生长过程的物理机制的基础上模拟了铝硅合金在均匀温度场下凝固的晶粒结构[67-69]，随后他们又对非均匀温度的较大型铸件进行了有限元 FE 和 CA 的耦合计算，成功模拟了铝硅合金晶粒组织的形成，如图 4-16 所示，可以看出，采用此方法模拟的铝硅合金的凝固组织与实验结果吻合较好。后来，Nastac[70, 71]则发展了一个全场耦合模型来计算合金枝晶，他通过求解热扩散方程来模拟约束生长、自由生长和 CET 转变。2002 年，

Stefanescu 等人[72, 73]采用更为合理的界面溶质扩散守恒方程来计算生长速度，提出了一个稳定性参数，从而保证 CA 模型能够描述稳定状态下的树枝晶生长。Seo 等人[74]将 CA 与有限元 FE 耦合计算，对不同浇铸温度和不同铸模温度下的凝固组织进行了模拟，模拟结果与实际情况非常接近。Raabe 等人[75, 76]将自适应的有限元模型和随机的 CA 模型相结合用来模拟铝合金和冷轧无缝钢板的再结晶，Raabe 通过四个步骤将宏微观计算进行了耦合，所以很好地重现了再结晶的材料织构。

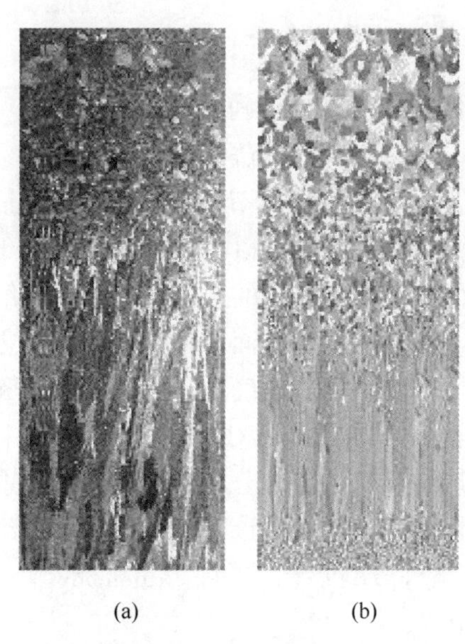

(a)　　(b)

图 4-16　铝硅合金晶粒组织的实验结果图（a）和模拟结果图（b）

国内采用 CAFE 法对微观组织的模拟工作开展较晚，但发展速度迅速，取得了一定的成果。清华大学柳百成和许庆彦等人[77]采用 CA 模型与宏观传热相耦合，对铸造 Al-7%Si 合金的微观组织进行了模拟计算，获得了不同条件下的微观组织。李斌、许庆彦等人[78]采用了一种改进的 CA 方法耦合有限差分法对合金的宏观凝固及微观组织演化过程进行了数值模拟，考虑了固/液界面的溶质再分布、微观固相分数、曲率以及各向异性因素，利用阶梯铸件研究了不同冷却速度下晶粒度、二次枝晶间距以及共晶组织含量的变化规律。近年来，国内应用 CA 与有限元（FE）耦合方法对不同钢种进行组织模拟的研究已屡见报道，得到的结果与实验结果吻合良好[79-83]。图 4-17 为文献［79］中采用 CAFE 法对 9SMn28 钢锭结晶过程进行的模拟，研究了表层细晶区、柱状晶区以及中心等轴晶区的形成过程。图 4-18 中为国内科研学者罗衍昭对小方坯 SWRH77B 钢采用 CAFE 法对不同过热度下模拟凝固组织并与实际小方坯凝固组织情况进行对比图。

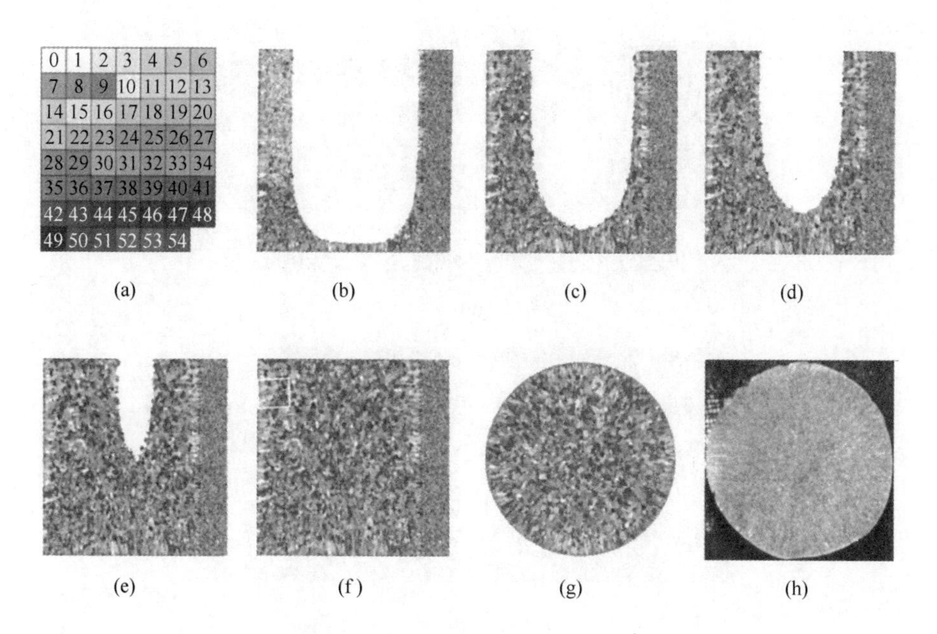

图 4-17 CAFE 法模拟的铸件结晶过程及实验结果（不同颜色代表不同晶粒取向）

4.2.4 CAFE 数学物理模型

彩图 4-17

4.2.4.1 热物性参数计算模型

在建立 CAFE 模型前，首先需要对材料的热物性参数进行计算，包括密度、比热、焓、潜热、传热系数以及黏度等。通常采用一个简单的双混合模型[84]计算这些热物性参数，双混合模型如式（4-73）所描述：

$$P = \sum_i x_i P_i + \sum_i \sum_{j>i} x_i x_j \sum_v \Omega_{ij}^v (x_i - x_j)^v \quad (4\text{-}73)$$

式中，P 为相的特性；P_i 为该相中纯元素 i 的特性；Ω_{ij}^v 为二元相互作用参数；x_i、x_j 为元素 i、j 在该相中的摩尔分数，mol/L；v 为决定二元相互作用参数的变量。

4.2.4.2 宏观传热模型（FE）

相对于微观组织的模拟，宏观模型主要是针对温度场、流场等方面的模拟计算，宏观模型与微观组织模拟紧密相连并且相互作用、相互影响。本书中宏观模型采用的控制方程包括质量、动量和能量平衡的熔融金属三维瞬态流动和传热现

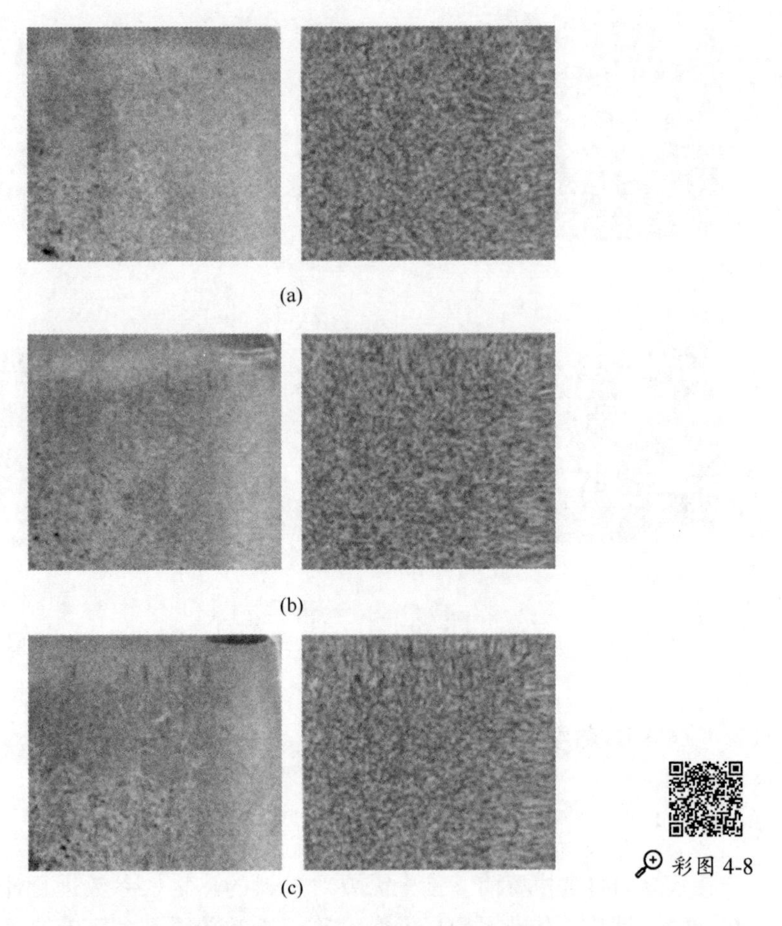

图 4-18　CAFE 法模拟的不同浇铸温度下凝固组织和实验凝固组织对比[81]
（a）过热度 20℃；（b）过热度 25℃；（c）过热度 30℃

象。为考虑重力的影响，在方程中加入了重力项，并将其加入到标准动量方程中，这样使得控制方程可以作用于糊状区及固相区。

（1）质量守恒方程：

$$\frac{\partial \rho}{\partial t} + \nabla \cdot (\rho \vec{u}) = 0 \tag{4-74}$$

（2）动量守恒方程：

$$\frac{\partial(\rho \vec{u})}{\partial t} + \nabla \cdot (\rho \vec{u} \vec{u}) = \nabla \cdot (\mu \nabla \vec{u}) - \nabla p + \rho \vec{g} - \frac{(1 - f_{\mathrm{l}})^2}{f_{\mathrm{l}}^3 + \xi} A_{\mathrm{m}} (\vec{u} - \vec{u}_{\mathrm{s}}) \tag{4-75}$$

（3）能量守恒方程：

$$\frac{\partial(\rho H)}{\partial t} + \nabla \cdot (\rho \vec{u} H) = \nabla \cdot (\lambda \nabla T) \tag{4-76}$$

大部分金属材料在凝固时会释放结晶潜热，其中包括晶粒形核及生长过程中释放的热量，结晶潜热的释放会对凝固过程中的温度场产生重要影响。此外，结晶潜热还可以作为连接宏观模拟与微观模拟的纽带，因此，在 CAFE 模型中采用热焓法对结晶潜热进行处理[54]：

$$H = H_{\text{ref}} + \int_{T_{\text{ref}}}^{T} c_{ps} \mathrm{d}T + f_l L \tag{4-77}$$

其中，

$$f_l = \begin{cases} 1, & T \geqslant T_l \\ \dfrac{T - T_s}{T_l - T_s}, & T_s < T < T_l \\ 0, & T \leqslant T_s \end{cases} \tag{4-78}$$

式中，$\vec{u}$ 为速度项，m/s；ρ 为密度，kg/m^3；t 为时间，s；f_l 为液相分率；p 为压力，Pa；$\vec{g}$ 为重力项，m/s^2；μ 为绝对黏度，Pa · s；λ 为导热系数，W/(m · K)；c_{ps}为质量热容，J/(kg · K)；L 为凝固潜热，J/kg；A_m 为渗透率，m^2；H 为热焓，J/mol；T 为节点温度，K。

4.2.4.3 微观组织模型（CA）

A 异质形核模型

微观组织模拟过程中异质形核包括两种形式[66]：瞬时形核和连续形核。CAFE 法采用连续形核模型来处理形核，假设形核现象发生在一系列不同的形核位置上，核密度的变化采用连续分布函数 dn/d（ΔT）来描述形，即 Gauss 分布函数，如图 4-19 所示。

Gauss 分布函数可由式（3-7）表示：

$$\frac{\mathrm{d}n}{\mathrm{d}(\Delta T)} = \frac{n_{\max}}{\sqrt{2\pi}\Delta T_\sigma} \exp\left[-\frac{(\Delta T - \Delta T_n)^2}{2\Delta T_\sigma^2}\right] \tag{4-79}$$

式中，$n_{\max}$为最大形核密度，面形核单位为 m^{-2}，体形核单位为 m^{-3}；ΔT_n为平均

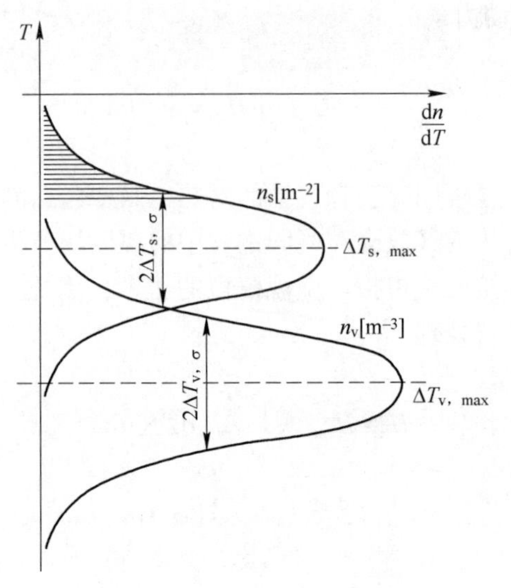

图 4-19　高斯分布函数示意图
（下标 s 和 v 分别代表面形核和体形核）

形核过冷度，K；ΔT_σ 为形核过冷度标准偏差，K；n 为晶粒密度。

过冷度 ΔT 增加时，晶粒密度 dn 也随之增加。当给定过冷度 ΔT 时，形成的晶核密度 $n(\Delta T)$ 可由式（4-80）求得：

$$n(\Delta T) = \int_0^{\Delta T} \frac{dn}{d(\Delta T)} d(\Delta T) \tag{4-80}$$

B　生长动力学模型

一般来说，合金在凝固过程中枝晶尖端生长会受到过冷度的影响，总的过冷度 ΔT 可由式（4-81）表示：

$$\Delta T = \Delta T_c + \Delta T_t + \Delta T_r + \Delta T_k \tag{4-81}$$

式中，ΔT_c 为成分过冷度，K；ΔT_t 为热力学过冷度，K；ΔT_r 为固-液界面曲率过冷度，K；ΔT_k 为生长动力学过冷度，K。

然而，合金的凝固过程中 ΔT_t、ΔT_r、ΔT_k 与 ΔT_c 相比要小得多，所以在计算时可以忽略。柱状晶和等轴晶的生长速度采用 KGT 模型描述。为了加速计算，对 KGT 模型进行拟合[55]，得到式（4-82）：

$$v = a_2 \Delta T^2 + a_3 \Delta T^3 \tag{4-82}$$

式中，a_2、a_3为生长动力学系数，m/(K·s)。

4.2.4.4 晶粒形核及长大的计算方法

CAFE 模型模拟晶粒形核长大时，假设形核位置在 CA 元胞中动态随机分布。计算过程中，首先会选择随机形核的位置数 N，例如在某个体积的 CA 元胞中，位置数可表示为 $N=n_{max} \cdot V$；而形核元胞则被标记为 ν，并且在计算域内被随机确定[67]。计算开始前，计算域内所有计算元胞都会被标记一个状态因子 I；计算开始后，金属液的温度高于液相线温度，元胞的状态因子 $I=0$；当计算进行到某一步时，金属液的温度低于液相线温度，此时满足形核条件，计算域内的某些元胞即开始形核，状态因子 I 随即转变为一个非 0 的整数。随后，晶核会选择一个随机方向进行生长，这些生长方向来自预先定义的生长取向族，即<100>晶向[68]。

在 CAFE 模型中，晶粒的生长基于有限元单元，通常是晶面指数为（111）的八面体单元，如图 4-20 所示。n_F 为 $F=[111]$ 面的法线。这个八面体单元中的某个元胞 ν，其相邻的元胞中有一个是液态的，即状态因子为 0。元胞 $\nu(I_\nu \neq 0)$ 相关联的八面体 C_ν 在生长过程中将捕获它相邻的元胞 $\mu(I_\mu = 0)$，使得两个元胞的状态因子相同，即 $I_\nu = I_\mu$。随后，与元胞 μ 相关联的八面体 C_μ 开始生长[69]。当所有与该元胞相邻的元胞的状态因子都不再为 0 时，则该元胞所在的八面体单元完成生长。此种算法可以很好地体现合金凝固过程中枝晶的竞争生长机制。

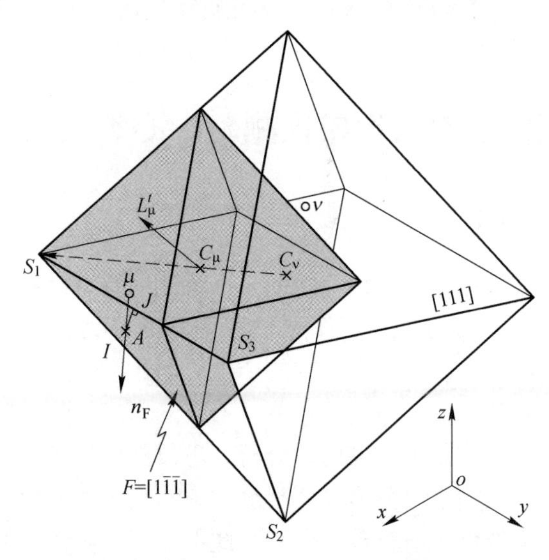

图 4-20 基于八面体单元的元胞生长示意图[69]

4.2.4.5　FE 与 CA 模型耦合

在 CAFE 模型中定义了 FE 节点和 CA 元胞关联的插值因子作为连接宏观模型和微观模型的纽带，进而将 FE 和 CA 模型耦合到一个模型中，此外还引入了凝固潜热的影响，确保了微观组织是温度场的函数。耦合方法的示意图如图 4-21 所示，其中 CA 元胞 ν 与有限元节点 i、j、k 之间被赋予了非 0 的插值因子 $\Phi_{\nu i}$、$\Phi_{\nu j}$、$\Phi_{\nu k}$，这些插值因子结合 FE 节点的温度就可以确定网格中元胞 ν 的温度。采用同样的插值因子在有限元节点处对形核及生长过程释放的潜热求和，并不断反馈到温度场中，进而不断地更新节点温度[67]。

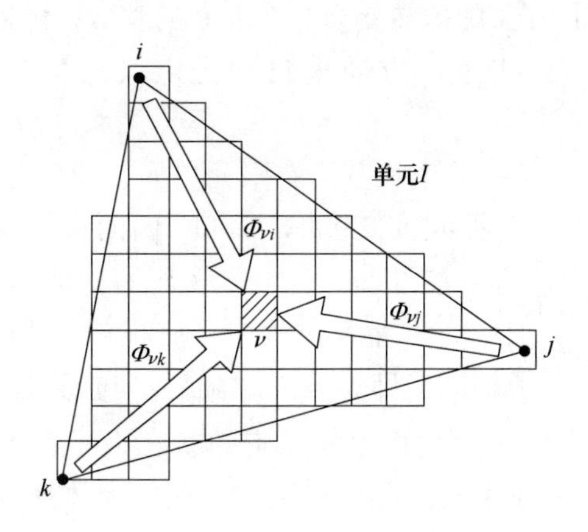

图 4-21　FE 节点与 CA 元胞的插值示意图

4.3　铸坯内部裂纹形成预测（中心裂纹、中间裂纹）

4.3.1　连铸坯内部裂纹

裂纹是连铸坯最常见的质量缺陷之一，据统计约有 50%的质量缺陷来自铸坯的裂纹[1]。裂纹一旦产生且在后续工艺过程中不能得到愈合，便会进一步扩展而形成缺陷，导致产品报废。铸坯裂纹的产生原因非常复杂，从根本上讲铸坯内钢水凝固过程是控制裂纹形成的主要环节。若要减少或消除连铸裂纹，就必须对铸坯裂纹的形成原因及控制因素等进行分析，进而优化生产工艺，减少裂纹的形成及扩展。铸坯裂纹缺陷主要分为表面裂纹和内部裂纹，表面裂纹一般可通过火焰扒皮处理，而内部裂纹一般较难愈合。因此本书主要对铸坯的内部裂纹进行介绍。铸坯主要内部缺陷如图 4-22 所示。

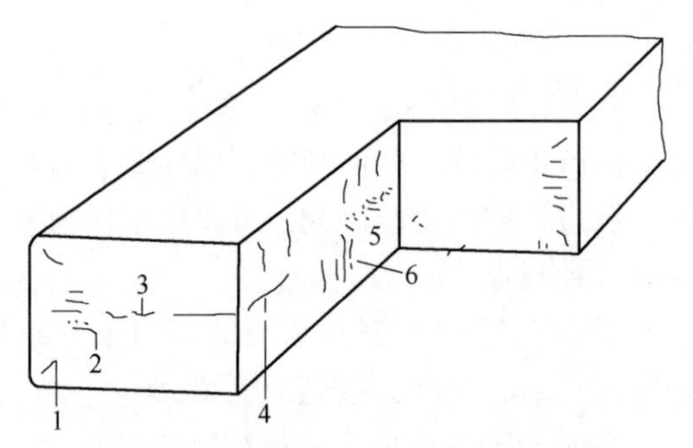

图 4-22 铸坯内部主要缺陷的示意图

1—角部裂纹；2—中间裂纹；3—中心裂纹；
4—中心偏析；5—中心缩孔；6—簇状裂纹

铸坯内部裂纹形成过程较为复杂，通常是在连铸二冷段产生的，由于两相界面处钢液的强度和塑性变形能力较小，当坯壳所受到的应力超过铸坯材料所允许的最大值时，就会在铸坯的固相和液相交界处产生内部裂纹。内部裂纹的形成将直接影响铸坯的力学性能。连铸坯裂纹的产生很大程度上都与铸坯的冷却制度不合理有关，铸坯温度分布不均匀引起应力应变，最终导致裂纹的产生[4]。因此，研究连铸过程中铸坯的应力应变，对预测铸坯裂纹的产生及预防、提高铸坯质量有着重要意义。

导致裂纹产生的因素很多，总的可以从以下两个方面去分析裂纹产生的原因。

4.3.1.1 冶金学观点

（1）临界脆化理论：在凝固前沿大约液相分率为 10% 富集溶质的液体薄膜（如硫化物）包围树枝晶，降低了固相线温度附近钢的延性和强度，当外力作用时，裂纹就沿着晶界发生，致使凝固前沿产生裂纹。

（2）柱状晶区的切口效应：凝固前沿柱状晶生长的根部，相当于一个切口，产生应力集中而导致裂纹。

（3）硫化物脆性：硫化物沿晶界分布形成Ⅱ类硫化物，引起晶间脆性，成为裂纹优先扩展的地方。

（4）质点沉淀理论：铸坯在冷却过程中，AlN 等质点在奥氏体晶界沉淀，增加了晶界脆性，增加了裂纹产生的敏感性。

（5）偏析理论：任何事物的发生、发展都是由内因与外因共同作用的结果，裂纹的形成也不例外。裂纹无论它们的外观有何差别，在裂纹形成前都存在着局部偏析，这种偏析总是在铸坯表面沿树枝晶主轴扩展，偏析包括 C、Mn、P、S 的富集。纵裂开口部位总是沿偏析厚度或长度方向扩展。

4.3.1.2 力学观点

铸坯在什么情况下会产生裂纹，如何判断，以什么作为裂纹产生的判据，是人们普遍关心的问题。经过长期的实验研究，可以用来作为衡量坯壳是否会生成裂纹的力学判据主要有三种观点。

(1) 临界应力：以凝固过程中坯壳所承受的应力来判断裂纹的形成，如应力超过了固相线温度附近的临界强度，就会产生裂纹。

(2) 临界应变：当固液界面固相的变形量超过临界应变值时就产生纵裂。

(3) 临界时间：认为坯壳某处对裂纹的敏感性和裂纹形成的程度取决于该处处于脆性温度范围（脆性区）的时间间隔，这个时间间隔超过了某一定值(称为临界时间)时坯壳便会产生裂纹或原有的裂纹扩大。

Hieble 认为在一定浇铸工艺条件下，连铸机的设计、铸机的安装精度和铸机的状态对运行的高温坯壳的受力变形起决定作用，采用应变标准即临界应变来预报裂纹的产生更为合理。

4.3.2 连铸坯内部裂纹开裂机理及影响因素

连铸坯裂纹发生一般可用开裂指数来表示。其他工艺条件相同的情况下，开裂指数越大，铸坯越容易产生裂纹缺陷[85]。开裂指数与等效应力紧密相关，其大小等于铸坯等效应力与材料的极限抗拉强度的比值[86]，如式(4-83) 所示：

$$\alpha = \frac{\sigma_e}{K\,(T_s - T)^q} \tag{4-83}$$

式中，σ_e 为等效应力，MPa；K 为系数，1.2^q，$q=0.5$；T_s为固相线温度，K；T 为铸坯温度，K。

铸坯在什么情况下会产生开裂是人们一直以来最关心的问题。连铸坯在凝固过程中所承受的应力在较大的范围内变化，当坯壳所承受的应力和铸坯的高温强度之间不协调时，铸坯内就会产生裂纹，所以铸坯裂纹的产生取决于铸坯断面上的应力分布和材料的高温强度。

前人经过长期大量的实验研究，提出了几种判据用来作为衡量坯壳是否会生成裂纹。

临界应力假说：当铸坯从结晶器中被拉出，其心部仍未凝固，两相界面处的晶体强度非常低，仅为 1～3MPa，从变形到断裂所需的应变仅为 0.2%～0.4%。当铸坯受力（热应力、鼓肚力、拉辊力、矫直力等）超过上述临界值时就在固液面产生裂纹，随后萌生裂纹，沿柱状晶扩展，最后形成开裂。

临界应变假说：该假说认为，铸坯坯壳产生的裂纹是由于该位置的总应变超过了临界应变（又称允许应变）。铸坯的临界应变值，除了受钢种和温度等条件影响之外，最主要的是受应变速率的影响。一般情况下，应变速率越高，临界应变值越低。铸坯的允许应变在脆性温度范围内取0.2%，文献[87]取0.1%～0.4%；在脆性温度范围之外取1.5%～2.0%。两相区范围的宽度对极限应变影响较大[88]，工业连铸机上实验值取0.2%～1.0%。一般认为：1300℃时，应变等于0.2%作为判断产生裂纹的标准是合适的[89]。

临界时间假说：临界时间假说认为，铸坯坯壳在连铸过程中对裂纹的敏感性和裂纹形成的程度取决于该位置在脆性温度范围（脆性区）的时间间隔。该时间间隔超过了某一定值（称为临界时间）时，铸坯坯壳便会产生裂纹或原有裂纹扩大。铸坯坯壳处于脆性区时间的长短，主要取决于铸坯的化学成分。一般来说，含碳量的增加会使铸坯坯壳在两相脆性区内停留的时间间隔增加，从而使铸坯坯壳对裂纹的敏感性增加。Hieble[90]总结了前人的研究结果之后，得到了临界应变与钢中碳当量的关系曲线，如图4-23所示。

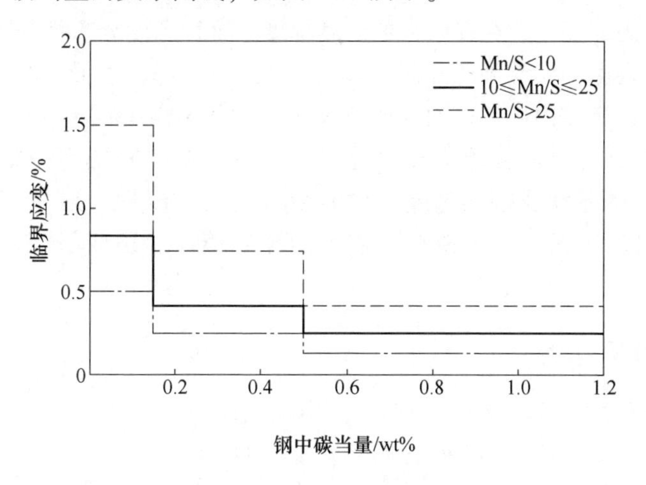

图4-23 临界应变与钢种成分的关系

影响铸坯内部开裂的因素有两个方面：一方面是因钢的自身特点造成（高温脆性），对于一个确定的钢种，其高温力学性能就基本确定；另一方面是浇铸过程中受外部应力影响的结果。连铸过程铸坯凝固前沿所受应力主要为坯壳内部钢水静压力造成的鼓肚应力、铸坯温度不均匀造成的热应力、矫直过程产生的矫直应力、轻压下过程压下辊产生的压下应力和由于火辊变形、对弧对中不好等原因造成的附加机械应力，上述应力造成的应变变形是产生内部裂纹的外因。通常定义总应变作为分析内裂纹产生的依据，当铸坯应力过于集中，局部应变过大时，就会产生内裂纹。

(1) 鼓肚应变。从结晶器出来的连铸坯，中心有许多钢水还没有凝固，坯壳薄，温度高，强度低，在钢水静压的作用下，坯壳向周围扩张，导致鼓肚出现，坯壳变形，即产生了鼓肚应变。鼓肚的大小与坯壳承受的静压力、二冷区夹辊的直径和辊间距有关。一般的连铸生产，由鼓肚引起的应变约为 0.2%～0.8%，这个数值是较大的，也是连铸坯所承受的应变中较大的一种，又由于鼓肚应变发生在整个连铸过程的早期，易于引发内部裂纹。如果这种裂纹发展到表面，就会引起漏钢事故。

(2) 矫直应变。弧形连铸机在生产过程中对铸坯的矫直，会使铸坯产生较大的应变，从而产生平行于矫直辊的表面横向裂纹，当带液芯矫直时，还会产生内部横向裂纹。

(3) 夹辊不对中应变。夹辊不对中应变是由于夹辊磨损、变形、轴承松动等产生的位移造成的。在结晶器出口处，夹辊不对中应变造成的危害尤为严重，它能增大或引发铸坯鼓肚产生，导致产生裂纹甚至拉漏事故。

(4) 热应力。由于凝固坯壳外表面被强制冷却，而铸坯内部液芯接近于钢液温度，在凝固坯壳内会存在很大的温度梯度。这种温度分布得强烈不均，使得坯壳各部分的自由伸缩受到相互制约，从而在坯壳内部产生很大的热应力，过大的热应力会使铸坏在内部和表面生成裂纹或使原有的裂纹扩展。

(5) 压下应变。随着动态技术的广泛应用，在实际生产中如果轻压下的压下量过大，铸坯承受挤压过度，可能会引起尚未凝固且富集溶质元素的钢液流到相邻的鼓肚区，形成偏析，还可能导致铸坯内裂或引起对轻压下设备的损伤。

4.3.3　连铸坯应力分析

以有限元分析软件 ANSYS 为例，其中提供了三种热应力的分析方法：一是物体的结构热应力分析，如果可以获得物理模型中每一个节点单元的温度，则通过定义其温度值，并将其作为载荷施加在热应力的求解过程中；二是间接法，该方法首先对铸坯模型的温度场进行模拟分析得到铸坯在每个位置的温度分布，然后将得到的温度场作为体载荷施加在需要求解的模型应力场中；三是直接法，通过利用有限元分析软件中具有温度和结构力学双向耦合模块，直接对铸坯温度场和应力场进行求解。

如果已知物体模型的每一个节点单元的温度，适合直接使用第一种方法。但是对于连铸来说，铸坯模型的节点温度一般都不知道，通常使用第二种方法。因为这种方法可以应用多种温度场和应力场的求解分析功能。如果热分析是瞬态的，仅仅计算出温度梯度中最大的时间点，然后将该时间点对应的温度场作为体载荷加载到需要求解的应力场中。间接法顺序耦合分析数据流程图如图 4-24 所示。如果温度场和应力场的耦合是双向的，即温度场的模拟仿真结果对应力场的结果有影响，与此同时应力场引起的变形又会反过来影响热分析，则这种情况采用第三种，即直接法。

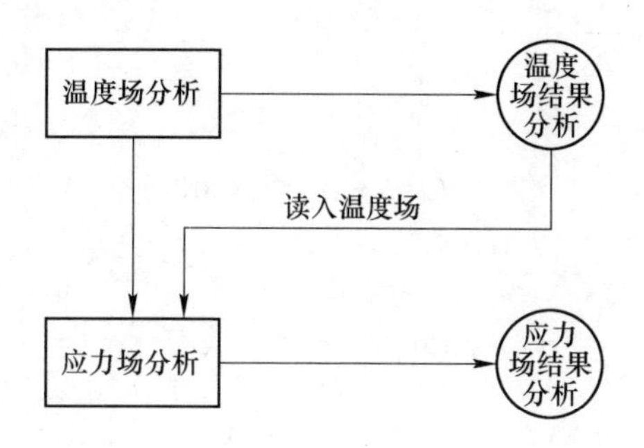

图 4-24 间接法顺序耦合分析数据流程图

4.3.4 连铸过程中铸坯的应力应变模型[91]

4.3.4.1 模型中的假设条件

一般为了方便计算，在建立模型之前进行一些假设：

（1）将铸坯的应变状态做二维处理，忽略拉坯方向上的热应变；

（2）铸坯因热应力发生的变形较小，满足微小变形原理；

（3）材料各向同性且均匀，其高温力学性能是与温度相关的函数变量；

（4）用 Mises 屈服准则来描述铸坯的屈服极限；

（5）用 Prandtl-Rsuss 塑性流动增量理论来描述铸坯在弹塑性屈服状态下应力和应变之间的增量关系。

4.3.4.2 模型中的控制方程

采用数值模拟方法计算铸坯应力场时，热应力的约束条件可以分为以下三种：外部变形、内部各个区域相互牵连、相互变形。通常只分析在铸坯温度发生变化时，由于铸坯内部各个区域之间的变形而引起的热应力。根据热胀冷缩原理，当物体受热温度升高时，其内部的每一个组织单元都会发生体积膨胀。假设物体温度升高为 T，线膨胀系数为 α，则因温度升高或降低形成的热应变为：

$$\varepsilon_x' = \varepsilon_y' = \varepsilon_z' = \alpha T,\ \gamma_x' = \gamma_y' = \gamma_z' = 0 \tag{4-84}$$

当物体整体受热不均匀时，将会形成温度梯度导致其内部微小单元体不能自由膨胀，进而发生应变。根据热应力理论，物体内每个单元的变形是上述两种不同应变的线性组合，可用下式进行描述：

$$\varepsilon_x = \frac{1}{E}[\sigma_x - \mu(\sigma_y + \sigma_z)] + \alpha T, \gamma_{xy} = \frac{1}{G}\tau_{xy} \tag{4-85}$$

$$\varepsilon_y = \frac{1}{E}[\sigma_y - \mu(\sigma_x + \sigma_z)] + \alpha T, \gamma_{yz} = \frac{1}{G}\tau_{yz} \tag{4-86}$$

$$\varepsilon_z = \frac{1}{E}[\sigma_z - \mu(\sigma_x + \sigma_y)] + \alpha T, \gamma_{zx} = \frac{1}{G}\tau_{zx} \tag{4-87}$$

与之相对应的体积应变为：

$$\theta = \varepsilon_x + \varepsilon_y + \varepsilon_z = \frac{1 - 2\mu}{E}(\sigma_x + \sigma_y + \sigma_z) + 3\alpha T \tag{4-88}$$

将方程整理为应力应变的形式为：

$$\sigma_x = 2G\varepsilon_x + \lambda\theta - 2G\frac{1 + \mu}{1 - 2\mu}\alpha T, \tau_{xy} = G\gamma_{xy} \tag{4-89}$$

$$\sigma_y = 2G\varepsilon_y + \lambda\theta - 2G\frac{1 + \mu}{1 - 2\mu}\alpha T, \tau_{yz} = G\gamma_{yz} \tag{4-90}$$

$$\sigma_z = 2G\varepsilon_z + \lambda\theta - 2G\frac{1 + \mu}{1 - 2\mu}\alpha T, \tau_{zx} = G\gamma_{zx} \tag{4-91}$$

将上述方程中的应变用位移来描述，则得到热-力平衡方程如下式：

$$(\lambda + G)\frac{\partial\theta}{\partial x} + G\nabla^2 u - 2G\frac{1 + \mu}{1 - 2\mu}\alpha\frac{\partial T}{\partial x} = 0 \tag{4-92}$$

$$(\lambda + G)\frac{\partial\theta}{\partial y} + G\nabla^2 v - 2G\frac{1 + \mu}{1 - 2\mu}\alpha\frac{\partial T}{\partial y} = 0 \tag{4-93}$$

$$(\lambda + G)\frac{\partial\theta}{\partial z} + G\nabla^2 w - 2G\frac{1 + \mu}{1 - 2\mu}\alpha\frac{\partial T}{\partial z} = 0 \tag{4-94}$$

只考虑温度的影响，则可得到用位移来描述模型中边界条件为：

$$2G\frac{1+\mu}{1-2\mu}\alpha Tl=\left(\lambda\theta+2G\frac{\partial u}{\partial x}\right)l+G\left(\frac{\partial v}{\partial x}+\frac{\partial u}{\partial y}\right)m+G\left(\frac{\partial w}{\partial x}+\frac{\partial u}{\partial z}\right)n \tag{4-95}$$

$$2G\frac{1+\mu}{1-2\mu}\alpha Tm=G\left(\frac{\partial v}{\partial x}+\frac{\partial u}{\partial y}\right)l+\left(\lambda\theta+2G\frac{\partial v}{\partial y}\right)m+G\left(\frac{\partial w}{\partial y}+\frac{\partial v}{\partial z}\right)n \tag{4-96}$$

$$2G\frac{1+\mu}{1-2\mu}\alpha Tn=G\left(\frac{\partial w}{\partial x}+\frac{\partial u}{\partial z}\right)l+G\left(\frac{\partial v}{\partial z}+\frac{\partial w}{\partial y}\right)m+\left(\lambda\theta+2G\frac{\partial w}{\partial z}\right)n \tag{4-97}$$

$$G=\frac{E}{2(1+\mu)} \tag{4-98}$$

式中，E 为弹性模量，MPa；σ 为热应力，MPa；α 为坯壳收缩系数；λ 为导热系数；μ 为泊松比。

一般情况下，如果已知了物体的温度场分布后，则可以用解析式的方法来计算由温度引起的热应力。但由于连铸过程中的温度场和应力场，其热传递和边界条件较为复杂，要进行理论解析非常困难，因此可采用更加方便的有限元方法来进行求解。

当铸坯进入塑性状态后，应力和应变之间的关系不再是相对简单的线性对应，铸坯发生应变不仅仅与铸坯所受的应力有关，而且还与温度载荷的加载过程和时间紧密相连。因此，需要通过利用增量理论原理，建立可以反映加载历史的应力应变关系式：

力平衡方程
$$\frac{\partial}{\partial x_j}\mathrm{d}\sigma_{ij}+\mathrm{d}F_i=0 \tag{4-99}$$

几何方程
$$\mathrm{d}\varepsilon_{ij}=\frac{1}{2}\left(\frac{\partial}{\partial x_j}\mathrm{d}u_i+\frac{\partial}{\partial x_i}\mathrm{d}u_j\right) \tag{4-100}$$

力边界条件
$$\sigma_{ij}n_j=\mathrm{d}p_i \tag{4-101}$$

位移边界条件
$$\mathrm{d}u_i=\mathrm{d}u_i^0 \tag{4-102}$$

式中，σ_{ij} 为应力张量；$\mathrm{d}F_i$ 为体积力增量；ε_{ij} 为应变张量；$\mathrm{d}p_i$ 为作用在边界上的外力增量；$\mathrm{d}u_i$ 为位移增量；$\mathrm{d}u_i^0$ 为边界上给定的位移增量；n_j 为边界外法线方向向量；x_i、x_j 为不同方向的坐标。

4.3.4.3 初始条件和边界条件

在进行热应力模拟时，首先将之前模拟得到的铸坯温度场结果作为边界条件施加到应力应变分析模型上，因为模型为一个整体铸坯截面，因此设定四条边为自由边界。

4.4 铸坯凝固过程析出物变化特征

碳氮化物的量及成分在决定钢的优化成分和最优的热处理参数方面是非常关键的。钢的力学性能的提高与钢中析出的大量细小碳化物、氮化物、碳氮化物等通过细晶强化或析出强化等方式得以加强。细小的析出物具有能阻止奥氏体晶粒长大的能力（高温加热过程）。析出强化被认为是最主要的强化机制。目前对析出物的研究仅仅局限于析出相的观察和现象描述上，对析出热力学缺乏更深层次的理论研究和定量化研究。材料热力学的目的是揭示材料中的相和组织的形成规律，利用材料热力学的计算结果对析出物进行解释并对其进行定量化研究具有重要意义。

4.4.1 铸坯凝固过程析出物分析及热力学计算

在板坯的加热过程中，板坯中合金元素的回溶和析出行为将直接影响产品的最终性能。Nb、Ti 等合金元素的碳氮化物第二相，在板坯加热过程中，对阻止奥氏体晶粒长大起着非常重要的作用。在板坯加热奥氏体化过程中，微合金碳氮化物的溶解过程会直接影响到奥氏体晶粒大小、晶粒均匀化程度及随后变形过程中的奥氏体再结晶规律，而这些因素都会对最终的相变产物及其粗细程度和分布状态产生影响，从而引起轧后钢材综合力学性能的变化。在不同的温度下，微合金元素形成的碳氮化物的分子式、析出物析出的体积以及各种微合金元素在板坯中的固溶量均不相同，深刻认识析出物的固溶析出规律，对制定加热和轧制工艺，以及了解析出物析出的动力学有非常重要的作用。

析出物的体系为 Fe-Nb-Ti-C-N 系统。由于置换元素（Nb,Ti）和间隙元素（C,N）在合金中的质量分数非常少，所以它们在奥氏体中形成稀溶液，并且满足亨利定律。假设（Nb,Ti）（C,N）符合理想化学配比，即碳氮化物中金属原子的数量等于间隙原子的数量，忽略间隙和金属空位。复合碳氮化物的化学式可以写成 $(Nb_xTi_{1-x})(C_yN_{1-y})$，其中，$x$、$1-x$ 和 y、$1-y$ 分别为 Nb、Ti 和 C、N 在各自亚点阵中的摩尔分数。1mol 碳氮化物 $(Nb_xTi_{1-x})(C_yN_{1-y})$ 可以看作是二元碳化物和氮化物的混合，即 1mol $(Nb_xTi_{1-x})(C_yN_{1-y})$ 中，含有 xy mol NbC、$x(1-y)$ mol NbN、$(1-x)y$ mol TiC、$(1-x)(1-y)$ mol TiN。这样，碳氮化物 $(Nb_xTi_{1-x})(C_yN_{1-y})$ 的形成自由能为[92-94]：

$$G_{(Nb_xTi_{1-x})(C_yN_{1-y})} = xyG^{\ominus}_{NbC} + x(1-y)G^{\ominus}_{NbN} + (1-x)yG^{\ominus}_{TiC} + (1-x)(1-y)G^{\ominus}_{TiN} - T\,'S^{m} + {}^{E}G^{m} \tag{4-103}$$

式中，$G^{\ominus}_{NbC}$、$G^{\ominus}_{NbN}$、$G^{\ominus}_{TiC}$ 和 $G^{\ominus}_{TiN}$ 为纯二元化合物在任意温度的形成标准自由能；$'S^{m}$ 为理想混合熵；${}^{E}G^{m}$ 为过剩自由能；T 为绝对温度。

假定金属原子和非金属原子各自在其亚点阵内随机混合，则理想混合熵 $'S^{m}$ 由下式给出：

$$-\frac{'S^{m}}{R} = x\ln x + (1-x)\ln(1-x) + y\ln y + (1-y)\ln(1-y) \tag{4-104}$$

式中，R 为气体常数。

考虑到 Nb-Ti 和 C-N 的交互作用，过剩自由能采用规则溶液模型为：

$$^{E}G^{m} = x(1-x)yL^{C}_{NbTi} + x(1-x)(1-y)L^{N}_{NbTi} + xy(1-y)L^{Nb}_{CN} + (1-x)y(1-y)L^{Ti}_{CN} \tag{4-105}$$

式中，L^{C}_{NbTi}、L^{N}_{NbTi}、L^{Nb}_{CN}、L^{Ti}_{CN} 为交互作用参数。

二元化合物析出相的偏摩尔自由能为：

$$\overline{G}_{NbC} = G^{\ominus}_{NbC} + (1-x)(1-y)\Delta G + RT\ln x + RT\ln y + {}^{E}\overline{G}_{NbC} \tag{4-106}$$

$$\overline{G}_{NbN} = G^{\ominus}_{NbN} - (1-x)y\Delta G + RT\ln x + RT\ln(1-y) + {}^{E}\overline{G}_{NbN} \tag{4-107}$$

$$\overline{G}_{TiC} = G^{\ominus}_{TiC} - x(1-y)\Delta G + RT\ln(1-x) + RT\ln y + {}^{E}\overline{G}_{TiC} \tag{4-108}$$

$$\overline{G}_{TiN} = G^{\ominus}_{TiN} + xy\Delta G + RT\ln(1-x) + RT\ln(1-y) + {}^{E}\overline{G}_{TiN} \tag{4-109}$$

式中，$\Delta G = G^{\ominus}_{NbN} + G^{\ominus}_{TiC} - G^{\ominus}_{TiN} - G^{\ominus}_{NbC}$。

由于描述碳化物和氮化物的规则溶液参数有限，因此使用一些简化处理：交互作用参数 L^{C}_{NbTi}、L^{N}_{NbTi} 取 0；L^{Nb}_{CN}、L^{Ti}_{CN} 取−4260J/mol。偏过剩自由能为：

$$^{E}\overline{G}_{NbC} = {}^{E}\overline{G}_{TiC} = L_{CN}(1-y)^2 \tag{4-110}$$

$$^{E}\overline{G}_{NbN} = {}^{E}\overline{G}_{TiN} = L_{CN}y^2 \tag{4-111}$$

从热力学角度看，当奥氏体和碳氮化物达到热力学平衡时，析出相中由原子交互作用产生的自由能变化量一定等于奥氏体中的自由能变化量。因此，奥氏体与析出相间的热力学平衡条件如下：

$$\overline{G}_{\mathrm{NbC}} = \overline{G}^{\gamma}_{\mathrm{Nb}} + \overline{G}^{\gamma}_{\mathrm{C}} \tag{4-112}$$

$$\overline{G}_{\mathrm{NbN}} = \overline{G}^{\gamma}_{\mathrm{Nb}} + \overline{G}^{\gamma}_{\mathrm{N}} \tag{4-113}$$

$$\overline{G}_{\mathrm{TiC}} = \overline{G}^{\gamma}_{\mathrm{Ti}} + \overline{G}^{\gamma}_{\mathrm{C}} \tag{4-114}$$

$$\overline{G}_{\mathrm{TiN}} = \overline{G}^{\gamma}_{\mathrm{Ti}} + \overline{G}^{\gamma}_{\mathrm{N}} \tag{4-115}$$

式中，$\overline{G}^{\gamma}_{\mathrm{Nb}}$、$\overline{G}^{\gamma}_{\mathrm{Ti}}$、$\overline{G}^{\gamma}_{\mathrm{C}}$和$\overline{G}^{\gamma}_{\mathrm{N}}$为Nb、Ti、C、和N在奥氏体中的偏摩尔自由能，其表达式为：

$$\overline{G}_{\mathrm{M}} = RT\ln a_{\mathrm{M}} \tag{4-116}$$

式中，a_{M}为组元M的活度。对于很小的溶解组元含量，活度可以通过摩尔分数M_{s}表示。对以上式进行转化，得到最后的平衡条件方程。

$$y\ln\frac{xyK_{\mathrm{NbC}}}{[\mathrm{Nb_s}][\mathrm{C_s}]} + (1-y)\ln\frac{x(1-y)K_{\mathrm{NbN}}}{[\mathrm{Nb_s}][\mathrm{N_s}]} + y(1-y)\frac{L_{\mathrm{CN}}}{RT} = 0 \tag{4-117}$$

$$x\ln\frac{xyK_{\mathrm{NbC}}}{[\mathrm{Nb_s}][\mathrm{C_s}]} + (1-x)\ln\frac{y(1-x)K_{\mathrm{TiC}}}{[\mathrm{Ti_s}][\mathrm{C_s}]} + (1-y)^2\frac{L_{\mathrm{CN}}}{RT} = 0 \tag{4-118}$$

$$x\ln\frac{x(1-y)K_{\mathrm{NbN}}}{[\mathrm{Nb_s}][\mathrm{N_s}]} + (1-x)\ln\frac{(1-x)(1-y)K_{\mathrm{TiN}}}{[\mathrm{Ti_s}][\mathrm{N_s}]} + y^2\frac{L_{\mathrm{CN}}}{RT} = 0 \tag{4-119}$$

式中，$[\mathrm{Nb_s}]$、$[\mathrm{Ti_s}]$、$[\mathrm{C_s}]$和$[\mathrm{N_s}]$和为平衡时奥氏体中这些组元的摩尔分数。根据质量守恒定律可以得到以下方程：

$$[\mathrm{Nb_0}] = \frac{x}{2}f + (1-f)[\mathrm{Nb_s}] \tag{4-120}$$

$$[\mathrm{Ti_0}] = \frac{1-x}{2}f + (1-f)[\mathrm{Ti_s}] \tag{4-121}$$

$$[\mathrm{C_0}] = \frac{y}{2}f + (1-f)[\mathrm{C_s}] \tag{4-122}$$

$$[N_0] = \frac{1-y}{2}f + (1-f)[N_s] \tag{4-123}$$

式中，$[M_0]$ 为析出前奥氏体中对应溶质的摩尔分数；f 为析出物的摩尔分数。

为了求解方程，必须要知道碳化物、氮化物的溶度积，方程中溶度积通常都是以 $\lg K_{[M][X]} = B - A/T$ 的形式给出，其中 B 和 A 均为常数，$[M]$、$[X]$ 分别为间隙原子和金属原子的质量分数，但在方程式（4-117）~式（4-123）中浓度和溶度积都要以摩尔分数表示的，计算过程中需对两者进行转换，如下式：

$$K_{[M][X]} = \frac{(\mathrm{Fe})^2}{10^4(M)(X)} \times 10^{B-A/T} \tag{4-124}$$

式中，(Fe)、(M)、(X) 分别为相应 Fe、合金元素和间隙元素的原子质量。本书中所用的固溶度积公式的系数取值如表 4-1 所示。

表 4-1 析出相在 γ-Fe 中的溶度积

化合物	A	B
NbC	7510	2.960
NbN	10800	3.700
TiC	10745	5.330
TiN	8000	0.322

钢铁材料中的第二相很少有单纯的二元第二相，但也很少出现真正化学意义的三元以上的第二相。这主要是因为，当钢中同时存在多种第二相形成元素时，将可能形成多种类型的单元和二元第二相，而这些单元和二元第二相由于晶格常数相近，通常可以相互溶解，同时还可能溶入多种其他的元素，这就使得钢中经常出现三元以上的第二相，碳氮化物的晶体结构为 NaCl 结构。表 4-2 给出了 Nb、V、Ti 碳氮化物的晶格常数。

表 4-2 微合金碳氮化物晶体常数

元　素	晶体常数/$\times10^{-10}$m	
	碳化物	氮化物
Ti	4.31~4.33	4.22~4.24
Nb	4.45~4.47	4.37~4.40
V	4.13~4.18	4.10~4.20

热力学平衡计算结果如表 4-3 所示，计算得到各温度（1073～1523K）下 Nb、Ti、C、N 的平衡摩尔分数及 Nb、C 在间隙亚点阵中所占分数及析出碳氮化物的摩尔分数。

表 4-3 析出相 $(Nb_xTi_{1-x})(C_yN_{1-y})$ 与奥氏体的平衡计算结果

温度/K	Nb 平衡摩尔分数	Ti 平衡摩尔分数	C 平衡摩尔分数	N 平衡摩尔分数	x（Nb 在间隙亚点阵中所占分数）/%	y（C 在间隙亚点阵中所占分数）/%	f（析出碳氮化物的摩尔分数）
初始	13.72×10^{-5}	14.21×10^{-5}	73.96×10^{-4}	13.07×10^{-5}			
1523	12.37×10^{-5}	7.027×10^{-5}	73.83×10^{-4}	5.973×10^{-5}	15.6550	16.555	17.01×10^{-5}
1473	11.06×10^{-5}	5.61×10^{-5}	73.71×10^{-4}	4.514×10^{-5}	23.5000	23.800	22.47×10^{-5}
1423	8.696×10^{-5}	4.399×10^{-5}	73.47×10^{-4}	3.348×10^{-5}	33.8000	34.341	29.60×10^{-5}
1373	5.95×10^{-5}	3.316×10^{-5}	73.18×10^{-4}	2.517×10^{-5}	41.5900	43.370	37.27×10^{-5}
1323	3.737×10^{-5}	2.379×10^{-5}	72.93×10^{-4}	1.95×10^{-5}	45.7370	48.960	43.57×10^{-5}
1273	2.21×10^{-5}	1.61×10^{-5}	72.74×10^{-4}	1.546×10^{-5}	47.7000	52.130	48.16×10^{-5}
1223	1.24×10^{-5}	1.03×10^{-5}	72.62×10^{-4}	1.244×10^{-5}	48.6229	53.860	51.26×10^{-5}
1173	6.53×10^{-6}	6.22×10^{-6}	72.54×10^{-4}	1.016×10^{-5}	49.0000	54.700	53.30×10^{-5}
1123	3.23×10^{-6}	3.55×10^{-6}	72.5×10^{-4}	8.33×10^{-6}	49.1400	55.050	54.44×10^{-5}
1073	1.50×10^{-6}	1.89×10^{-6}	72.45×10^{-4}	6.79×10^{-6}	49.3000	56.200	55.10×10^{-5}

随着温度的降低，溶于钢中的 Nb、Ti 合金元素会逐渐降低，析出的摩尔分数会随之增加，析出最大的摩尔分数 f 为 5.5×10^{-4}。热力学模型的求解结果，即 Nb、Ti、C、N 平衡摩尔分数，Nb、C 在间隙亚点阵中所占分数及析出碳氮化物的摩尔分数随温度的变化关系如图 4-25 和图 4-26 所示。

随着温度的降低，C 和 Nb 在碳氮析出物 $(Nb_xTi_{1-x})(C_yN_{1-y})$ 的占位分数也会逐渐增加。析出颗粒 M(C,N) 中的 Ti 含量逐渐降低，而 Nb 含量逐渐升高。由表 4-3 得出 800℃时 Nb 在间隙亚点阵中占位分数 49.3%，Ti 在间隙亚点阵中所占分数 50.7%，析出颗粒中的 Nb 和 Ti 均达到约 50%。从图 4-26 可以看出，Nb 析出在 1523～1073K 温降区间时，析出占位分数从 15%增加到 50%，且在此区间 C 析出的占位分数从 16%增加到 56%。由于 Ti 的析出温度较高，因此在钢的凝固过程中常以微细的富 Ti 夹杂（一般为 TiN）产生，而随着温度降低析出过程的持续，更多的 Nb 将以 C、N 化物形式析出。由于 Nb(C,N) 和Ti(C,N)点阵结构相同，晶格常数接近，大部分 Nb(C,N) 将以先期形成的富 Ti 质点为核心而析出，形成复合析出相。因而随着析出颗粒的长大，析出物中的 Ti/Nb 逐渐减小。

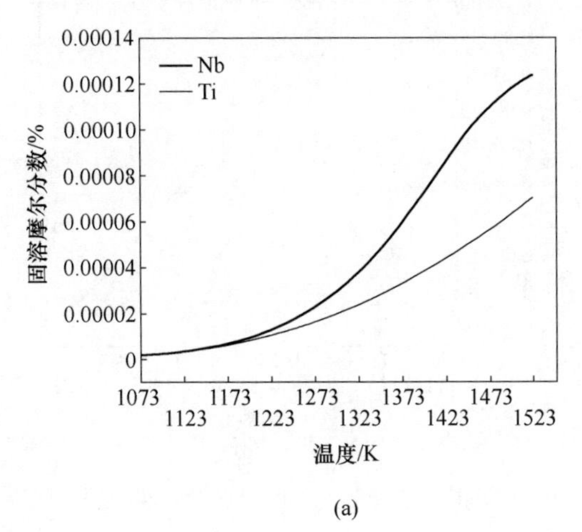

(a)

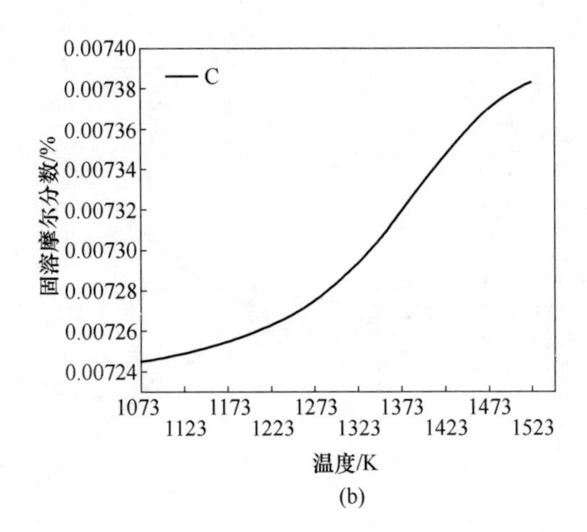

(b)

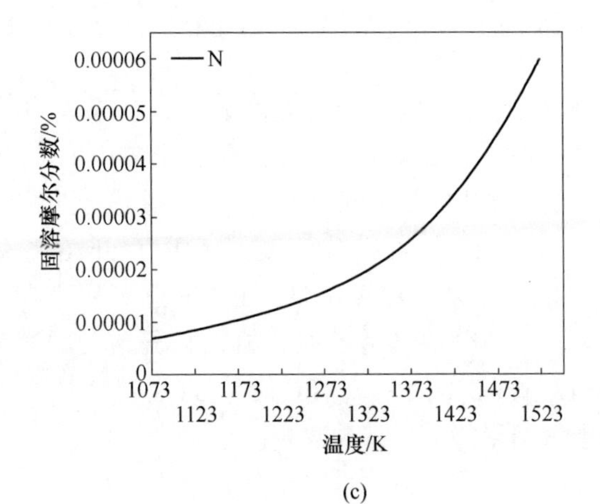

(c)

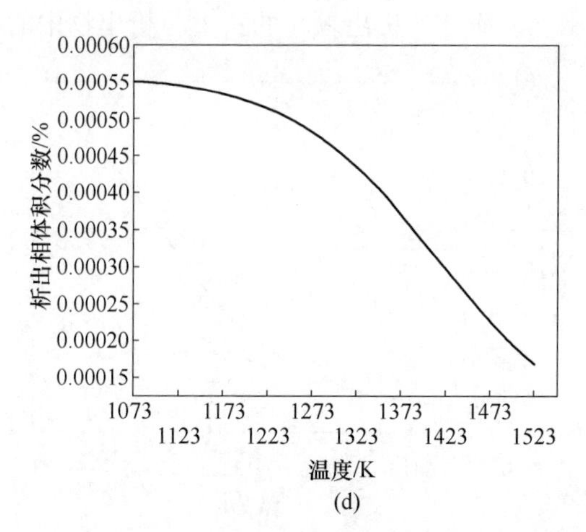

图 4-25　温度对奥氏体中合金元素固溶含量、间隙原子固溶含量及析出相体积分数的影响

(a) Nb、Ti 元素；(b) C 元素；(c) N 元素；(d) 析出相体积分数

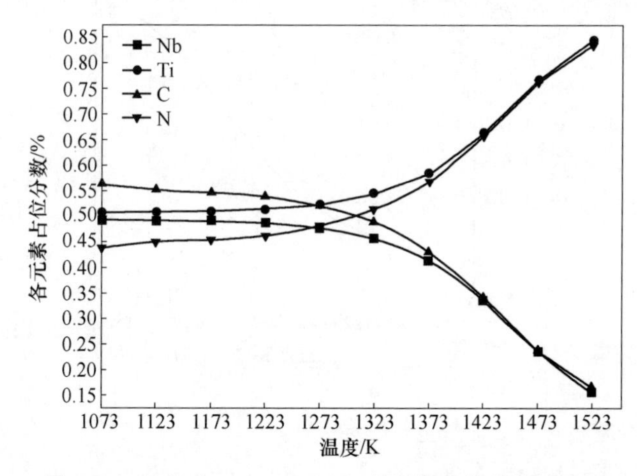

图 4-26　温度对 Nb、Ti、C、N 各元素占位分数的影响

图 4-27 为析出颗粒透视电镜及所对应的能谱。结果表明随着温度的降低，Ti/Nb 原子的质量比由 78/22 逐渐下降到 50/50。能谱中的 Cu 峰是制备试样时 Cu 网所致，大部分析出相形状由规则形状逐渐过渡至接近不规则多边形。图 4-28为析出颗粒长大过程中的成分演变示意图，开始高温时粒子组成为 $(Nb_{0.15}Ti_{0.85})(C_{0.16}N_{0.84})$，随着温度降低，Ti/Nb 逐渐减小，富 Ti 的析出物逐渐过渡至 Nb-Ti 均匀，占位分数各占 50%，析出粒子演变顺序为 $(Nb_{0.15}Ti_{0.85})(C_{0.16}N_{0.84})$、$(Nb_xTi_{1-x})(C_yN_{1-y})$、$(Nb_{0.5}Ti_{0.5})(C_{0.56}N_{0.44})$。热力学计算结果同透射电镜及能谱测量结果能够很好地吻合。

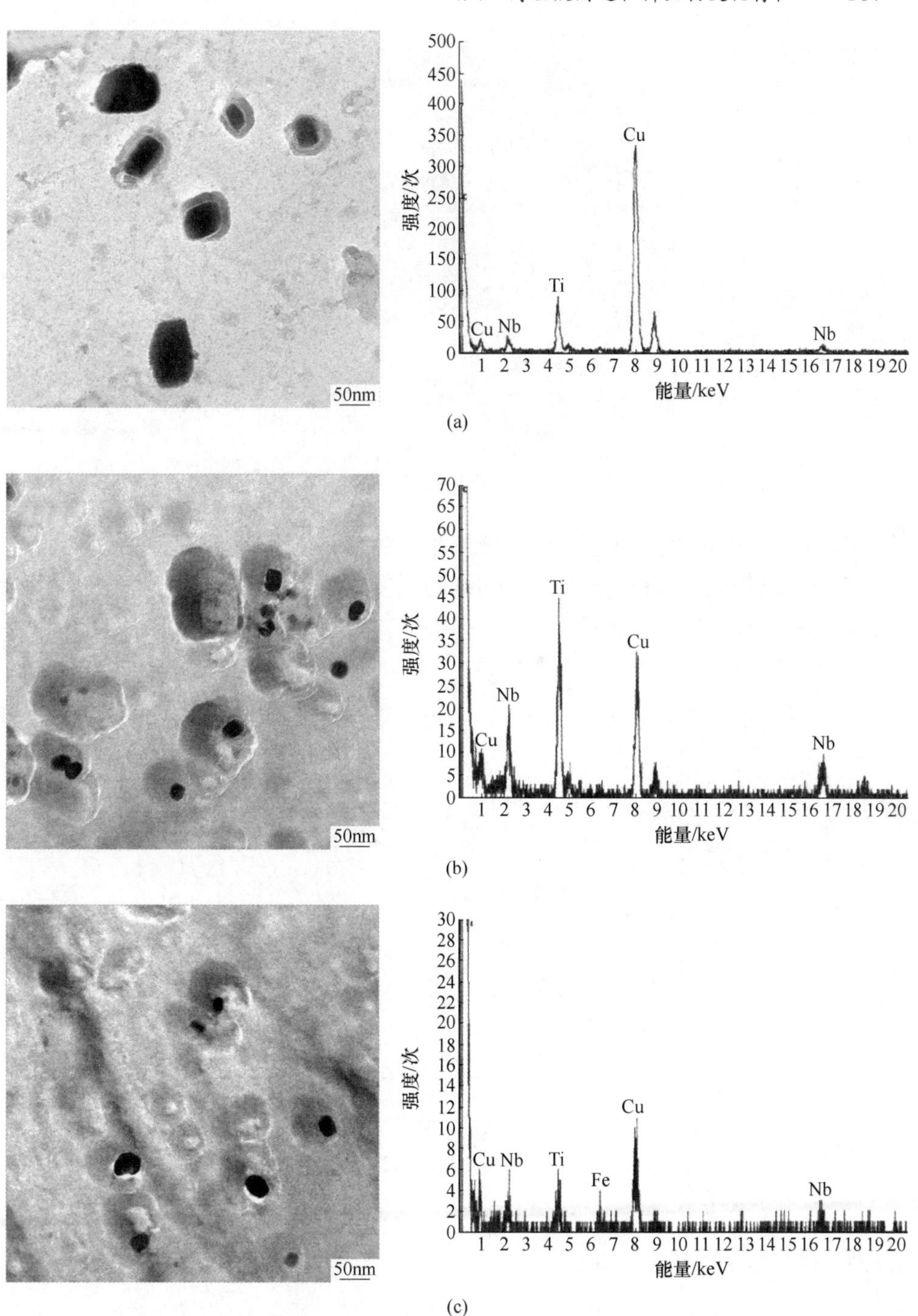

图 4-27 不同温度下析出颗粒的 SEM 像及 EDS 谱

(a) 950℃; (b) 900℃; (c) 800℃

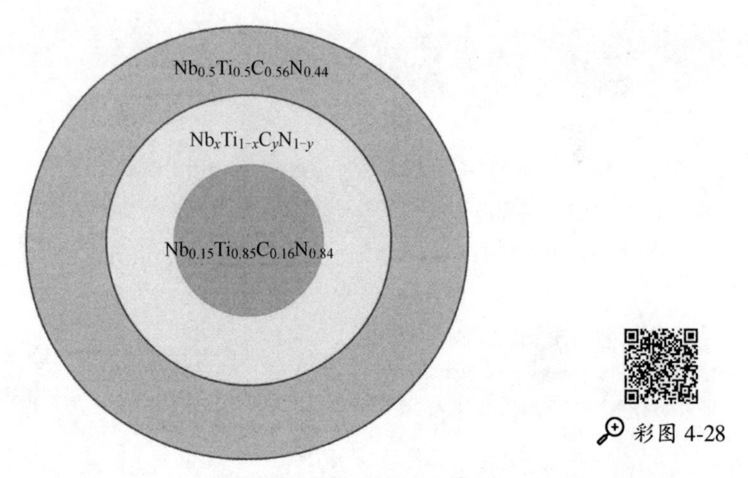

图 4-28　(Nb, Ti) (C, N) 颗粒在析出过程中的成分演变示意图

图 4-29 采用热力学模型计算了碳氮化物的形核驱动力随温度的变化规律。可以看出，碳氮化物的析出相体积自由能随温度的降低而升高，即形核驱动力增大，两者基本近似成反比例的关系。在 1073K 时，析出相的化学体积自由能为 $-4.253\times10^{-9}J/m^3$。

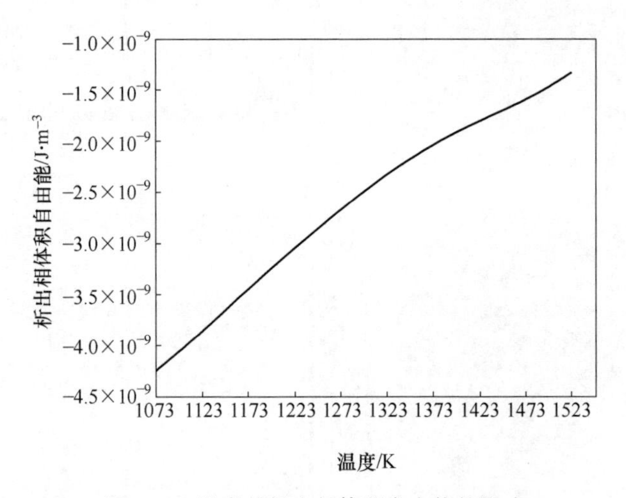

图 4-29　温度对析出相体积自由能的影响

4.4.2　进加热炉前析出物分析

在钢中添加微合金元素，使之形成碳氮化物以提高钢的组织性能，利用在不同的条件下产生溶解和析出，弥散地分布在奥氏体晶界上，故能有效地阻止高温下奥氏体晶粒的长大以及产生沉淀强化作用。由于热送热装工艺的热履历不同，

使得钢中主要微合金元素的固溶析出过程存在明显的差异，这将明显地影响其微合金化效果，并最终影响到产品的性能和质量[95]。

由图4-30可以看出，1000℃高温热装组织透射电镜可以看出，1000℃高温热装时连铸坯组织中析出物与两相区热装和低温热装相比较分布最为稀疏，从图4-30中900℃、800℃装炉组织透射电镜和能谱分析可以看出，与高温1000℃热装组织中析出物相比较，900℃和800℃热装时析出物数量增多，颗粒的尺寸减小。700℃和室温装炉组织透射电镜和能谱分析为（Nb,Ti)(C,N)，与其他热装温度析出物相比较，室温装炉组织析出的二相粒子最为细小弥散。可以看出随着实验初始温度的降低，析出物尺寸逐渐减小、数量在逐渐增多，主要由于随着温度的降低，C和合金元素原子的扩散能力降低，在析出形核和长大过程受阻，导致析出的尺寸减小[96]。

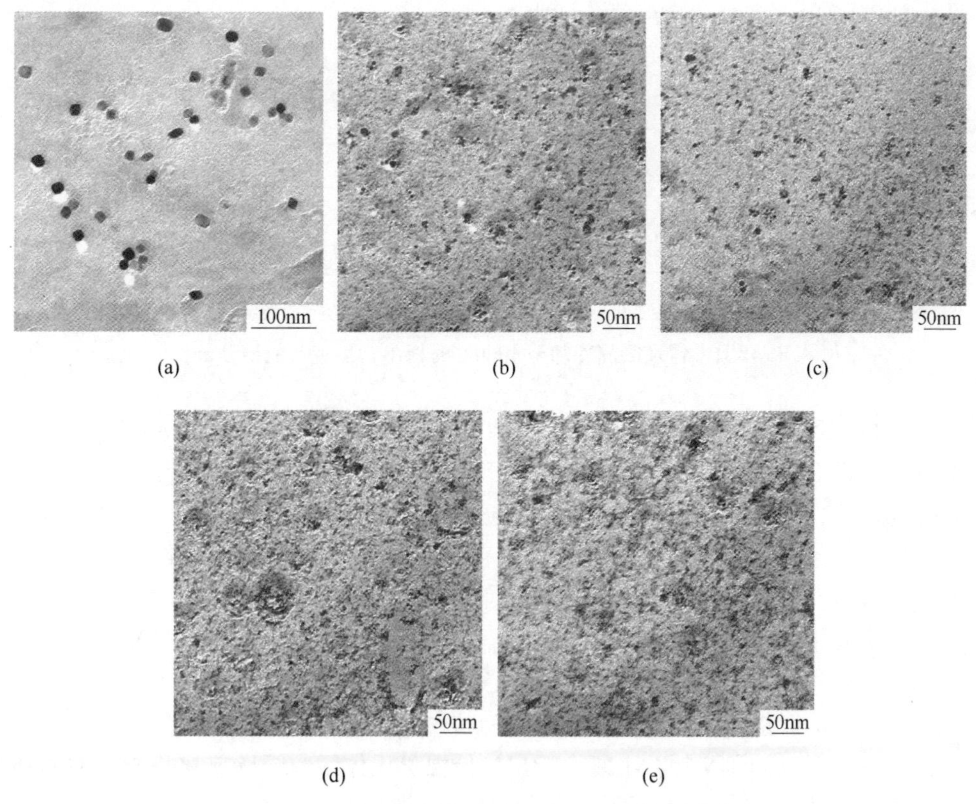

(a) (b) (c) (d) (e)

图4-30 不同温度热装情况下析出物分布及形貌

(a) 1000℃；(b) 900℃；(c) 800℃；(d) 700℃；(e) 20℃

从TEM照片显示钢中不同热装温度钢中的析出物分布情况，在基体分布着大量的细小弥散的析出物，这些细小的析出物起到了很好的析出强化作用。

图 4-31为 TEM 照片显示的 Nb-Ti 微合金钢不同热装温度下的典型析出物形貌图及能谱。

由图 4-31 透射电镜观察，板坯凝固冷却至 1000℃模拟高温热装时析出物粒子典型形貌，这些方形的 TiN 析出物可能是在早期冷却过程中形成，析出物颗粒尺寸在 100~300nm 范围内。图中为（Ti,Nb)(C,N）复合析出物的形貌观察，运用 EDS 能谱分析表明，析出物粒子成分富含大量的 Ti 元素，Nb 元素含量微小，Ti/(Nb+Ti）约为 0.92，说明该热装温度 Nb 元素已经大部分固溶到奥氏体组织中了。

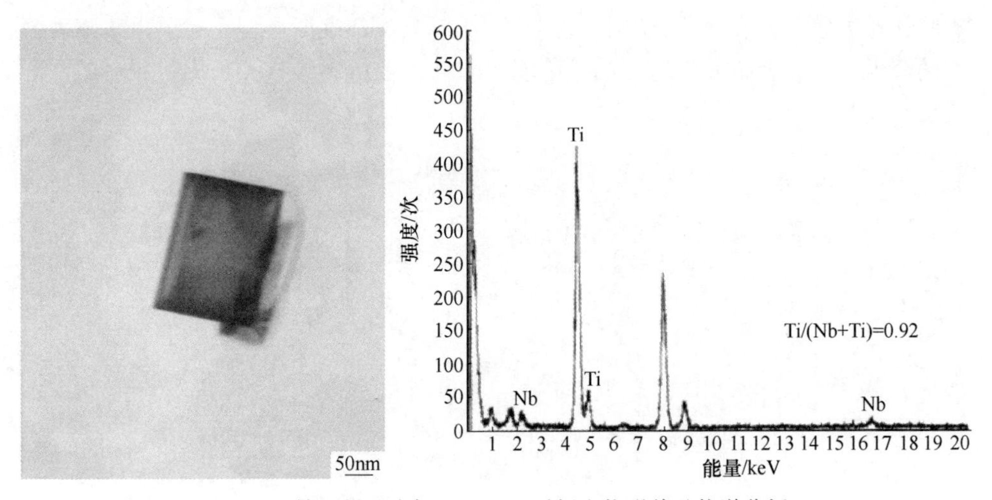

图 4-31 铸坯凝固冷却至 1000℃时析出物形貌及能谱分析

当板坯逐渐凝固冷却到 800℃时，会有新形貌的析出物出现。图 4-32 为板坯凝固冷却至 800℃时出现的析出物。析出物的尺寸相对较小，主要分布在 100~150nm 之间，Ti/(Nb+Ti）约为 0.74。应用 EDS 能谱仪对析出物进行成分分析，析出物中除了含有 Ti 的碳氮化物外，也存在 Nb 的碳氮化物，发现析出物心部 Ti 元素含量较高，而析出物边部 Nb 含量较高，应为（Nb,Ti)(C,N）的复合析出物。这主要是由于 TiN 首先在高温析出，然后富 Nb 的析出物在以 TiN 的核心上析出，Nb(C,N）在低温奥氏体中是稳定的，但在高温奥氏体中将会固溶，如加热后开轧前的时候。在较低的温度下，当超过 Nb(C,N）的溶解度时，Nb(C,N）析出相在已形成的 TiN 颗粒上复合析出。低温奥氏体区由于碳氮化物析出的驱动力增加，新的富 Nb 的碳氮化物形核的可能性也增加。

当板坯冷却至 700℃时 EDS 分析结果（图 4-33）显示，析出物数量增多，尺寸主要分布在 80~150nm 之间，Ti/(Nb+Ti）约为 0.68，大部分析出物心部 Ti 元素含量较高，边部 Nb 元素含量较高，为（Nb,Ti)(C,N）的复合析出物，同时也存在富 Nb 的 Nb(C,N）析出物。

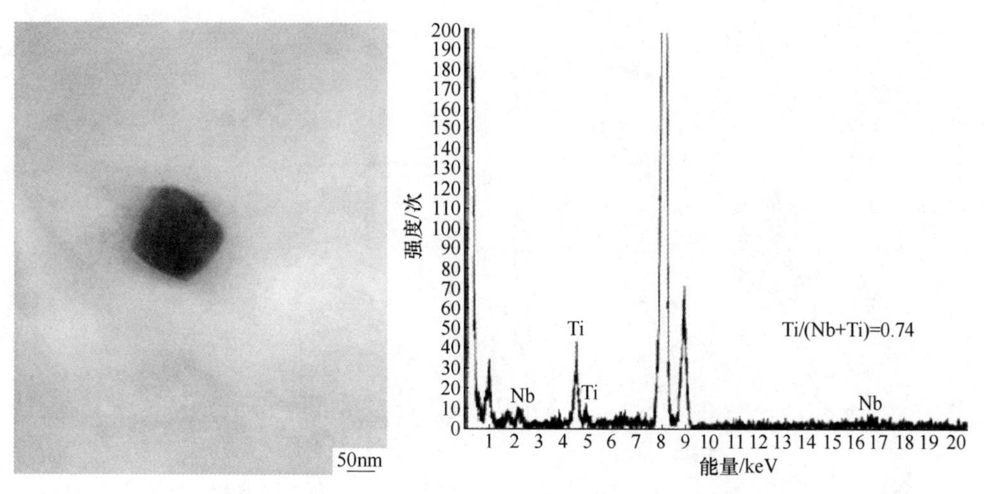

图 4-32 铸坯凝固冷却至 800℃时析出物形貌及能谱分析

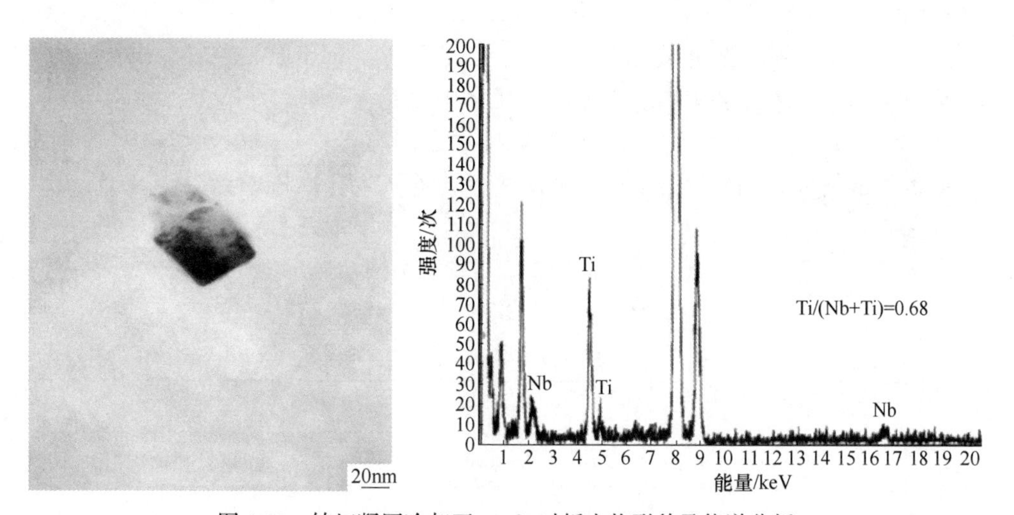

图 4-33 铸坯凝固冷却至 700℃时析出物形貌及能谱分析

由图 4-34 可以看出复合析出物存在明显的界限。析出物 Ti/(Nb+Ti) 约为 0.49，大部分枝晶状析出物为中心富 Ti、边部富 Nb 的(Nb,Ti)(C,N) 的复合析出物，同时也存在小部分富 Nb 的枝晶状 Nb(CN) 析出物。析出物的尺寸普遍分布在 150~200nm 之间。室温装炉析出的二相粒子与其他热装温度析出物相比，最为细小弥散。室温装炉析出物观察主要以铁素体中的均匀沉淀方式存在。对这些细小的析出相进行 EDS 能谱分析，发现析出物中为 Ti 和 Nb 的复合析出物。另发现，在高温形成的析出物颗粒富 Ti 而 Nb 较少，而在低温形成的粒子 Nb/Ti 比

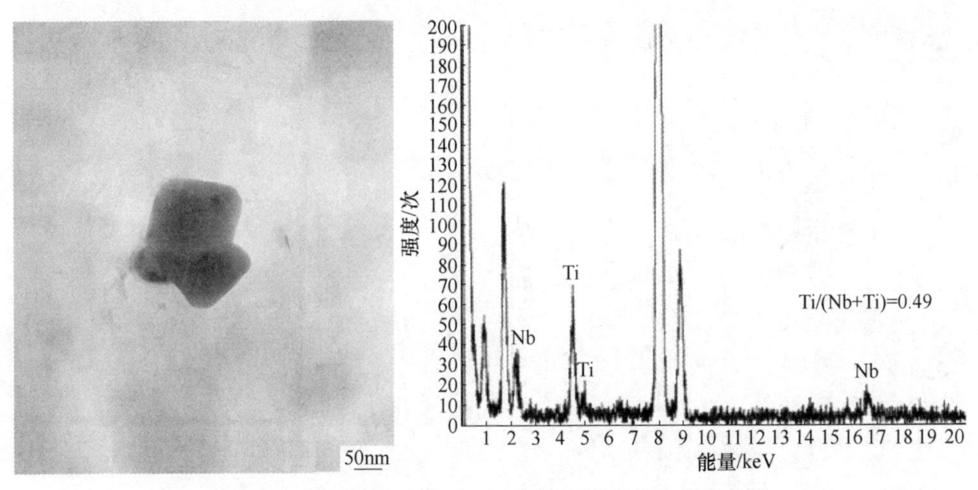

图 4-34 铸坯凝固冷却至室温时析出物形貌及能谱分析

逐渐增加。

在方程中，所有溶度积 K_{NbN}、K_{NbC}、K_{TiN} 和 K_{TiC} 都是以 $\lg K_{[M][X]}^{wt\%} = A - B/T$ 的形式给出，其中 A 和 B 都为常数，奥氏体中二元化合物的固溶度积如表 4-4 所示。[M] 和 [X] 分别为金属原子和间隙原子的质量分数。在方程中物质的量和溶度积都是以摩尔分数表示的，因此两者之间可以用下式进行转换：

$$K_{[M][X]} = \frac{(\mathrm{Fe})^2}{10^4(M)(X)} \times 10^{A-B/T} \tag{4-125}$$

表 4-4 奥氏体中二元化合物的固溶度积

二元化合物	A	B
NbC	2. 96	7510
NbN	3. 7	10800
TiC	2. 75	7000
TiN	0. 32	8000

由 Nb-Ti 微合金钢的化学成分和以上式可以计算出 Ti 元素和 Nb 元素纯二元碳化物和氮化物在奥氏体中的开始析出温度。TiN 具有相当高的析出温度，在热力学条件及相当高的温度下主要以 TiN 的形式存在，从而起到钉扎奥氏体晶界，阻止奥氏体晶粒长大的作用，TiN 析出物的形貌一般为方形。由于析出物在奥氏体晶界上析出所需要的临界形核功最低，因此，析出物将首先在晶界上形核析

出。而后 Nb 的碳氮化物将会以 TiN 颗粒为核心进行非均匀形核析出，在铸坯的冷却过程中形成中心富 Ti、边部富 Nb 枝晶状（Ti,Nb)(C,N）析出物。富 Nb 的析出物具有两种形核方式：一种是在已存在的 TiN 粒子上析出，另一种是在基体中形核析出。从能量变化的角度考虑，由于较低的形核自由能，富 Nb 的析出物会优先在已存在的 TiN 粒子上析出。由于 Nb(C,N) 和 Ti(C,N) 的点阵结构相同，都具有 NaCl 型的面心立方（FCC）晶格结构，晶格常数接近，它们的碳氮化物可能以复合形态存在。当超过 Nb(C,N) 的溶解度时，这些析出相在高温形成的 TiN 颗粒上复合析出。低温奥氏体区由于碳氮化物析出的驱动力增加，新的 Nb 的碳氮化物形核的可能性增加，因而随着温度的降低，析出物颗粒中 Nb/Ti 逐渐增大。

室温装炉的铸坯在冷却以及重新奥氏体化过程中经历了 $\gamma \rightarrow \alpha$ 和 $\alpha \rightarrow \gamma$ 两次相变过程，可以使原始铸态的奥氏体组织大大细化，而热装的铸坯由于未经过两次相变过程，仍然保持的是原始粗大的奥氏体晶粒。在冷装 CCR 过程中，处于室温状态下的板坯通常是在加热炉内重新加热到 1250~1300℃，并保温了 2~3h 或更长的时间。由 Nb 的固溶度积公式可知，在铸坯温度升高且保温时间足够的情况下，析出物会回溶到基体中。Hyun[97] 对含 Nb-Ti 质的低碳微合金钢的研究结果表明，由于 Ti 的析出温度较高，因此在钢的凝固过程中常以微细的富 Ti 一般以 TiN 产生，在随后的冷却过程中，由于 Ti 形成 C,N 化合物的驱动力一般高于 Nb，析出的颗粒初期主要是富 Ti 的析出，也有部分析出以原有的 TiN 为核心析出。随着析出过程的持续，更多的 Nb 将以 C,N 化合物的形式析出。在较低的温度下，TiN 作为复合析出粒子的基底，外侧有含 Nb 的包覆层。由于溶质的化学过度饱和产生了化学自由能，作为含 Nb 的第二相粒子的形核驱动力，以 TiN 作为非均匀形核位置析出。同时含 Nb 的第二相粒子在 TiN 上析出的另一个优势是作为形核壁垒的界面自由能较低。当铸坯继续冷却时，由于析出物溶度积以及形核自由能的影响，溶质元素处于过饱和状态，析出物会不断进行析出过程。铸坯凝固冷却到 1000℃时，出现规则方形析出物。在高温区这些具有典型的长方体形貌的 TiN 粒子析出物在奥氏体区处于热力学稳定状态，由热力学计算在均热或热轧时也不会溶解。当继续冷却至 900℃时，铸坯中开始出现球形析出物。冷却到 800℃和 700℃时，球形析出物增多。当冷却至室温时，沿晶界析出大量的球形及不规则析出物，此类析出物中心钛含量较高，边部铌含量较高。由于在高温阶段析出了一定量的 TiN，受形核自由能的影响，含 Nb 的第二相粒子优先在之前已经存在的尺寸较大的方形 TiN 粒子上析出。TiN 粒子不仅起到钉扎奥氏体晶界的作用，而且能作为含 Nb 的第二相粒子的析出基底位置形成复合的 (Nb,Ti)(C,N)。

4.4.3 出加热炉时析出物分析

铸坯的热履历受不同热装温度的影响很大，从而对铸坯中微合金元素碳氮化物的溶解与析出过程产生变化。本章节对不同热装温度下铸坯中微合金碳氮化物的溶解析出规律进行研究，分析在不同热装温度微合金元素碳氮化物对连铸坯的影响，从而优化热装产品性能[98,99]。

微合金元素的碳氮化物在钢中的析出有三个阶段：第一阶段，轧前铸坯中的固溶和析出；第二阶段，轧制过程中的形变诱导析出；第三阶段，轧制后在 $\gamma\to\alpha$ 相变后在铁素体中的析出。采用北京有色金属研究院透射电镜和能谱分析分别观察不同温度热装+1250℃保温 2h 水淬和冷装+1250℃保温 2h 水淬热装开轧前的试样，如图 4-35 所示。

1000℃装炉开轧前，由图 4-35 可以看出，在 1000℃装炉保温开轧前的析出物形貌多为方形，方形析出物的平均尺寸为 58~67nm，对此类析出物进行大量 EDS 成分分析，析出物的能谱显示为（Nb,Ti)(C,N）复合析出物，析出物的心部含 Ti 量较高，外部包裹微量 Nb 合金元素。数量较少，说明在高温装炉时大量析出物固溶于基体中，且易在晶界处分布。900℃装炉开轧前，在奥氏体晶界的尺寸较大析出物形貌为方形和近圆球形，析出物的成分与 1000℃热装炉开轧前晶界析出物成分相当，能谱显示为（Nb,Ti)(C,N）复合析出物，析出物尺寸多介于 65~75nm，根据大量数据统计，其 Nb/Ti 原子比略高于其 1000℃热装保温开轧时。800℃装炉开轧前，在奥氏体晶界上的析出物多为方形和近圆形，析出物的尺寸普遍介于 77~86nm，析出物的能谱显示为（Nb,Ti)(C,N）复合析出物，其成分与其 1000℃和 900℃热装板坯奥氏体晶界析出物成分相当，析出物数量开始增多，其 Nb/Ti 原子比略高于其 1000℃和 900℃热装保温开轧时。700℃装炉开轧前，析出物的尺寸普遍介于 122~134nm，析出物的能谱显示为（Nb,Ti)(C,N）复合析出物，其成分与其 1000℃和 900℃热装板坯奥氏体晶界析出物成分相当，析出物数量进一步增多，其 Nb/Ti 原子比略高于其 1000℃、900℃和 800℃热装保温开轧时。室温装炉开轧前，析出物形貌为方形和椭圆形，析出物的尺寸普遍介于 154~165nm，析出物为（Nb,Ti)(C,N）复合析出物，其成分与其晶界析出物成分相当。应用 EDS 能谱分析其 Nb/Ti 原子比略高于上述四种热装温度保温板坯奥氏体热装保温开轧时[100]。

通过对比观察发现，1000℃高温热装加热到 1200℃后的开轧前只有少量碳氮化物析出，能谱分析为（Nb,Ti)(C,N)，尺寸在 58~67nm 之间，微量的 Nb 的析出物，说明 Nb 的碳氮化物在加热到 1200℃的过程中已经大部分溶解，高温热装的第二相粒子较少，稀疏地分布于钢中，随着热装温度的降低，析出物的数量逐渐增加，尺寸增大。铸坯在 1000℃和相对低温热装工艺中，虽然轧前试样都

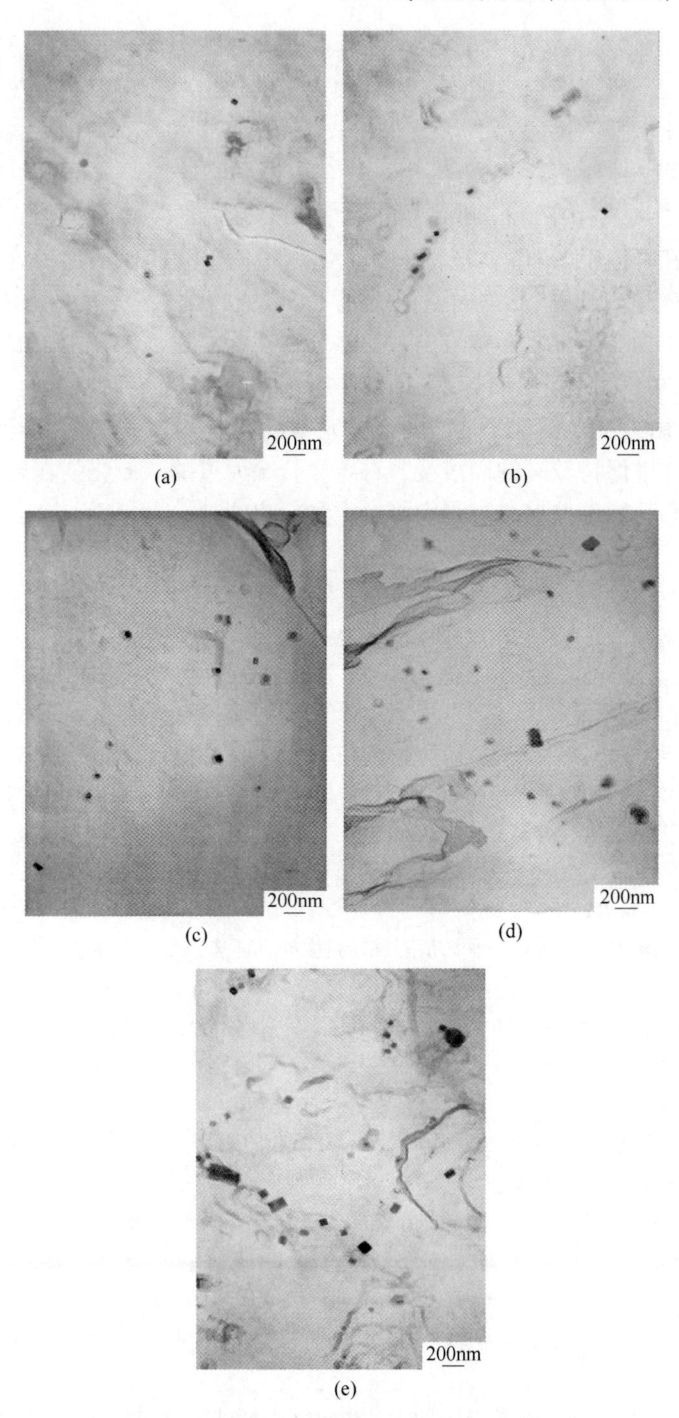

图 4-35 不同装炉温度加热保温后析出物形貌

（a）1000℃；（b）900℃；（c）800℃；（d）700℃；（e）室温

加热到1250℃保温2h，但由于析出物的溶解是一个动力学过程，还需要一定的过热度和时间，研究结果表明连铸过程中产生的析出物在板坯进均热炉后开轧前发生下列变化：整体尺寸大小降低，由上面固溶温度可知，在高温下含Nb的碳氮化物溶解到基体中，含Ti的化合物只有少量到基体中，大部分以具有规则外形的TiN粒子形式存在，析出物为Ti含量相对较高的复合析出物。随热装温度降低，固溶在基体中的Nb含量减少，析出相中的Nb/Ti比增加，这是由于室温装炉的铸坯在冷却过程中，除了凝固过程形成的析出外，还有一些Nb、Ti微合金元素碳氮化物发生异质形核析出，在重新加热保温过程中，由于温度和时间的限制，这些碳氮化物析出不能完全回溶，析出颗粒EDX能谱显示为Nb、Ti的碳氮化物。而1000℃热装温度时，微合金元素的碳氮化物发生析出较少，微合金元素在奥氏体中保持较高的固溶量，这些微合金元素的碳氮化物在轧制过程中应变诱导析出和轧后卷曲保温过程中将会大量析出[101]。

参考文献

[1] 蔡开科，程士富. 连续铸钢原理与工艺 [M]. 北京：冶金工业出版社，1994.

[2] He Y, Sahai Y. Steelmaking Conference Proceedings [C]. The Iron and Steel Society, 1986: 745-754.

[3] 周尧和，胡壮麟，介万奇. 凝固技术 [M]. 北京：机械工业出版社，1998.

[4] 郭戈，乔俊飞. 连铸过程控制理论与技术 [M]. 北京：冶金工业出版社，2003.

[5] 孙一康，王京. 冶金过程自动化基础 [M]. 北京：冶金工业出版社，2006.

[6] 何航，唐卫红，丁金虎，等. 方/板坯连铸机浇铸矩形坯二次冷却制度优化 [J]. 炼钢，2009，25 (5)：12-15.

[7] 朱立光，周建宏，王硕明，等. 基于目标温度的方坯连铸二冷配水方案优化 [J]. 炼钢，2006，22 (2)：34-38.

[8] 蔡开科. 连铸二冷区凝固传热及冷却控制 [J]. 河南冶金，2003，11 (1)：3-7.

[9] 冯科，韩志伟，毛敬华，等. 八钢一号板坯连铸机二次冷却水量的优化计算 [J]. 钢铁技术，2010 (3)：8-11.

[10] 纪振平，马交成，谢植，等. 基于混沌蚁群算法的连铸二次冷却参数多准则优化 [J]. 东北大学学报，2008，29 (6)：782-785.

[11] 王叶婷，孙猛. 板坯连铸表面不表温度值二次冷却动态控制 [J]. 重工与起重技术，2010 (3)：1-5.

[12] Jiang G S, Lej R B. Computer dynamic control of the secondary cooling during continuous casting [C]. Beijing: Conference on Continuous Casting of Steel in Developing Countries, 1993: 186-214.

[13] Laitinen E, Neittaanmaki P. On numerical simulation of the continuous casting process [J]. Journal of Engineering Mathmatics, 1989, 22 (5): 335-354.

[14] Okuno K, Naruwa H, Kuribayashi T. Dynamic spray cooling control system for continuous

casting [J]. Iron and Steel Engineer, 1989 (3): 34-38.

[15] 蔡开科. 连铸钢高温力学性能专辑 [J]. 北京科技大学学报, 1993, 15, 增刊 (2): 21-23.

[16] 蔡开科. 连铸坯裂纹与钢的高温性能 [J]. 连铸, 1994, 4: 421-429.

[17] 张克强, 蔡开科. 连铸二冷区水冷喷嘴的结构与冷却特性 [J]. 连铸通讯, 1982, 2: 47-52.

[18] 蔡开科. 碳钢凝固的包晶转变与连铸坯裂纹 [J], 连铸, 1994, 3: 391-398.

[19] 郑忠, 占贤辉. 基于神经网络的板坯连铸二次冷却水动态控制模型 [J]. 重庆大学学报, 2007, 30 (11): 37-41.

[20] Kawasaki S, Arita H. Secondary cooling control model for continuous [J]. Casting-direct rolling process, 1984, 313 (2): 13-19.

[21] 刘青, 王良周, 曹立国. 连铸二次冷却研究的进展 [J]. 钢铁研究学报, 2005 (17): 6-7.

[22] 纪振平, 谢植, 赖兆奕. 连铸二次冷却配水适应动态优化控制 [J]. 信息与控制, 2008, 37 (5): 576-587.

[23] 郭戈. 连铸过程建模与控制方法的研究 [D]. 沈阳: 东北大学, 1989: 64-70.

[24] 陈家祥. 连续铸钢手册 [M]. 北京: 冶金工业出版社, 1991: 191-194.

[25] Flemings M C. Solidification processing [J]. Metallurgical Transactions, 1974, 5 (10): 2121-2134.

[26] 崔忠圻, 覃耀春. 金属学与热处理 [M]. 北京: 机械工业出版社, 2011.

[27] 胡汉起. 金属凝固原理 [M]. 北京: 机械工业出版社, 1991.

[28] Southin R T. Nucleation of the equiaxed zone in cast metals [J]. Aime Met Soc Trans, 1967, 239 (2): 220-225.

[29] Jackson K A, Hunt J D, Uhlmann D R, et al. On the origin of the equiaxed zone in castings [J]. Transactions of the Metallurgical Society of AIME, 1966, 236: 149-158.

[30] Spittle J A. Columnar to equiaxed grain transition in as solidified alloys [J]. International Materials Reviews, 2006, 51 (4): 247-269.

[31] Nguyen-Thi H, Reinhart G, Mangelinck-Noël N, et al. In-situ and real-time investigation of columnar-to-equiaxed transition in metallic alloy [J]. Metallurgical and Materials Transactions A, 2007, 38 (7): 1458-1464.

[32] Martorano M A, Biscuola V B. Predicting the columnar-to-equiaxed transition for a distribution of nucleation undercoolings [J]. Acta Materialia, 2009, 57 (2): 607-615.

[33] Hunt J D. Steady state columnar and equiaxed growth of dendrites and eutectic [J]. Materials Science and Engineering, 1984, 65 (1): 75-83.

[34] Martorano M A, Beckermann C, Gandin C A. A solutal interaction mechanism for the columnar-to-equiaxed transition in alloy solidification [J]. Metallurgical and Materials Transactions A, 2003, 34 (8): 1657-1674.

[35] Banaszek J, McFadden S, Browne D J, et al. Natural convection and columnar-to-equiaxed

transition prediction in a front-tracking model of alloy solidification [J]. Metallurgical and Materials Transactions A, 2007, 38 (7): 1476-1484.

[36] Mc Fadden S, Browne D J. Meso-scale simulation of grain nucleation, growth and interaction in castings [J]. Scripta Materialia, 2006, 55 (10): 847-850.

[37] Eskin D G. Structural factors of dendritic segregation in aluminum alloys [J]. Russian Journal of Non-Ferrous Metals, 2008, 49 (5): 373-378.

[38] Zhang H, Nakajima K, Wu R, et al. Prediction of Solidification Microstructure and Columnar-to-equiaxed Transition of Al-Si Alloy by Two-dimensional Cellular Automaton with "Decentred Square" Growth Algorithm [J]. ISIJ International, 2009, 49 (7): 1000-1009.

[39] Krupińska B, Rdzawski Z, Labisz K. Crystallisation kinetics of the Zn-Al alloys modified with lanthanum and cerium [J]. Journal of Achievements in Materials and Manufacturing Engineering, 2011, 46 (2): 154-160.

[40] Iqbal N, Van Dijk N H, Offerman S E, et al. Real-time observation of grain nucleation and growth during solidification of aluminium alloys [J]. Acta Materialia, 2005, 53(10): 2875-2880.

[41] Tadayon M R, Spittle J A, Brown S G R. Numerical modelling of mould filling in casting processes [C]. Advanced Computational Methods in Heat Transfer International Conference, 1994: 295.

[42] Kashyap K T, Chandrashekar T. Effects and mechanisms of grain refinement in aluminium alloys [J]. Bulletin of Materials Science, 2001, 24 (4): 345-353.

[43] Giummarra C, LaCombe J C, Koss M B, et al. Sidebranch characteristics of pivalic acid dendrites grown under convection-free and diffuso-convective conditions [J]. Journal of Crystal Growth, 2005, 274 (1): 317-330.

[44] Mahapatra R B, Weinberg F. The columnar to equiaxed transition in tin-lead alloys [J]. Metallurgical Transactions B, 1987, 18 (2): 425.

[45] Wang Q, Pang X J, Wang C J, et al. Effects of high magnetic fields on the distribution of solute elements in alloys [C]. The 5th International Symposium on Electronmagnetic Processing of Materials, 2006, Sendai, Japan, ISIJ: 387-390.

[46] Cole G S, Casey K W, Bulling G F. The solidification of inoculated aluminum ingots [J]. Metallurgical and Materials Transactions B, 1970, 1 (5): 1413-1416.

[47] Morando R, Biloni H, Cole G S, et al. The development of macrostructure in ingots of increasing size [J]. Metallurgical and Materials Transactions B, 1970, 1 (5): 1407-1412.

[48] Nakajima K, Hasegawa H, Khumkoa S, et al. Effect of Catalyst on Heterogeneous Nucleation in Fe-Ni-Cr Alloys [J]. ISIJ International, 2006, 46 (6): 801-806.

[49] Hunt J D, Lu S Z. Numerical modelling of cellular and dendritic array growth: spacing and structure predictions [J]. Materials Science and Engineering: A, 1993, 173 (1-2): 79-83.

[50] Kurz W, Bezencon C, Gäumann M. Columnar to equiaxed transition in solidification processing [J]. Science and Technology of Advanced Materials, 2001, 2 (1): 185-191.

[51] 李依依，李殿中，朱苗勇．金属材料制备工艺的计算机模拟 [M]. 北京：科学出版社，2006.

[52] Oldfield W. A Quantitative Approach to Casting Solidification: Freezing of Cast Iron [J]. Trans of ASM, 1966, 59 (6): 945-960.

[53] Lipton J, Glicksman M E, Kurz W. Equiaxed dendrite growth in alloys at small supercooling [J]. Metallurgical and Materials Transactions A, 1987, 18 (2): 341-345.

[54] Thevoz P, Desbiolles J L, Rappaz M. Modeling of equiaxed microstructure formation in casting [J]. Metallurgical and Materials Transactions A, 1989, 20 (2): 311-322.

[55] Kurz W, Giovanola B, Trivedi R. Theory of microstructural development during rapid solidification [J]. Acta Metallurgica, 1986, 34 (5): 823-830.

[56] Wang C Y, Beckermann C. Prediction of columnar to equiaxed transition during diffusion-controlled dendritic alloy solidification [J]. Metallurgical and Materials Transactions A, 1994, 25 (5): 1081-1093.

[57] Wang C Y, Beckermann C. Equiaxed dendritic solidification with convection: Part Ⅰ. Multiscale/multiphase modeling [J]. Metallurgical and Materials Transactions A, 1996, 27 (9): 2754-2764.

[58] Spittle J A, Brown S G R. Computer simulation of the effects of alloy variables on the grain structures of castings [J]. Acta Metallurgica, 1989, 37 (7): 1803-1810.

[59] Zhu P, Smith R W. Dynamic simulation of crystal growth by Monte Carlo method—Ⅰ. Model description and kinetics [J]. Acta Metallurgica et Materialia, 1992, 40 (4): 683-692.

[60] Lee H N, Ryoo H S, Hwang S K. Monte Carlo simulation of microstructure evolution based on grain boundary character distribution [J]. Materials Science and Engineering: A, 2000, 281 (1): 176-188.

[61] Crespo D, Pradell T, Clavaguera N, et al. Kinetic theory of microstructural evolution in nucleation and growth processes [J]. Materials Science and Engineering: A, 1997, 238 (1): 160-165.

[62] Moron C, Mora M, García A. Computer simulation of grain growth kinetics [J]. Journal of Magnetism and Magnetic Materials, 2000, 215: 153-155.

[63] Collins J B, Levine H. Diffuse interface model of diffusion-limited crystal growth [J]. Physical Review B, 1985, 31 (9): 6119.

[64] Caginalp G, Fife P C. Phase-field methods for interfacial boundaries [J]. Physical Review B, 1986, 33 (11): 7792.

[65] Fife P C, Gill G S. The phase-field description of mushy zones [J]. Physica D: Nonlinear Phenomena, 1989, 35 (1-2): 267-275.

[66] Rappaz M, Gandin C A. Probabilistic modelling of microstructure formation in solidification processes [J]. Acta Metallurgica et Materialia, 1993, 41 (2): 345-360.

[67] Gandin C A, Rappaz M. A coupled finite element-cellular automaton model for the prediction of dendritic grain structures in solidification processes [J]. Acta Metallurgica et Materialia, 1994,

42 (7): 2233-2246.

[68] Gandin C A, Rappaz M. A 3D cellular automaton algorithm for the prediction of dendritic grain growth [J]. Acta Materialia, 1997, 45 (5): 2187-2195.

[69] Gandin C A, Desbiolles J L, Rappaz M, et al. A three-dimensional cellular automation-finite element model for the prediction of solidification grain structures [J]. Metallurgical and Materials Transactions A, 1999, 30 (12): 3153-3165.

[70] Nastac L. Numerical modeling of solidification morphologies and segregation patterns in cast dendritic alloys [J]. Acta Materialia, 1999, 47 (17): 4253-4262.

[71] Nastac L, Stefanescu D M. Stochastic modelling of microstructure formation in solidification processes [J]. Modelling and Simulation in Materials Science and Engineering, 1997, 5 (4): 391.

[72] Beltran-Sanchez L, Stefanescu D M. Growth of solutal dendrites—a cellular automaton model [J]. International Journal of Cast Metals Research, 2003, 15 (3): 251-256.

[73] Beltran-Sanchez L, Stefanescu D M. Growth of solutal dendrites: a cellular automaton model and its quantitative capabilities [J]. Metallurgical and Materials Transactions A, 2003, 34 (2): 367-382.

[74] Seo S M, Kim I S, Jo C Y, et al. Grain structure prediction of Ni-base superalloy castings using the cellular automaton-finite element method [J]. Materials Science and Engineering: A, 2007, 449: 713-716.

[75] Raabe D. Mesoscale simulation of spherulite growth during polymer crystallization by use of a cellular automaton [J]. Acta Materialia, 2004, 52 (9): 2653-2664.

[76] Raabe D, Godara A. Mesoscale simulation of the kinetics and topology of spherulite growth during crystallization of isotactic polypropylene (iPP) by using a cellular automaton [J]. Modelling and Simulation in Materials Science and Engineering, 2005, 13 (5): 733.

[77] 许庆彦，柳百成．采用 Cellular Automaton 法模拟铝合金的微观组织 [J]. 中国机械工程，2001，12 (3): 328-331.

[78] 李斌，许庆彦，潘冬，等．低压铸造 ZL114A 铝合金微观组织模拟 [J]. 金属学报，2008，44 (2): 243-248.

[79] Wang J, Wang F, Zhao Y, et al. Numerical simulation of 3D-microstructures in solidification processes based on the CAFE method [J]. International Journal of Minerals, Metallurgy and Materials, 2009, 16 (6): 640-645.

[80] Jing C, Wang X, Jiang M. Study on Solidification Structure of Wheel Steel Round Billet Using FE-CA Coupling Model [J]. Steel Research International, 2011, 82 (10): 1173-1179.

[81] Luo Y Z, Zhang J M, Wei X D, et al. Numerical simulation of solidification structure of high carbon SWRH77B billet based on the CAFE method [J]. Ironmaking & Steelmaking, 2012, 39 (1): 26-30.

[82] Hou Z, Jiang F, Cheng G. Solidification structure and compactness degree of central equiaxed grain zone in continuous casting billet using cellular automaton-finite element method [J]. ISIJ

International, 2012, 52 (7): 1301-1309.

[83] 庞瑞朋，王福明，张国庆，等．基于3D-CAFE 法对430 铁素体不锈钢凝固热参数的研究 [J]. 金属学报，2013，49 (10)：1234-1242.

[84] Kattner U R. The thermodynamic modeling of multicomponent phase equilibria [J]. JOM, 1997, 49 (12): 14-19.

[85] 杨秉俭，刘伟涛．薄板坯连铸结晶器中铸坯凝固壳应力发展的有限元分析 [J]. 应用力学学报，1994，11 (2)：55-61.

[86] 李强，孙维，杜松林，等．结晶器内异形坯应力与裂纹关系数模研究 [J]. 河南冶金，2004，12 (6)：10-11，40.

[87] Xu M G, Zhu M Y, Wang G D. Numerical Simulation of the Fluid Flow, Heat Transfer, and Solidification in a Twin-Roll Strip Continuous Casting Machine [J]. Metallurgical and Materials Transactions B-Process Metallurgy and Materials Processing Science, 2015, 46 (3): 1510-1519.

[88] 孟祥宁，王卫领，朱苗勇．冷却结构对连铸结晶器铜板应力分布影响数值模拟 [C] //第八届中国钢铁年会论文集，北京，2011.

[89] 于海岐，朱苗勇．板坯连铸结晶器内钢液过热消除过程的数值模拟 [J]. 金属学报，2009，45 (4)：476-486.

[90] 孟祥宁，朱苗勇．高拉速板坯连铸结晶器铜板热行为数值模拟 [C] //第七届中国钢铁年会，北京，2009.

[91] 申燕强．特厚连铸矩形坯凝固过程数值模拟的研究 [D]. 秦皇岛：燕山大学，2015.

[92] Sobral M, Mei P R, Kestenbach H J. Effect of carbonitride particles formed in austenite on the strength of microalloyed steels [J]. Materials Science and Engineering: A, 2004, 367 (1-2): 317-321.

[93] Adrian H. Thermodynamic model for precipitation of carbonitrides in high strength low alloy steels containing up to three microalloying elements with or without additions of aluminium [J]. Materials Science and Technology, 1992, 8 (5): 406-420.

[94] 罗衍昭，张炯明，肖超．低碳Nb-Ti二元微合金钢析出过程的演变 [J]. 北京科技大学学报，2012，34 (7)：775-782.

[95] Zhou C , Priestner R. The evolution of precipitates in Nb-Ti microalloyed steels during solidification and post-solidification cooling [J]. ISIJ International, 1996, 36 (11): 1397-1405.

[96] Wang H R , Wang W. Precipitation of complex carbonitrides in a Nb-Ti microalloyed plate steel [J]. Journal of Materials Science, 2009, 44 (2): 591-600.

[97] Jun H J , Kang K B, Park C G. Effects of cooling rate and isothermal holding on the precipitation behavior during continuous casting of Nb-Ti bearing HSLA steels [J]. Scripta Materialia, 2003, 49 (11): 1081-1086.

[98] Nie W, Yang S, Yuan S, et al. Dissolving of Nb and Ti carbonitride precipitates in microalloyed steels [J]. Journal of University of Science and Technology Beijing, 2003, 10

(5)：78-80.

[99] Kejian H，Baker T N. The effects of small titanium additions on the mechanical properties and the microstructures of controlled rolled niobium-bearing HSLA plate steels [J]. Materials Science and Engineering：A，1993，169 (1-2)：53-65.

[100] Hong S G，Jun H J，Kang K B，et al. Evolution of precipitates in the Nb-Ti-V microalloyed HSLA steels during reheating [J]. Scripta Materialia，2003，48(8)：1201-1206.

[101] Yuan S Q，Liang G L. Dissolving behaviour of second phase particles in Nb-Ti microalloyed steel [J]. Materials Letters，2009，63 (27)：2324-2326.

5　轧制过程连铸坯缺陷、组织演变行为数值模拟研究

轧制最早在16世纪后期发展起来，目前约有90%的金属成形涉及轧制工艺。由此可见，轧制工程技术在冶金工业及国民经济生产中占有十分重要的地位。轧制过程是指轧件在轧件与轧辊之间的摩擦力作用下被拖进辊缝之间，并使之受到压缩产生塑性变形的过程。轧制工艺按照产品类型可以分为板带轧制、管材轧制、型材轧制及棒线材轧制四种基本类型；按生产工艺可分为冷轧及热轧[1]；按厚度可分为薄板、中板、厚板及特厚板[2]。轧钢工艺流程图如图5-1所示。

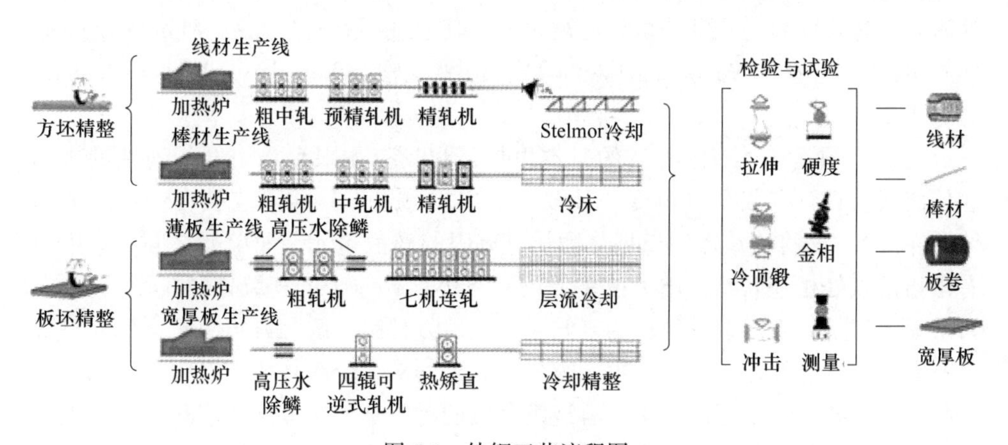

图5-1　轧钢工艺流程图

轧制的目的除了得到预期的几何形状外，更重要的一点就是轧制可以提高轧件综合的力学性能，并在一定条件下使轧件内部缺陷愈合，这已被生产实践和很多实验研究所证实。奥氏体原始晶粒的大小会直接影响到再结晶后的奥氏体晶粒的大小。为了保证轧制件有优良组织及性能，对奥氏体晶粒度的控制从轧制坯在加热时就应该注意。不仅要预防加热温度过高而导致的过烧、过热及脱碳现象，还要避免晶粒过于粗大。有时为了避免奥氏体原始晶粒过大，会有意降低加热温度，或者添加一些能抑制再结晶及阻碍晶粒长大效果的合金元素，如Nb、V、Ti等。从力学角度考虑，随着轧制道次的增加，变形逐渐向内部深入，中心部位也开始变形，这有利于轧件内部缩孔、裂纹的愈合。

5.1　轧制过程数值模拟

5.1.1　轧制塑性变形分析方法

20 世纪 30 年代就有学者对板坯轧制过程进行了研究，当时学者认为板坯在轧制过程中沿高度方向变形是均匀的。但实际并非如此，轧材在轧制过程中的变形并不均匀，尤其是在热轧过程中不均匀性表现得更为明显。为此，Orowan[3]提出了轧制过程中不均匀变形理论，并推导出了单位压力的近似平衡微分方程，这是早期最为精确的轧制理论力学模型。虽然该模型只对板坯轧制进行了简单的二维研究，但其影响却非常重大，促进了现代轧制理论的快速发展。

为了更好地对轧制过程中轧材的变形情况进行研究，20 世纪 70 年代研究人员尝试用各种各样的方法对轧制过程的三维模拟进行研究[4]。三维分析的目的是分析金属发生塑性变形的真正机理并分析各种因素对其的影响。随着问题研究的深入，各式各样的三维分析算法被引入，其中主要有有限元法（Finite Element Method）、变分法（Variational Method）、边界元法（Boundary Element Method）等。

(1) 有限元法。有限元法的基本思想是将具有无限个自由度的连续的求解区域离散为具有有限个自由度、且按一定方式（节点）相互连接在一起的离散体（单元），即将连续体假想划分为数目有限的离散单元，而单元之间只在数目有限指定点处相互联结，用离散单元的集合体代替原来的连续体。一般情况下，有限元方程是一组以节点位移为未知量的线性方程组，解此方程组可得到连续体上有限个节点上的位移，进而可求得各单元上的应力分布规律。有限元法已经发展得非常成熟，几乎可以分析所有连续介质问题。基于该方法，出现了很多通用商业软件，如 ABAQUS、ANSYS、MARC 等。有限元法根据本构方程的不同可分为三种：弹塑性有限元法、刚塑性有限元法及黏塑性有限元法。

弹塑性有限元法考虑了金属变形过程中的弹性变形。在分析金属变形问题时，不仅能分析轧件中的应力、应变分布规律和几何形状的变化，而且还能处理卸载问题，计算残余应力。因此，弹塑性有限元法对于分析金属弹性变形不可或缺。但弹塑性有限元法以增量方式加载，尤其在计算大变形弹塑性问题中，由于要采用 Lagrange 或 Euler 法来描述有限元列式，所以计算时间较长，效率较低。Marcal 和 Yamada 等人[5]的研究工作为早期弹塑性有限元的发展奠定了基础。孙铁铠[6]采用该方法对双金属复合板的轧制过程进行了模拟，获得了轧制压力的分布情况，并由此计算出双金属复合板的轧制力。Liu 等人[7]采用弹塑性有限元对冷轧板带轧制过程进行了研究，分析了变形过程中最大应力产生的部位和轧辊与轧材间应力和应变情况。Jiang 等人[8]对板带轧制过程变形区入口和出口的弹性变形进行了模拟。

刚塑性有限元法忽略了金属变形过程中的弹性效应，以速度场为基本量，形成有限元列式。以相对较小的单元数目求解大变形问题，所以不管是在复杂程度还是计算量方面都要优于弹塑性有限元法。但速度场初值对收敛性、迭代次数等影响很大，并且刚塑性有限元法不能处理轧制过程中弹性变形及轧制结束后卸载方面的问题。因此，刚塑性有限元法对金属塑性变形的本质不能精确地反映出来。刘相华等人[9]用刚塑性有限元法分析了 H 型钢轧制问题，并与实验结果做了比较，分析并处理了两类奇异点，开发了用于微型机的有限元程序。Komori[10]采用刚塑性有限元的方法对方坯轧制成圆棒多道次轧制过程进行了模拟，对轧制过程轧件温度及变形情况进行了分析。

黏塑性有限元法一般用于分析处理金属热变形问题，或者是强化不显著的软金属变形问题。张晓明[11]采用黏塑性有限元法对板坯连轧成形过程进行了模拟。Liu 等人[12]通过黏塑性有限元法对板带连轧进行了数值模拟，得出了轧后板带的应力应变场及温度场的分布进行了分析。

（2）变分法。变分法也称为能量法，其原理是先构造复合边界条件的位移或速度函数，然后根据最小能量原理确定函数中的待定参数，最后进行应变和应力分析。周庆田等人[13]应用变分法建立了 H 型钢变形温升和摩擦温升的数学模型，并考虑了接触温降和穿梭温降，推导出 H 型钢轧制温度计算公式。连家创[14]采用此方法对轧制过程辊缝中金属横向流动情况进行了分析，并确定了张力的横向分布。

（3）边界元法。边界元法是继有限元法之后发展起来的一种新的数值方法，与有限元法在连续体域内划分单元的思想不同，边界元法是指在定义域的边界上划分单元，用满足控制方程的函数去逼近边界条件。所以边界元法与有限元相比，具有单位个数少，数据准备简单等优点。但边界元法对方程组积分计算消耗时间长，并对电脑要求高。因此，此方法的应用推广有一定的限制。

5.1.1.1 显式动力学基本理论

显式动力学是隐式求解器的一个补充，对于各类非线性结构的力学问题求解是一个非常有效的工具，其在分析高速运动力学问题上有广泛的应用。有限元计算过程是将待求解的区域进行离散划分，然后建立系统方程，最后把应力和应变放在最后进行求解。根据虚功原理，假设一个物体的表面积为 S，体积为 V，该物体一部分的面积为 S_σ，根据欧拉的虚功方程得到如式（5-1）所示：

$$\int_{S_\sigma} T_i \delta_{ui} \mathrm{d}S + \int_V F_\mathrm{t} \delta_{ui} \mathrm{d}V = \int_V \sigma_{ij} \delta \varepsilon_{ij} \mathrm{d}V \tag{5-1}$$

式中, T_i 为物体表面力矢量分量; F_t 为物体单位体积力分量; σ_{ij} 为欧拉应力张量分量; ε_{ij} 为 Almansi 应变速率张量分量; δ_{ui}为位移分量。

ABAQUS/Explicit 以非线性动力学分析为主，使用对时间积分的显式有限元求解。将式（5-1）进行空间划分处理后，得到有限元分析中系统的求解方程为:

$$M\ddot{u} + C\dot{u} + \boldsymbol{F} = \boldsymbol{P} \tag{5-2}$$

式中, M 为质量矩阵; C 为阻尼矩阵; $\boldsymbol{F}$ 为内力矢量; $\boldsymbol{P}$ 为节点上外载荷矢量; $\ddot{u}$ 为节点上加速度矢量; $\dot{u}$ 为节点上速度矢量。

系统中的质量矩阵 M, 阻尼矩阵 C, 内力矢量 $\boldsymbol{F}$ 及节点上外载荷矢量 $\boldsymbol{P}$ 是由各自的单元矩阵和向量得到:

$$\begin{cases} M = \sum\limits_{e} M^{e} \\ C = \sum\limits_{e} C^{e} \\ \boldsymbol{F} = \sum\limits_{e} \boldsymbol{F}^{e} \\ \boldsymbol{P} = \sum\limits_{e} \boldsymbol{P}^{e} \end{cases} \tag{5-3}$$

ABAQUS/Explicit 采用中心差分法对系统方程进行求解，每一个微小增量步的计算都需要通过前一步的动力学平衡条件才能进行。

t_n 时离散的速度、加速度如下:

$$\dot{u}_n = \frac{1}{2\Delta t}(u_{n+1} - u_{n-1}) \tag{5-4}$$

$$\ddot{u}_n = \frac{1}{\Delta t^2}(u_{n+1} - 2u_n + u_{n-1}) \tag{5-5}$$

将式（5-4）、式（5-5）代入式（5-2）中得到各离散点时间与位移关系的公式:

$$u_{n+1} = \left(M + \frac{\Delta t}{2}C\right)^{-1}\left[\Delta t^2(R_n - F_n) + 2M_{u_n} - \left(M - \frac{\Delta t}{2}C\right)u_{n-1}\right] \tag{5-6}$$

分析过程中，中心差分法在一定条件下才会稳定，即时间的增量步长一定要

小于临界时间步长 Δt_{min}， 否则计算会不稳定。临界时间步长由 Courant-Friedrichs-Levy 准则求得：

$$\Delta t_{min}=\frac{2}{\omega_{max}}=\frac{l}{c} \tag{5-7}$$

式中, ω_{max} 为系统中最高频率; l 为系统中单元两节点最小距离; c 为单元内应力波传播的速度，与材料性质有关：

$$c=\sqrt{\frac{(1-\nu)E}{(1+\nu)(1-2\nu)\rho}} \tag{5-8}$$

式中, E 为杨氏模量; ν 为泊松比; ρ 为材料密度。

5.1.1.2 弹塑性本构方程

轧制过程是典型的材料大塑性变形，轧件各部位变形是不统一的。在轧制过程中，有些区域可能处于塑性变形、弹性状态和弹、塑性变形的过渡状态。物体内某一点的总应变增量由以下两部分组成：

$$\mathrm{d}\varepsilon_{ij}=\mathrm{d}\varepsilon_{ij}^{e}+\mathrm{d}\varepsilon_{ij}^{p} \tag{5-9}$$

式中, $\mathrm{d}\varepsilon_{ij}$ 为总应变增量; $\mathrm{d}\varepsilon_{ij}^{e}$ 为弹性应变增量; $\mathrm{d}\varepsilon_{ij}^{p}$ 为塑性应变增量。

其中，弹性应变增量及应力增量分量满足广义的胡克定律，即：

$$\mathrm{d}\varepsilon_{ij}=\frac{1+\mu}{E}\mathrm{d}S_{ij}+\frac{1-2\mu}{E}\delta_{ij}\mathrm{d}\sigma \tag{5-10}$$

其中：

$$\mathrm{d}S_{ij}=\mathrm{d}\sigma_{ij}-\delta\mathrm{d}\sigma \tag{5-11}$$

$$\mathrm{d}\sigma=\frac{1}{3}\mathrm{d}\sigma_{kk} \tag{5-12}$$

根据 Levy-Mises 理论，对于塑性变形部分，其应变增量分量 $\mathrm{d}\varepsilon_{ij}^{p}$ 与应力偏量分量 S_{ij} 满足如下关系：

$$\mathrm{d}\varepsilon_{ij}^{p}=\mathrm{d}\lambda S_{ij} \tag{5-13}$$

式中, λ 为比例因子，是与载荷和位置坐标有关的函数。

将式（5-10）和式（5-13）两个式子代入式（5-9）就会得到弹-塑性变形本构方程：

$$d\varepsilon_{ij} = \frac{1+\mu}{E}dS_{ij} + \frac{1-2\mu}{3E}\delta_{ij}d\sigma_{kk} + d\lambda S_{ij} \tag{5-14}$$

该方程适用于加载和中性过程，卸载过程中应力、应变按照弹性规律确定。因此，根据 Prandtl-Reuss 塑性流动理论，引入一个载荷性质判定因子 a，加载、中性及卸载过程的本构关系如下：

$$d\varepsilon_{ij} = \frac{1+\mu}{E}dS_{ij} + \frac{1-2\mu}{3E}\delta_{ij}d\sigma_{kk} + ad\lambda S_{ij} \tag{5-15}$$

假设屈服函数 $f(\sigma_{ij}) = c$，根据 Mises 屈服条件，则有：

$$f(\sigma_{ij}) = S_{ij}S_{ij} = \frac{2}{3}\sigma_i^2 \tag{5-16}$$

根据计算的 df，加载过程 $a = 1$，中性过程 $a = 0$，卸载过程 $a < 0$。弹塑性有限元方法中，Prandtl-Reuss 塑性流动理论认为体积变形完全是弹性的，平均应力增量 $d\sigma_{kk}$ 和平均应变增量 $d\varepsilon_{kk}$ 之间关系如下：

$$d\sigma_{kk} = 3Kd\varepsilon_{kk} = \frac{E}{1-2\mu}d\varepsilon_{kk} \tag{5-17}$$

式中，K 为体积弹性模量，将 $K = \dfrac{E}{3(1-2\mu)}$ 代入式（5-15）得到下式：

$$d\varepsilon_{ij} - \frac{1}{3}\delta_{ij}d\sigma_{kk} = \frac{1+\mu}{E}dS_{ij} + ad\lambda S_{ij} \tag{5-18}$$

上式变形为：

$$dS_{ij} = \frac{E}{1+\mu}\left(d\varepsilon_{ij} + \frac{1}{3}\delta_{ij}d\varepsilon_{kk} - ad\lambda S_{ij}\right) \tag{5-19}$$

5.1.1.3　轧制过程的热力耦合理论

轧制温度的不同会影响钢材的变形抗力及变形力学行为，同时还会对微观组织产生影响，进而影响到最终轧制产品的性能。因此，控制合理的轧制温度在实际的生产中有着重要的影响。

根据能量守恒原理，轧件内部任一微元体单元满足能量平衡方程：

$$E_{in} + E_g = E_{out} + E_{ie} \tag{5-20}$$

式中，E_{in} 为流入单元体热量；E_{out} 为流出单元体热量；E_g 为单元内部产生能量；E_{ie} 为单元内能量的改变量。三维问题微元体瞬态温度场变量 $\Phi(x, y, z)$ 在坐标系中的微分方程如下：

$$\rho c \frac{\partial \Phi}{\partial t} - \frac{\partial}{\partial x}\left(k_x \frac{\partial \Phi}{\partial x}\right) - \frac{\partial}{\partial y}\left(k_y \frac{\partial \Phi}{\partial y}\right) - \frac{\partial}{\partial z}\left(k_z \frac{\partial \Phi}{\partial z}\right) - \rho Q = 0 \tag{5-21}$$

式中，ρ 为材料密度，kg/m^3；c 为材料质量热容，J/(kg · K)；t 为时间，s；k_x、k_y、k_z 为材料 x、y、z 方向热传导系数，W/(m · K)；Q 为微元体内部热源密度，W/kg。

方程中，$\rho c \frac{\partial \Phi}{\partial t}$ 为单元升温所需要的热量，$\frac{\partial}{\partial x}\left(k_x \frac{\partial \Phi}{\partial x}\right)$、$\frac{\partial}{\partial y}\left(k_y \frac{\partial \Phi}{\partial y}\right)$ 及 $\frac{\partial}{\partial z}\left(k_z \frac{\partial \Phi}{\partial z}\right)$ 分别为沿 x、y、z 三个方向传入微元体的热量，ρQ 为单元内部热源产生的热量。

5.1.2 轧制过程有限元模拟的研究现状

近年来，有限元模拟技术在钢铁轧制领域得到了广泛的应用，已成为不可取代的理论分析手段，不仅可以揭示轧制过程中轧件内部的应力及应变、温度分布等规律和形状变化，还可以模拟辊系变形，进而达到控制轧件形貌的目的。早在20世纪50年代，就有学者采用有限元的方法对板坯轧制过程进行研究，随着计算机硬件及软件的发展，有限元方法得到了迅猛的发展。

轧制过程是使轧材产生连续变形、最后得到预期几何形状的加工工艺。而大量的文献中显示[15-17]，人们对单一道次下轧件变形行为研究较多，忽略了之前道次轧件变形对后续道次轧件变形行为的影响。因此，采用数值模拟的方法对连续多道次轧件变形行为进行研究更有意义。

早期多道次轧制的有限元模拟首先应用于线材轧制。Glowacki 等人[18]对线材轧制过程进行了有限元模拟，并分析了轧制过程中金属流动、热量转换及显微组织的变化情况。原思宇等人[19]针对棒线材轧制过程轧制道次多、变形量大的特点，利用 MSC. MARC 软件开发了刚体推动和数据传递技术，采用分段模拟的方法实现了 304 不锈钢和 GCr15 轴承钢棒线材轧制过程的三维弹性有限元模拟，预测了轧件在每个道次下的变形情况，并分析了轧制过程轧件内部温度场、应变和应变率的分布情况，轧件的表面温度与实际测量结果非常吻合。Collins 等人[20]通过实验与模拟相结合的方法对板带热轧过程进行了对比分析，并计算了轧制过程中的轧制力与力矩。兰勇军等人[21]使用 ABAQUS 有限元模拟软件并通过开发用户子程序对带钢的热轧过程进行了热-力耦合分析，得到了轧件内部应力、应变场及温度分布情况，模拟结果与实际情况基本相同。喻海良等人[22]采用动态显示有限元法对中厚板轧制过程进行了分析，分析了轧制过程中稳定阶段接触区中厚板单元数、轧辊单元尺寸一级中厚板初始速度对有限元分析计算结果的影响。赵永忠等人[23]利用 ANSYS 有限元软件对中厚板控轧控冷过程进行了模拟，得到了轧制坯在水冷条件下温降曲线及瞬时温度场的分布情况，为制定合理的轧制工艺提供了参考，现场试验结果表明，轧板的强度和韧性有明显提高。王欣[24]通过使用塑性大变形有限元软件 MARC. AUTOFORGE 建立了 H 型钢轧制模型，采用热力耦合法研究了 H 型钢在轧制过程中的变形情况，并分析了金属流动规律及轧制力的分布情况。Zhang 等人[25]建立有限元模型对 H 型钢轧制过程中不同部位的受力情况进行了分析，模拟结果与实验结果非常接近。

多年来，经过各国学者的共同努力，轧制过程的热力耦合模拟已经相当成熟。通过数值模拟可以揭示轧制过程的本质及各工艺参数对轧制过程的影响，反映轧件在轧制过程温度的变化，了解轧制过程中轧件的受力及力矩变化情况。通过轧制模拟可以减少或替代轧制的试轧步骤，降低生产成本，缩短设计产品周期。与此同时，模拟还可以揭示轧制过程轧件内部的温度、应变及应变速率的变化情况，而温度、应变及应变速率是影响轧制过程轧件内部组织及缺陷演变的主要因素。刘振宇等人[26]建立了 C-Mn 钢热变形过程中动态和静态再结晶数学模型，并分析了钢中 C、Mn 及轧制工艺参数对再结晶行为的影响，同时估算了轧制过程中残余应变的变化情况。Sun 等人[27]对 A36 钢轧制过程建立了动态与亚动态再结晶模型，对不同轧制道次下组织演变进行了分析。邓伟等人[28]对 Q345 特厚板粗轧过程中缺陷的压合条件进行了数值模拟。结果表明：压下量足够大的情况下，特厚板中的缺陷能够被压合，轧制坯厚度方向上缺陷的尺寸大小对能否压合有很大的影响。Rajak 等人[29]对板坯轧制过程中心处缺陷演变行为进行了模拟，对轧制过程缺陷的演变行为进行了预测，并分析了摩擦因子、轧辊直径及轧制坯厚度对内部缺陷演变行为的影响。

5.2　轧制过程铸坯内部夹杂物演变规律

钢的纯净度主要受非金属夹杂物的影响，非金属夹杂物破坏了钢的连续性和致密性，对钢材产品的质量有很大的影响。而随着经济建设的发展和市场对钢性能要求的提高，对钢中夹杂物的研究越来越受到人们的重视。然而，在现有的技术条件下，完全去除钢中的夹杂物是不可能的，而研究轧制过程中夹杂物的演变行为有助于分析不同类型、大小、形貌夹杂物对轧制产品的影响，进而采用相应的改进措施控制夹杂物，提高轧制产品的质量。

5.2.1 铸坯内部夹杂物来源、分类及分布

5.2.1.1 夹杂物来源

钢中夹杂物的来源主要分为三类：（1）外来夹杂物，主要来源为炉渣卷入钢液形成的卷渣、钢液或炉渣与炉衬耐火材料接触时的侵蚀产物、铁合金及其他炉料带入的夹杂等，在浇铸过程未及时上浮而残留在钢中，它偶然出现，外形不规则，尺寸大，危害极大。（2）内生夹杂物，在液态或固态钢中，由于脱氧和凝固时进行的各类物理化学反应而形成的，主要是和钢中氧、硫、氮的反应产物，它的形成有四个阶段，钢液脱氧反应时形成的称为原生（一次）夹杂；出钢和浇铸过程中温度下降平衡移动时形成的称为二次夹杂；钢水凝固过程中生成的称为再生（三次）夹杂；固态相变时因溶解度变化而生成的称为四次夹杂。由于一次、三次夹杂生成和析出的热力学和动力学条件最有利，因此可以认为内生夹杂大部分是在脱氧和凝固时生成的，因此控制夹杂最主要的就是要加强脱氧和严格防止二次氧化。（3）一些尺寸较大的多相复合结构的夹杂物，有时是不同类型的内生夹杂复合而成，有时则是内生夹杂物与外来夹杂物互相包裹而形成的。

为了方便生产评级和比较，按照标准评级图显微检验法根据夹杂物形态和大小分布将夹杂物分为 A、B、C、D、Ds 五类，这五大类夹杂物代表最常观察到的夹杂物的类型和形态：A 类（硫化物类）：具有高的延展性，有较宽范围形态比（长度/宽度）的单个灰色夹杂物，一般端部呈圆角；B 类（氧化铝类）：大多数没有变形，带角的，形态比小（一般小于 3），黑色或带蓝色的颗粒，沿轧制方向排成一行（至少有 3 个颗粒）；C 类（硅酸盐类）：具有高的延展性，有较宽范围形态比（一般大于 3）的单个呈黑色或深灰色夹杂物，一般端部呈锐角；D 类（球状氧化物类，如钙铝酸盐）：不变形，带角或圆形的，形态比小（一般小于 3），黑色或带蓝色的，无规则分布的颗粒；Ds 类（单颗粒球状类）：圆形或近似圆形，直径大于 13μm 的单颗粒夹杂物。

5.2.1.2 夹杂物分类

钢中非金属夹杂物按来源可分为内生夹杂物和外来夹杂物：

（1）内生夹杂物。钢在冶炼脱氧过程中会产生氧化物和硅酸盐等产物，若在钢液凝固前未浮出就会遗留在钢中。同时，溶解在钢中的氧、硫、氮等杂质元

素在凝固过程中由于溶解度的降低，会与其他元素结合并以化合物的形式从钢中析出，最后留在钢锭中，它是金属在熔炼过程中，各种物理化学反应形成的夹杂物。内生夹杂物分布比较均匀、颗粒较小，合理的操作和工艺措施可以减少其数量和改变其成分、大小和分布，但一般来说内生夹杂物是不可避免的。

（2）外来夹杂物。钢在冶炼和浇铸过程中悬浮在钢液表面的炉渣或炼钢炉、中间包内壁剥落的耐火材料或其他在钢液凝固前未及时清除而留在钢中的夹杂物均为外来夹杂物。一般外来夹杂物粒径较大、组成复杂、来源广泛、偶然性分布，对产品质量危害最大。

钢中非金属夹杂物按化学成分分类主要分为氧化物系夹杂物、硫化物系夹杂物及氮化物系夹杂物。图 5-2 为钢中非金属夹杂物按化学成分分类示意图。

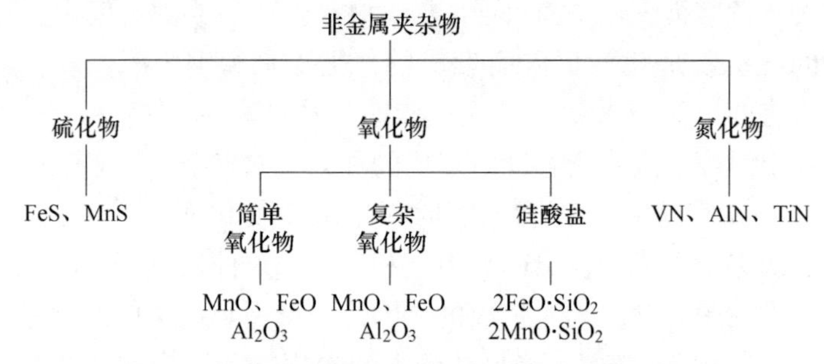

图 5-2　钢中非金属夹杂物按化学成分分类示意图

（1）氧化物系夹杂物。钢中常见的氧化物有 FeO、Fe_2O_3、MnO、SiO_2、Al_2O_3、MgO 和 Cu_2O 等。在钢铁冶炼过程中，当使用硅铁或铝进行脱氧时，SiO_2 和 Al_2O_3 类夹杂物就比较多见。Al_2O_3 在钢中常以球形聚集呈颗粒状成串分布。复杂氧化物包括尖晶石类夹杂物和各种钙的铝酸盐等。这类夹杂物有 $2FeO \cdot SiO_2$（铁硅酸盐）、$2MnO \cdot SiO_2$（锰硅酸盐）、$CaO \cdot SiO_2$（硅酸盐）等。这类夹杂物在钢的凝固过程中，由于冷却速度较快，某些液态的硅酸盐来不及结晶，其全部或部分以玻璃态的形式保存于钢中。

（2）硫化物系夹杂物。硫化物夹杂主要有 FeS、MnS 和 CaS 等。低熔点的 FeS 容易形成热脆，所以一般要求钢中要有一定量的锰与硫形成熔点较高的 MnS 进而消除 FeS 的危害。因此，钢中硫化物夹杂主要是 MnS。铸态钢中硫化物夹杂的形态主要有三类：球形，这种夹杂物通常出现在用硅铁脱氧或脱氧不完全的钢中；针状，在光学显微镜下观察呈链状的极细的针状夹杂；块状，外形不规则的几何体，在过量铝脱氧时出现。

（3）氮化物系夹杂物。当钢中存在大量与氮亲和力较大的元素时容易形成 AlN、TiN、ZrN 和 VN 等氮化物。当出钢和浇铸钢液与空气接触的过程中，氮化物的数量明显增加。

钢中非金属夹杂物按塑性变形能力可以分为塑性夹杂物、点状不变形夹杂物(球状夹杂物)和脆性夹杂物:

(1) 塑性夹杂物。在热变形时该类夹杂物有良好的塑性,沿变形方向延伸成条带状,主要有硫化物及SiO_2含量较低的铁锰硅酸盐。

(2) 点状不变形夹杂物。该类夹杂物铸态呈球状,在热加工过程中形状不变,如刚玉型、尖晶石型、钙铝酸盐等。

(3) 脆性夹杂物。该类夹杂物在热加工过程中不变形,但能沿加工方向呈链状分布,如纯SiO_2等。

5.2.1.3 夹杂物分布

通常情况下,连铸坯内夹杂物的分布情况受钢液流动带入结晶器中的夹杂物数量、注流的液相穴深度、钢液流动速度及连铸机机型的影响。一般弧形连铸机在距离内弧1/4的地方有一个夹杂物的聚集高峰区,这是弧形连铸机的一个特点,也是铸坯质量的一个弱点。只有在稳态浇铸条件下,夹杂物的数量才会沿纵向比较均匀地分布,几乎是一条直线。但在开浇和浇铸末期的铸坯由于操作条件的变化,夹杂物的含量会明显升高。

铸坯中大型夹杂物的分布规律受铸机机型和浇铸条件的影响也很大。垂直型和立弯型铸机浇铸出铸锭的夹杂物在铸坯靠近中心部位产生峰值,这也与弧形连铸机有所不同。另外,弧形连铸机铸坯内夹杂物尺寸受水口材质的影响很大。使用高铝石墨水口钢中夹杂物尺寸较大,一般在100~200μm,其他两种机型的铸坯夹杂物尺寸相对较小,在100μm左右。

连铸机内弧半径的大小也会影响到内弧夹杂物的聚集程度。连铸机内弧半径的增加,大于50μm的夹杂物向内弧聚集的概率减小,而小于20μm的单相Al_2O_3夹杂物聚集程度与铸机弧半径大小关系不大。

铸坯宽度方向夹杂物的分布情况主要取决于液相穴内钢液的流动状态,与使用的侵入式水口的形状有关。一般来讲,由于注流引起的非对称性流动,铸坯宽度方向夹杂物分布也是不对称的。而沿铸坯长度方向,浇铸初期和后期夹杂物较多,中期较少;稳态条件下,夹杂物沿长度方向分布的变化情况并不明显。

5.2.2 夹杂物对产品质量的影响

目前,国内钢厂生产出现的主要问题是夹杂物和裂纹。尤其是钢中的非金属夹杂物对产品质量带来的危害最大。钢材的性能主要由钢的化学成分和组织决定。随着市场经济的发展和人们对产品质量要求的提高,钢的强度、韧性和寿命等指标已越发要求严格。钢中非金属夹杂物的存在对钢制产品的性能影响尤为重要,有时甚至是决定因素。夹杂物对钢力学性能和工艺性能的影响主要体现在降低了材料的塑性、韧性、疲劳性能和耐腐蚀性，尤其是当夹杂物以不利的形貌分布于钢中时，对材料性能的影响更为严重。但某些特殊场合，钢中的非金属夹杂物也能够起到好的作用，比如硫化物能改善钢材的切削性能，钢中的微小的氧化物、硫化物粒子还可以作为钢固态相变的形核核心，并起到细化组织，改善钢材强韧性的作用。

（1）夹杂物对钢材疲劳性能的影响。钢铁产品在使用过程中不可避免地会承受一定的重复或交变应力，经过多次的循环后会受到破坏，这种现象称为疲劳。钢轨、车轴、轴承、弹簧等在使用过程中都要经受循环的交变应力作用，这类钢材除了要求具备高的强度和韧性外，还要具备良好的抗疲劳性能。

钢中非金属夹杂物对钢材的抗疲劳性能有很大的影响。由于夹杂物不能传递钢基体中存在的应力，并且其热膨胀系数也与基体不同。所以，在钢样受到外力作用产生变形时，夹杂物周围的钢中就会产生径向拉伸力，该应力与外界所施加的应力共同作用，就会促使疲劳裂纹首先在夹杂物周边的钢基体中形成。

夹杂物的尺寸对钢的疲劳极限有很大的影响。随着夹杂物尺寸的增大，钢材的疲劳极限呈现下降的趋势。Melander 等人[30]对影响钢疲劳性能夹杂物的尺寸提出了“临界尺寸”的概念，当夹杂物的尺寸小于一个临界值时，其对钢的疲劳寿命没有影响。Larsson 等人[31]通过研究发现，当夹杂物的尺寸小于 10μm 时，由夹杂物引起裂纹的概率非常小；而当夹杂物尺寸大于 10μm 时，疲劳裂纹很容易在夹杂物周边产生。夹杂物尺寸与钢材疲劳极限的关系如图 5-3 所示。

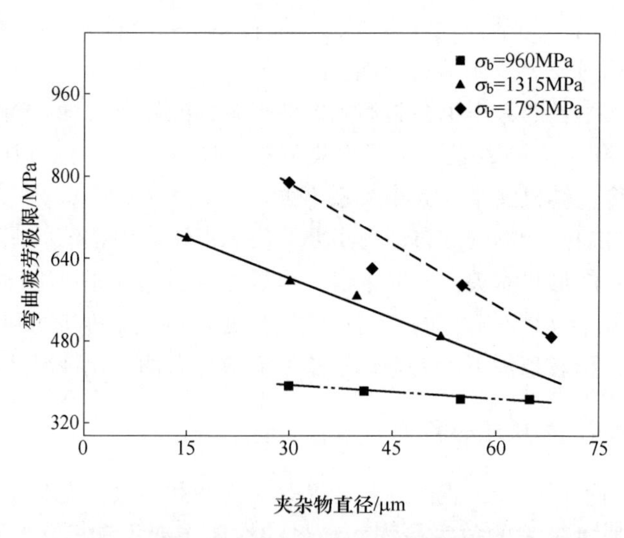

图 5-3　夹杂物尺寸与钢材疲劳极限的关系

（2）夹杂物对钢材延伸性能的影响。钢材的延伸性能通常以其在拉伸试验发生断裂后的伸长率和断面收缩率来衡量。钢中的非金属夹杂物对钢的屈服强度、抗拉强度等指标影响较小，但对钢材的延伸性能影响很大。当钢中夹杂物数量较多、尺寸较大的情况下，若试样受到拉应力作用时，夹杂物周围的基体会在外力作用的情况下出现应力集中的显现，进而使钢的伸长率降低。尤其是在钢材断面收缩率上的影响要比在伸长率上的影响更为显著。在轧制过程中发生良好变形的条带状夹杂物和点链状脆性夹杂物能使钢材性能带有方向性，而在非轧制方向上的延伸性能要明显低于轧制方向上的延伸性。

（3）夹杂物对钢材冲击韧性的影响。冲击韧性代表了钢材制品抵抗冲击破坏的能力。和许多金属一样，钢材在很低的温度下也会具有变脆的特性。为测试其抗冲击能力，常要测定其在不同温度下的冲击值。钢材的冲击实验值、脆性转化温度及脆性转化温度的范围都是评价钢材韧性的主要指标。非金属夹杂物对钢材的韧性有很大的影响。大多数夹杂物同钢基体在弹性和塑性性能上有很大的差别，因此在钢材变形的过程中，夹杂物和析出物不能随基体发生相应的变形，在它们的周围就会产生越来越大的应力集中并使基体开裂，或者在夹杂物和基体接触的界面产生微小裂纹。随着变形不断进行，微裂纹不断地形成，直至发展成为微小的孔洞。孔洞不断扩大并与周围的孔洞相连接最后导致钢材破裂。

（4）夹杂物对钢材切削性能的影响。为了提高钢材在机加工过程中的易切削性，同时又为了延长加工刀具的使用寿命，降低切削过程中的阻力，保证工件的表面光洁度和尺寸精度，在轴类、连接类、紧固等标准件的加工过程中都要使用易切削钢。在易切削钢中一般要加入 S、Pb 等元素，使其与其他元素相结合形成非金属夹杂物或金属间化合物以提高钢的易切削性能。例如，钢中球状的硫化物可以使金属屑更容易发生断裂，切屑和刀具的接触面积减小，因而摩擦阻力和切削阻力变小，加工刀具的使用寿命就会有所提高。

（5）夹杂物对钢材加工性能的影响。钢中非金属夹杂物对钢材的冲压、冷镦、冷拉等加工性能也有很重要的影响。在冷轧过程中，钢中的大颗粒夹杂物会造成钢板表面微细裂纹缺陷的产生。另外，大颗粒夹杂物还会引起如易拉罐冲压过程中上口卷边裂纹的出现。因此，为了保证钢板的冲压性能和表面质量，对于汽车面板用冷轧钢板，要求夹杂物尺寸小于 100μm，对易拉罐用冷轧钢板，要求钢中夹杂物尺寸小于 40μm。

5.2.3 轧制过程夹杂物演变行为的研究

轧制过程中，夹杂物与钢基体之间由于变形程度不同会在两者结合处产生微小的裂纹，夹杂物的破碎也会形成裂纹源。轧制过程中夹杂物的变形行为严重地影响着轧制产品的质量。

图 5-4 为扫描电镜下 72B 钢电解大颗粒夹杂物形貌及能谱分析。可以看出，

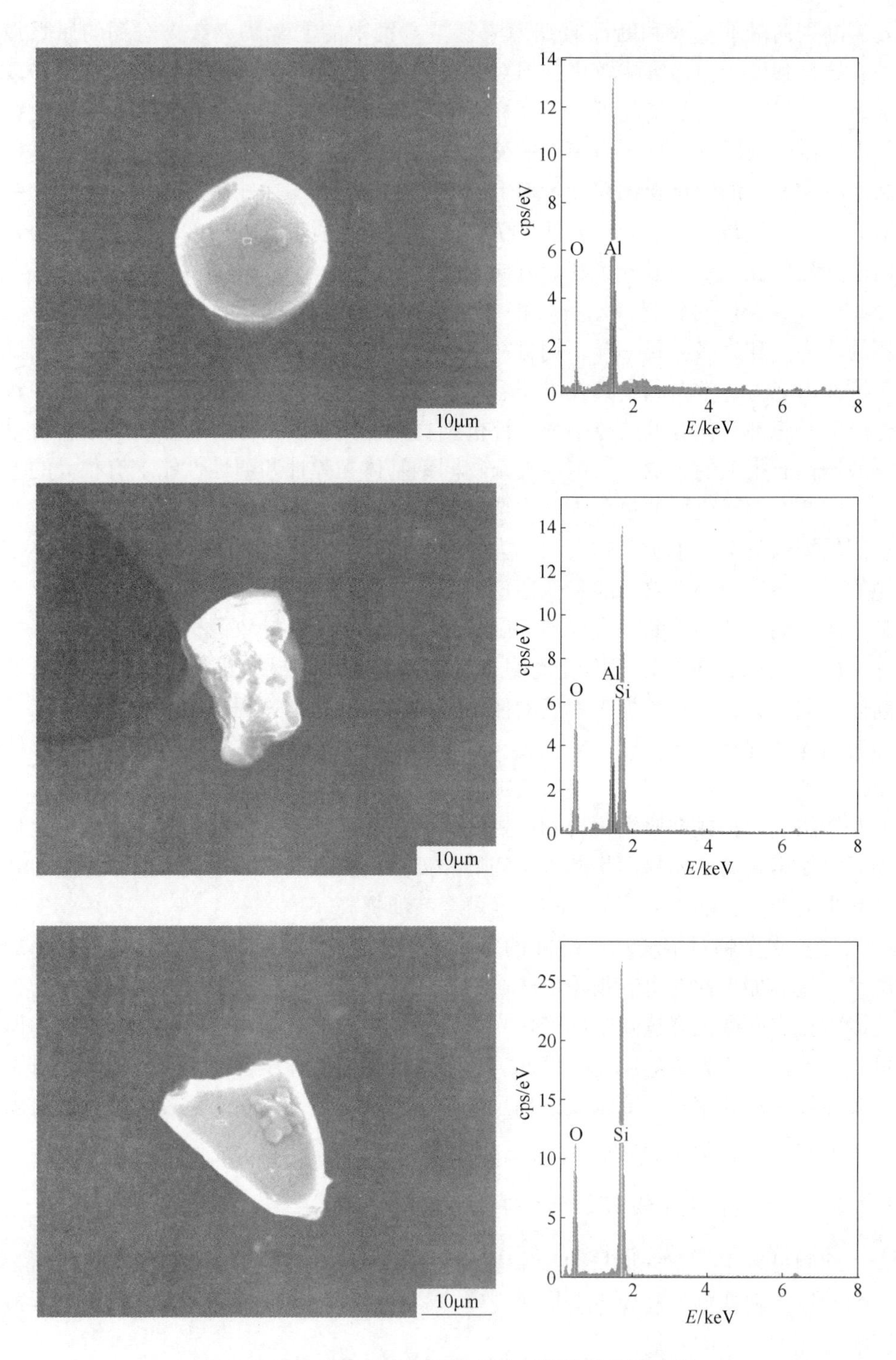

图 5-4　72B 钢电解大颗粒夹杂物形貌及其能谱分析

夹杂物形貌主要为球形、三角形和不规则的矩形，通过能谱分析可以发现，夹杂物主要为 Al_2O_3、SiO_2及硅铝酸盐类夹杂物，夹杂物尺寸在 20~200μm 不等。这些 B 类、C 类夹杂物本身呈硬脆状态，在轧制过程中很容易产生微裂纹或破碎，影响到基体的连续性，影响产品质量。

在实际生产过程中，连铸坯中的非金属夹杂物不可能完全消除，并且由于连铸工艺、铸机设计等因素的影响，夹杂物在钢中的分布情况也有所不同，尤其弧形连铸机在距内弧四分之一处存在一个夹杂物的聚集高峰区，因此，对钢中不同位置夹杂物在轧制过程中的演变情况有着实际意义。并且由于夹杂物化学成分的不同，其在轧制过程中的变形行为也有所区别。图 5-5 为铸坯及轧件中典型夹杂物形貌及能谱分析。其中，图 5-5（a）为铸坯中 Al_2O_3类夹杂物形貌，可以看出，夹杂物呈圆形并且与基体接触情况较好；图 5-5（b）为轧件中 Al_2O_3类夹杂物形貌，可以看出夹杂物有一定的变形，并且在夹杂物前端和后端出现了微小裂纹，裂纹沿轧制方向延伸；图 5-5（c）为轧件中 MnS 类夹杂物形貌，可以看出，MnS 类夹杂物变形较大，沿轧制方向延伸，但夹杂物周边并未出现裂纹，这说明 MnS 类夹杂物属于易变形夹杂物，在轧制过程中很容易变形，并且不会出现裂纹。

近年来，随着冶金技术的发展，钢中的非金属夹杂物无论从外形、尺寸和分布情况都得到了很好的控制，但连铸坯内的夹杂物是不可能完全消除的。钢中的夹杂物不但破坏了钢基体的连续性和致密性，同时对钢材产品的质量也存在着很大的影响。随着经济建设的迅速发展，人们对钢材质量的要求也越来越高，因此，研究在轧制过程中夹杂物的演变行为有助于分析不同类型、大小及位置的夹杂物对轧制产品的影响，进而采用相应的工艺制度控制钢中的夹杂物，提高产品质量。

在轧制过程中，夹杂物会与基体产生不同的变形，本质原因是相关的物性参数不同引起的。主要的物性参数有密度、杨氏模量、泊松比及变形抗力。密度是物质的特性之一，每种物质都有一定的密度，不同物质的密度一般是不同的。杨氏模量是衡量材料产生弹性变形难易程度的指标，其值越大，使材料发生一定弹性变形的应力也就越大，即材料的刚度越大，也就是说在一定的应力作用下，发生弹性变形越小；泊松比是材料受单向受拉或受压时，横向正应变与轴向正应变的绝对值比值，也叫横向变形系数，是反应材料横向变形的弹性常数；变形抗力是指材料塑性变形时金属抵抗塑性变形的能力，变形抗力越高，就意味着要使金属产生塑性变形需要更大的外力。表 5-1 为轧件基体、难变形及易变形夹杂物物性参数[32]。

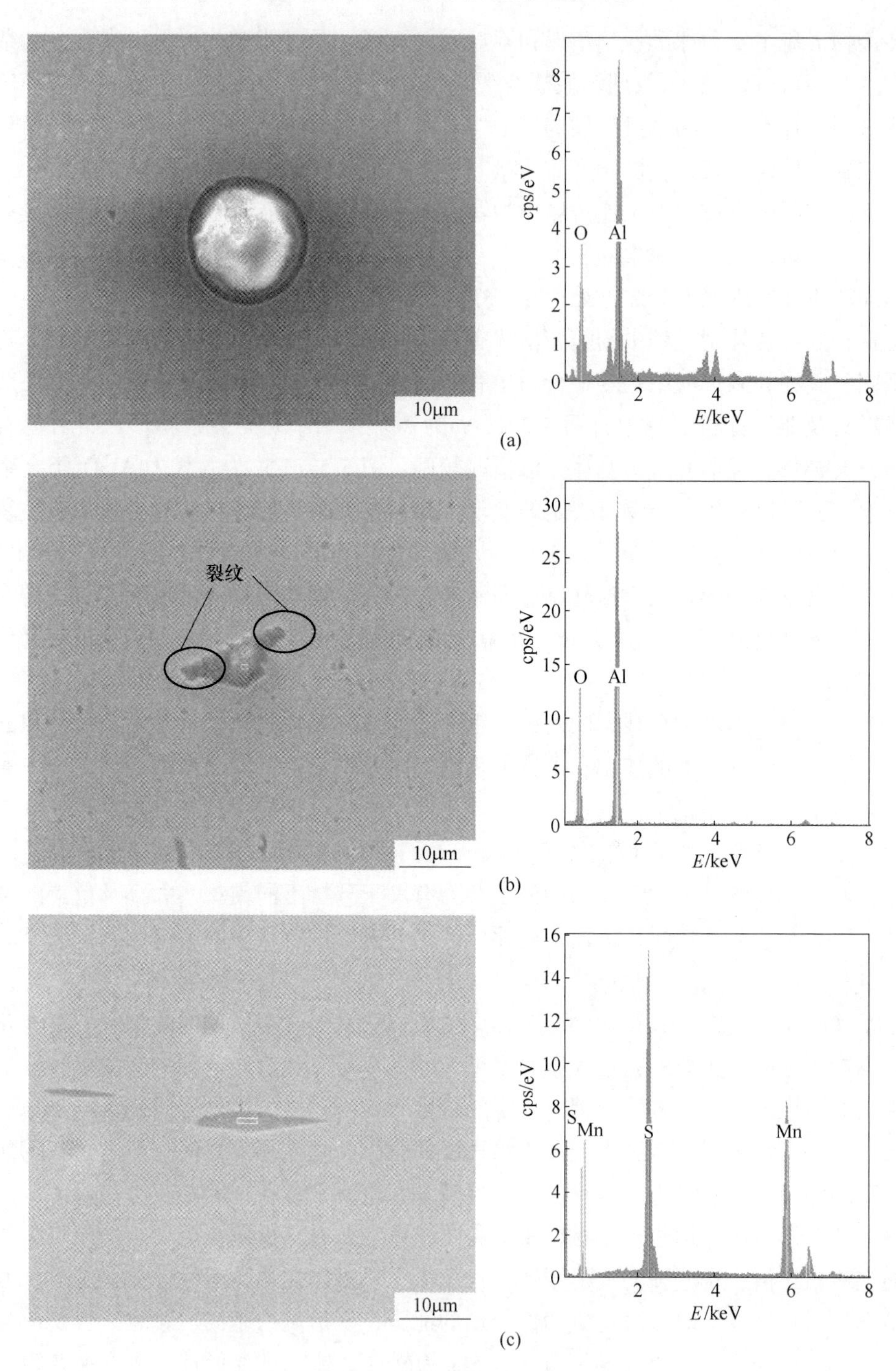

图 5-5　铸坯及轧件中夹杂物形貌及其能谱分析

(a) 铸坯中 Al_2O_3 类夹杂物形貌；(b) 轧件中 Al_2O_3 类夹杂物形貌；(c) 轧件中 MnS 类夹杂物形貌

表 5-1 轧件基体、难变形及易变形夹杂物物性参数

物性参数	轧件基体	夹杂物	
		难变形夹杂物	易变形夹杂物
密度/kg · m^{-3}	7580	3500	5000
弹性模量/GPa	210	380	120
泊松比	0.3	0.2	0.4
变形抗力/MPa	200	380	100

5.2.4 难变形与易变形夹杂物变形情况的研究

表 5-2 为轧制过程中轧件中心部位 *xy* 方向 30μm 难变形及易变形夹杂物在不同轧制道次下的变形情况。可以看出，从轧制开始到轧制结束难变形及易变形夹杂物的变形程度都有所增加。同时可以看出，相同尺寸的、相同位置的难变形及易变形夹杂物随着轧制道次的增加，夹杂物沿厚度方向逐渐被压缩，沿轧制方向拉伸。并且在相同的轧制道次下，易变形夹杂物比难变形夹杂物无论在厚度方向还是在轧制方向上变形量都要比难变形夹杂物大。

表 5-2 轧件中心部位 *xy* 方向 30μm 难变形及易变形夹杂物变形情况

轧制道次	难变形夹杂物	易变形夹杂物
轧制前 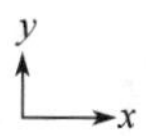 *y* *x*	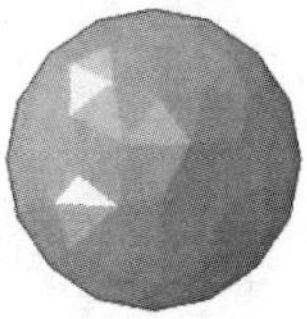	
一道次		

续表 5-2

轧制道次	难变形夹杂物	易变形夹杂物
二道次		
三道次		
四道次		
五道次		
六道次		

通过对不同界面难变形及易变形夹杂物变形情况的分析可以发现，最初球形的夹杂物在轧制过程中逐渐变成椭球形，夹杂物沿轧制方向伸长，沿厚度方向被压缩，沿宽度方向变形量不大，夹杂物在轧制过程中呈现扁平形状。

图 5-6 为 xy 面轧件中心部位 30μm 难变形及易变形夹杂物变形情况与轧制道次关系图，图 5-6（a）为难变形夹杂物，图 5-6（b）为易变形夹杂物。可以看出，在轧制的前几个道次，夹杂物沿厚度方向的变形并不是很大，而在四、五、六道次之后夹杂物沿厚度方向的变形明显增大。同时，通过对相同大小、相同位置的难变形及易变形夹杂物变形情况对比可以看出，两种类型夹杂物在厚度方向

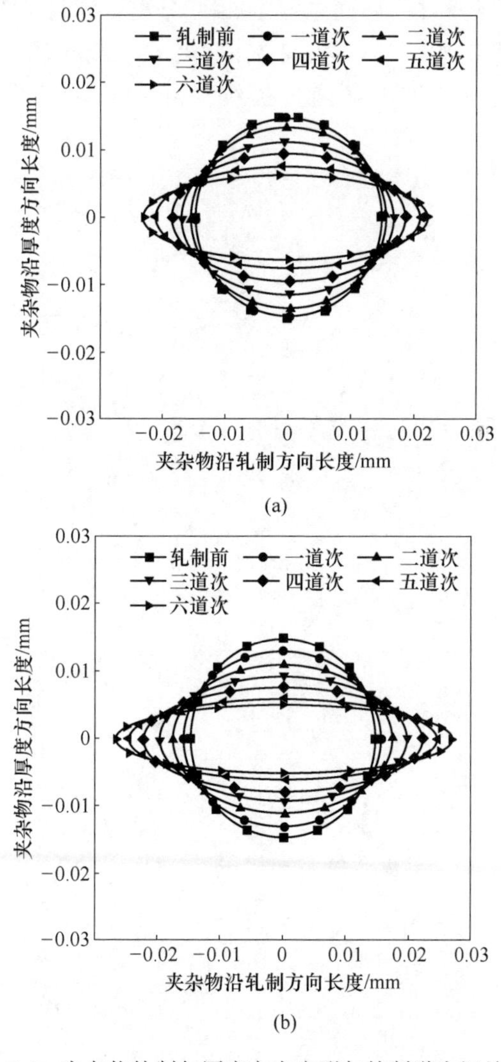

图 5-6 夹杂物轧制与厚度方向变形与轧制道次间关系

（a）难变形夹杂物；（b）易变形夹杂物

彩图 5-6

的变化并不是很大，但在轧制方向上易变形夹杂物的长度要明显大于难变形夹杂物，轧制结束后易变形夹杂物的长度达到了 60μm 左右，而难变形夹杂物只有 40μm 左右。

图 5-7 为轧制过程中夹杂物与基体网格变化情况。可以看出，轧制前夹杂物与基体间节点紧密连接，可以视为同一个节点。选取六个节点进行标记，分别为 N_0、N_1、N_2、N_3、N_4、N_5。而随着轧制过程的进行，夹杂物与基体间原本紧密的节点相互错位、分离。夹杂物上方的节点 N_0、N_1、N_2、N_3、N_0'、N_1'、N_2'仍然在同一个面上，但节点与节点之间与轧制前相比发生了错位，而 N_4、N_5、N_3'、N_4'、N_5'这几个节点已经不在同一个面上，相互分离，并且随着轧制过程的进行，节点间分离的距离越来越大。这些在轧制过程中夹杂物与基体间产生的间隙就是实际轧制过程中夹杂物周边产生的微小裂纹，裂纹与厚度方向垂直，沿轧制方向延伸。

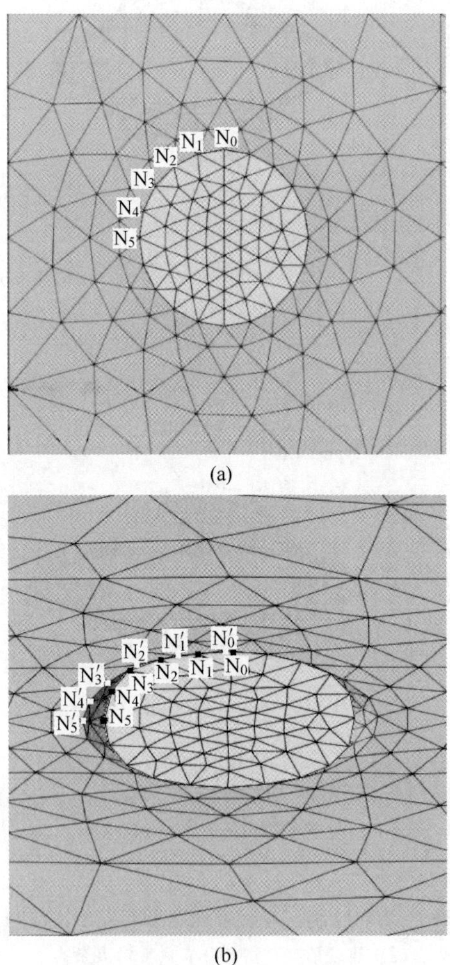

(a)

(b)

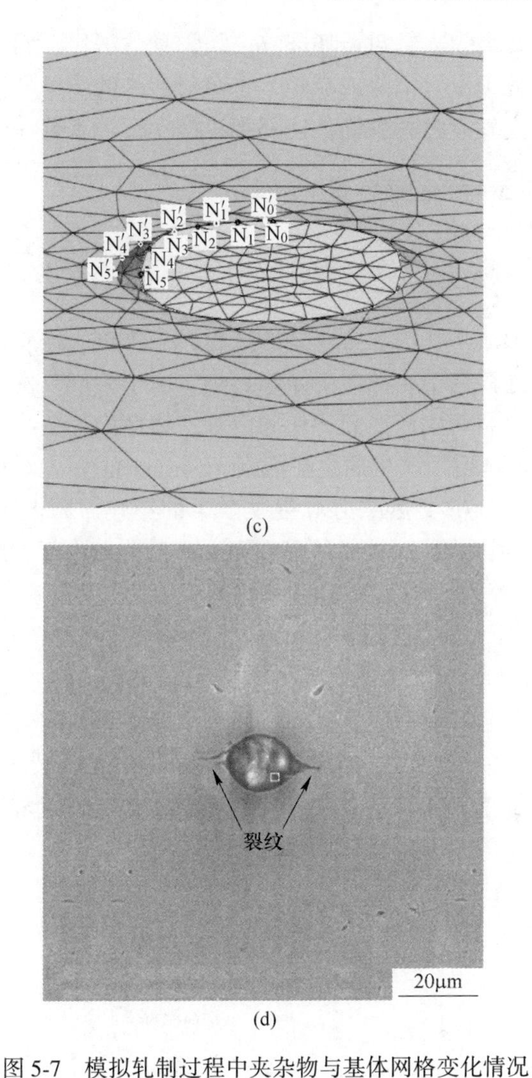

图 5-7 模拟轧制过程中夹杂物与基体网格变化情况

（a）轧制前节点；（b）中间坯节点与基体网格；

（c）最终轧件节点与基体网格；（d）轧件中夹杂物及周边微型纹形貌

彩图 5-7

5.3 轧制过程裂纹演变规律

自钢铁行业使用连铸技术以来，影响连铸坯质量的各种缺陷便应运而生。根据统计，各种缺陷约 50%来自铸坯裂纹。铸坯出现裂纹严重的会产生废品或出现漏钢事故，轻者需要对铸坯进行精整。因此，裂纹的产生既影响到了连铸机的生产效率，又影响到了产品的质量，增加了成本。随着连铸技术的逐步发展和用户对产品质量要求的提高，人们对铸坯裂纹的认识日益深化。而铸坯中的内部裂纹若在后续的轧制过程中没有消除或减轻，将会对产品的质量和使用寿命产生很大的影响。因此，研究轧制过程中轧件内部裂纹演变行为有着深远的现实意义。

5.3.1　铸坯产生裂纹的原因及类型

5.3.1.1　内部裂纹

连铸坯裂纹的形成是一个非常复杂的过程，是传热、传质及应力相互作用的结果。内部裂纹是连铸坯主要的内部缺陷之一，由于生产节奏的加快，如拉速的不断提高、为适应热装而生产高温铸坯等因素，铸坯内部裂纹的发生率呈现提高的趋势。图 5-8 为影响裂纹产生的主要因素。Sorimachi 等人对连铸过程中应力分布进行了数值模拟，分析了热应力对裂纹产生的影响。陈淑英等人探讨了“鼓肚”量对枝晶间距的影响，而枝晶的形态和大小对铸坯内部裂纹的产生有着密切的关系。Yamanaka 等人[33]对矫直过程对内部裂纹产生的影响做出了相关的研究，认为内裂纹通常在黏滞性温度（LIT）和零塑性温度（ZDT）之间形成。Lankford 等人[34]对结晶器与坯壳之间的摩擦引起内裂纹的原因进行了分析，由于摩擦力是表面力，会产生弯矩，进而在坯壳中产生弯曲应力，这个弯曲应力与轴向拉伸应力的合力为拉应力，当它足够大时，将引起内裂纹甚至使坯壳破裂。另外，拉速与水量、结晶器锥度和凝固组织等因素都会引起裂纹的产生。可见，连铸过程中裂纹产生的原因是多种多样的。

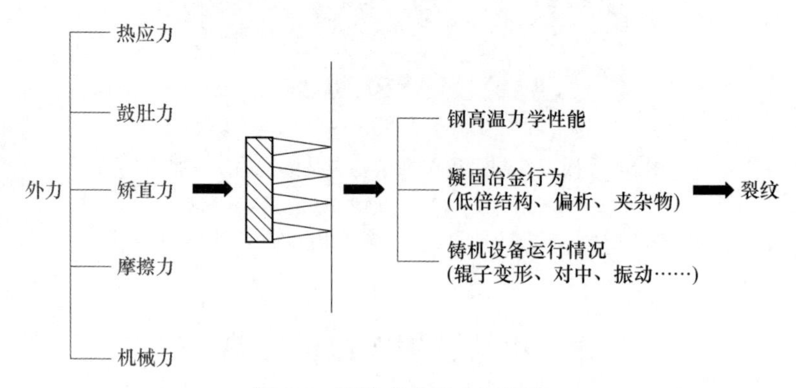

图 5-8　裂纹产生的主要因素

内部裂纹的成因通常认为是凝固前沿受到拉应力引发的应变超过了其抵抗裂纹产生的最大变形，凝固前沿就会沿枝晶界面开裂，形成内部裂纹。内部裂纹形成大致要经历三个阶段，即凝固界面受到拉应力作用；柱状晶间开裂；偏析元素富集的钢液充填到开裂的空隙中。另外，根据前人的研究结果，内裂纹通常在黏滞性温度（LIT）和零塑性温度（ZDT）之间形成。而 LIT 和 ZDT 对应的固相率分别为 0.9 和 1.0。图 5-9 为连铸坯凝固过程溶质元素分布情况，在该温度区间，溶质元素的浓度会很高，尤其对于易偏析的 P、S 等元素，浓度会更高，这些富集的溶质元素一般以夹杂物的形式存在于晶界处，大大降低了枝晶晶界的高温强度和高温塑形，从而降低了钢的抗拉强度，进而引起晶间断裂，同时还会降低树枝晶间液膜的凝固点，使 LIT 和 ZDT 之间的温差增大，致使裂纹发生的概率增加。内部裂纹产生的机理可以认为，在连铸坯二次冷却过程中凝固前沿受到的拉应力超过其在凝固温度附近的强度，凝固前沿形成开裂扩展。从凝固角度来看，凝固前沿枝晶间的微观偏析是裂纹形成的内因。铸坯凝固过程中，凝固前沿的柱状晶在微观偏析的作用下很容易形成低熔点的液相薄膜，减弱了凝固前沿的抗变形能力，当凝固前沿受到拉伸作用时极易沿柱状晶开裂从而形成内裂纹。

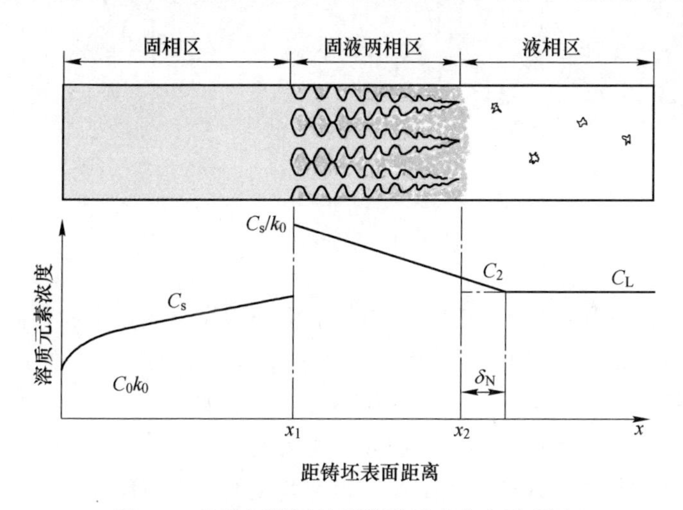

图 5-9 连铸坯凝固过程溶质元素分布示意图

内裂纹按其在铸坯中出现的部位的不同主要可以分为中心裂纹、中间裂纹和三角区裂纹。图 5-10 为铸坯中内裂纹示意图。绝大多数内裂纹是在凝固过程中形成的，所以有时内裂纹也称为“凝固裂纹”。从概念上讲，从铸坯皮下一直到中心部位所产生的裂纹均可以称为内部裂纹。因此，内部裂纹不仅包括凝固过程产生的裂纹，也包括那些在凝固温度以下析出的质点引起晶界脆化并在外力作用下引起的裂纹。

中间裂纹是指铸坯横截面上位于宽面与板厚中心线之间的宽面柱状枝晶的晶间裂纹。中间裂纹主要发生在合金钢，中碳钢铸坯的内弧侧，外弧侧有时发生。发生的位置主要在铸坯表面至铸坯中心二分之一厚度上，沿铸坯宽度和浇铸方向

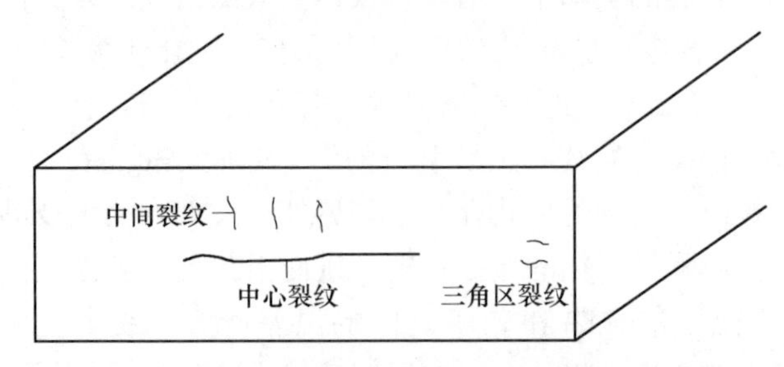

图 5-10 铸坯中内部裂纹示意图

延伸，位于凝固的柱状晶区，长度在 5~25mm。图 5-11 为中间裂纹形貌。铸坯低倍断面硫印上对应的中间裂纹有浓度偏析线。

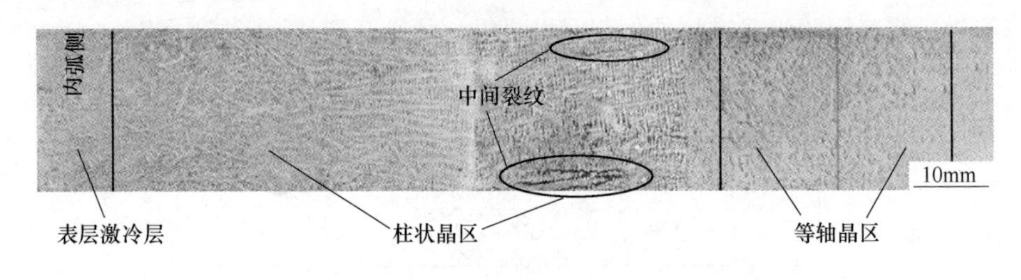

图 5-11 中间裂纹形貌

当轧制方法和压缩比不当时，连铸坯的中间裂纹可能无法焊合而保留到轧制成品当中，从而对轧制成的中厚板力学性能造成一定的影响，使产品的抗拉强度、屈服强度、伸长率降低、厚板探伤不合格率增加。另外，连铸板坯中的中间裂纹还是引起切割过程中出现剪切裂纹的原因。

三角区裂纹是指铸坯横截面上位于板宽两端的、由宽面和窄面柱状晶前端相遇形成的三角区内的窄面柱状晶的晶间裂纹。铸坯出结晶器不久，窄面三角区受到窄面和宽面冷却所产生的热应力及窄面足辊位置不当和宽面支撑不良等原因产生的机械应力的双重作用，并且凝固前沿的固-液交界面及附近区域富集的溶质元素引起的该部位钢的强度和塑性下降。当综合应力超过该钢种的临界强度时，便产生了开裂。

引起三角区裂纹的主要原因是二次冷却不良，铸坯侧面受到强冷，而弧面冷却不够，当铸坯回温的温度过高时就会出现三角区裂纹。其次，辊列异常也是影响三角区裂纹产生的重要因素之一。铸机弧度差过大，开口度不当，夹辊太弯曲，都将导致三角区裂纹的产生。最后，控制钢中的有害元素，提高钢的高温强度也是减少三角区裂纹发生的办法。图 5-12 为三角区裂纹形貌。

中心裂纹是指铸坯横截面上位于板厚度中心线上两个三角区内顶点时间区域

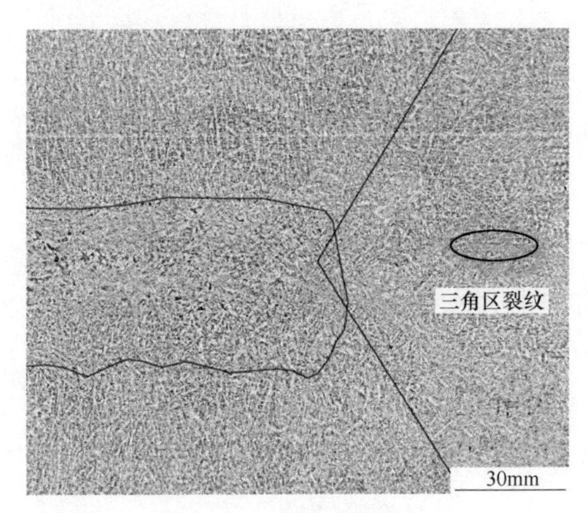

图 5-12 三角区裂纹形貌

的等轴晶的晶间裂纹。中心裂纹是由于在凝固最后阶段铸坯芯部少量的未凝固的钢水被已经凝固的部分包围，凝固收缩得不到及时的补充所致。中心裂纹的产生通常伴随着严重的中心线偏析，其中 P、S 等元素的含量较高，且有夹杂物富集。实际上中心裂纹的形成是连铸过程中力学因素和冶金性能综合作用的结果。图 5-13为板坯中心裂纹形貌。

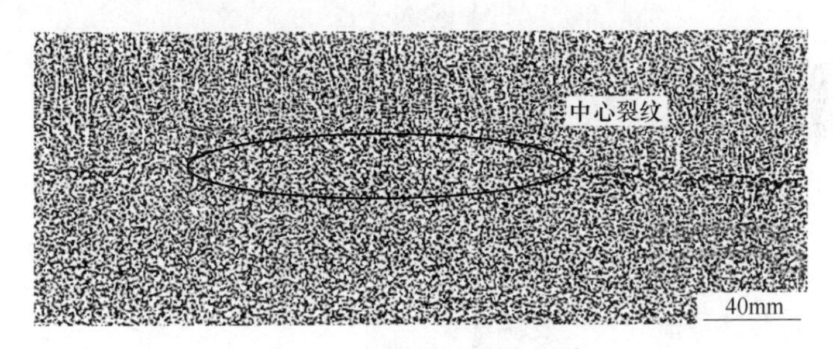

图 5-13 板坯中心裂纹形貌

5.3.1.2 表面裂纹

表面裂纹主要有横向裂纹、纵向裂纹、星形裂纹等[35]，图 5-14 为连铸坯表面裂纹示意图。

横裂纹可位于铸坯面部或棱边，横裂纹与振痕共生，深度 2～4mm，可达 7mm，裂纹深处生成 FeO。不易剥落，热轧板表面出现条状裂纹。振痕深，柱状晶异常，形成元素的偏析层，轧制板上留下花纹状缺陷。铸坯横裂纹常常被 FeO 覆盖，只有经过酸洗后才能发现。裂纹形貌如图 5-15 所示。

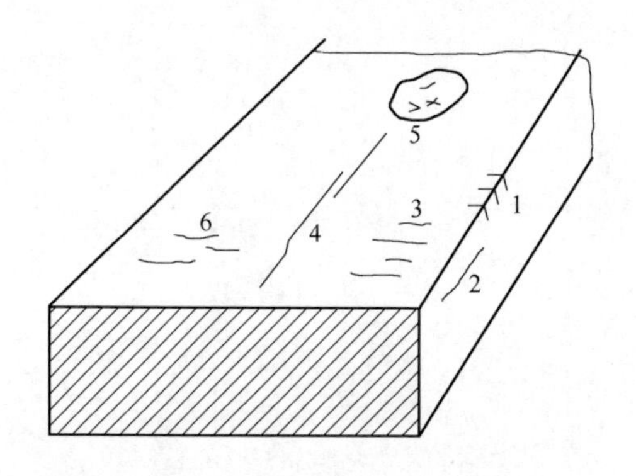

图 5-14 铸坯表面裂纹示意图

1—横向角部裂纹；2—纵向角部裂纹；3—横裂纹；4—宽面纵向裂纹；5—星形裂纹；6—深振痕

图 5-15 铸坯表面横裂纹

横裂产生的原因主要有以下几点：

（1）振痕太深是横裂纹的发源地；

（2）钢中 Al、Nb 含量增加，促使质点（AlN）在晶界沉淀，诱发横裂纹；

（3）铸坯在脆性温度 900～700℃矫直；

（4）二次冷却太强。

横裂纹产生于结晶器初始坯壳形成振痕的波谷处，振痕越深，则横裂纹越严重，在波谷处，由于奥氏体晶界析出沉淀物（AlN，Nb（CN）），产生晶间断裂；沿振痕波谷 S、P 元素呈正偏析，降低了钢的强度，振痕波谷处，奥氏体晶界脆性增大，为裂纹产生提供了条件。

铸坯运行过程中，受到外力（弯曲、矫直、鼓肚、辊子不对中等）作用时，刚好处于低温脆性区的铸坯表面处于受拉伸应力作用状态，如果坯壳所受的 $\varepsilon_{临}$ 大于 1.3%，在振痕波谷处就产生裂纹。

振痕深度与横裂纹产生概率关系如图 5-16 所示。

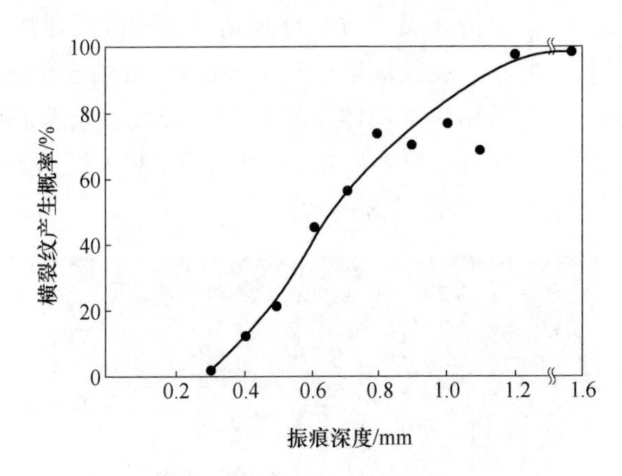

图 5-16 振痕深度与横裂纹产生概率关系

表面纵裂纹可能发生在板坯宽面中心区域或宽面到棱边的任一位置。以 250mm×1200mm（C=0.08%）板坯为例：细小纵裂纹：宽度 1～2mm，深度 3～4mm，长 100mm 左右。宽大纵裂纹：宽度 10～20mm，深度 20～30mm，长度有数米，严重时会贯穿板坯而报废。纵裂纹形貌如图 5-17 所示。

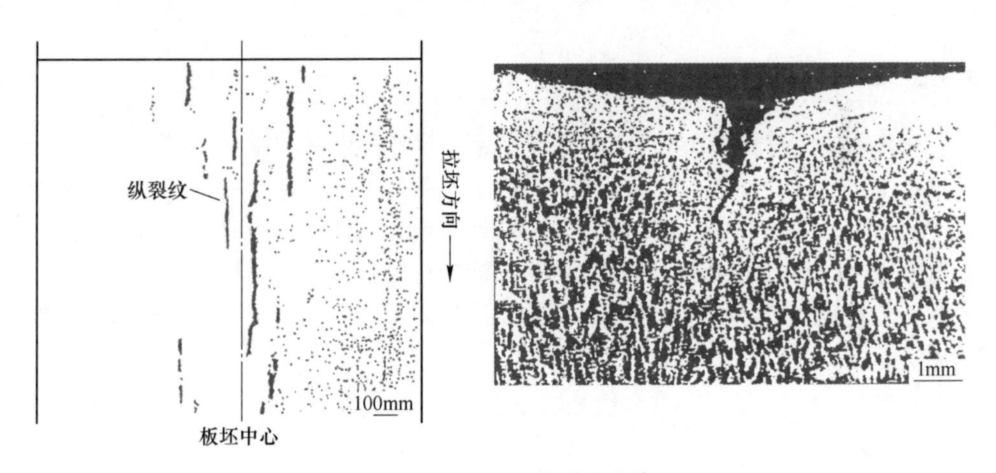

图 5-17 板坯表面纵裂纹形貌

综合分析表明纵裂纹有以下特征：

（1）产生纵裂纹的表面常伴有凹陷，纵裂纹的严重性与表面凹陷相对应；

（2）裂纹沿树枝晶干方向扩展；

（3）裂纹内发现有硅、钙、铝等元素的夹杂物；

（4）在裂纹周围发现有 P、S、Mn 的偏析；

(5) 在裂纹边缘出现有一定的脱碳层，说明裂纹是在高温下形成扩展的。

铸坯表面星形裂纹位于铸坯表面被 FeO 覆盖，经酸洗后才能发现。表面裂纹分布无方向性，形貌呈网状，裂纹深度可达 1~4mm，有的甚至达 20mm。

金相观察表明，裂纹沿初生奥氏体晶界扩展。裂纹中充满 FeO，轧制成品板材表面裂纹走向不规则，呈弥散分布，细若发丝，深度很浅，最深达 1.1mm，必须进行人工修复。裂纹形貌如图 5-18 所示。

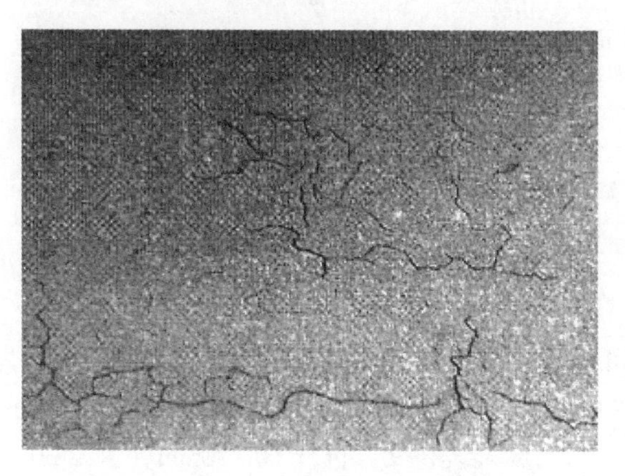

图 5-18 铸坯表面星形裂纹

5.3.2 轧制过程裂纹演变规律的研究

在连铸生产过程中，由于受到生产工艺、操作等因素的影响，铸坯会不可避免地产生内部裂纹，这些裂纹可能在后续的轧制过程中愈合，也有可能继续遗留在产品之中。这些裂纹若残留在产品中会严重地影响到产品的使用寿命，并造成安全隐患。因此，对轧制过程中内部裂纹演变行为的研究十分重要，同时，研究轧制工艺对裂纹愈合情况的影响，对提高产品质量，优化生产工艺参数有着重要的现实意义。

5.3.2.1 内部裂纹

金属材料断裂是一个不可逆的过程，但如果裂纹很小，对材料进行高温热处理，通过热激活使裂纹的两个裂纹面上的原子处于相互作用的区域内，就可能实现裂纹的愈合。在热轧过程中，轧件需要先放入加热炉中保温一段时间，一个目的是提高轧件的塑性和降低变形抗力；另一个目的就是改善金属内部的组织和性能。同时，加热过程也会对轧件内部裂纹愈合行为有所影响。对含有内部裂纹的试样在不同的加热温度和不同的保温时间的热处理条件下进行了金相显微镜及扫描电镜的观察分析。研究结果显示，随着加热温度的升高和保温时间的延长，试样内部裂纹的愈合程度增加；温度是影响裂纹愈合程度的主要原因，加热时间影响相对较小。图 5-19 为扩散反应导致内部裂纹愈合过程示意图。

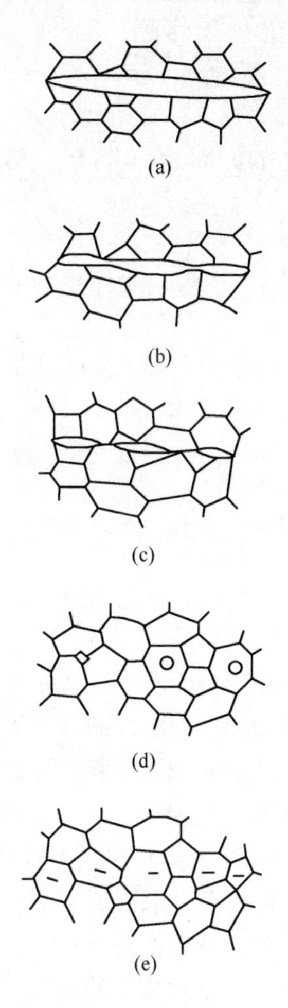

图 5-19 扩散反应导致内部裂纹愈合过程示意图[36]
（a）裂纹原始状态；（b）裂纹界面弓出；（c）弓出界面的接触及离散化；
（d）界面孔洞的形成及球形化；（e）界面消失、孔洞的缩小

通过对内部裂纹的试样进行加热可以发现，加热是可以使钢中内部的微小裂纹愈合的。因此，制定合理的加热制度不但能提高材料的变形能力、改善组织性能，同时还可以使钢中的微小裂纹得到愈合。图 5-20 为内部裂纹加热后愈合情况。

同时研究表明，随着试样加热温度的升高，裂纹愈合过渡带逐渐消失，裂纹愈合程度逐渐提高。一方面，随着试样加热温度升高，试样的变形抗力不断降

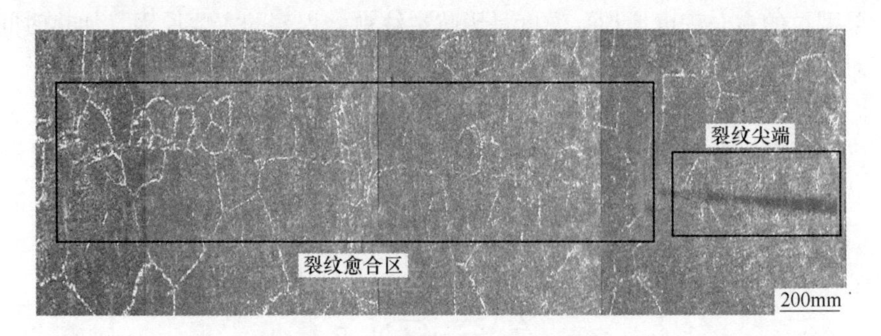

图 5-20　内部裂纹加热后愈合情况

低，裂纹表面凸起部位在压缩过程中更容易发生变形，此时，裂纹表面相互接触的面积将增加，从而裂纹区域的孔洞尺寸减小。另一方面，由阿累尼乌斯(Arrhenius)公式可知扩散系数与热力学温度之间的关系：

$$D = D_0\exp[-Q/(RT)] \tag{5-22}$$

式中，D 为扩散系数；D_0为扩散常数；Q 为每摩尔原子的扩散激活能；R 为摩尔气体常数；T 为热力学温度。

从式（5-22）可知，温度是影响原子扩散的主要因素之一。随着试样加热温度升高，试样内原子扩散系数增加，裂纹表面及附近区域原子越易发生迁移。这使得在相同的保温时间内，裂纹表面上原子相互迁移的可能性增加，从而裂纹得到更好的愈合。同时，温度越高，裂纹附近区域的试样基体的晶粒不断长大，吞并愈合区域细晶粒而加速裂纹附近区域面缺陷的迁移，致使愈合带变窄；同时，愈合带处的细晶粒本身的长大速度受孔洞阻碍，不能正常长大，故在高温时仍然有较窄的愈合带存留。可以推测，适当提高变形温度，裂纹愈合过渡带最终会消失，此时，可以认为裂纹实现了真正意义上的愈合。

对于轧制过程，轧件受到热应力和机械应力的双重作用更加容易愈合。图 5-21为不同轧制道次下轧件中间裂纹的变化情况。可以看出，在轧制过程中，随着轧制道次的增加，中间裂纹开始逐渐愈合，在轧制的开始阶段，中间裂纹的中部和裂纹尖端最先开始贴近，裂纹尖端沿轧件厚度方向变长，当进行到轧制后期时，即压下率在 60%～65%中间裂纹的中部和尖端出现了愈合现象。

图 5-22 为轧件内部中间裂纹愈合示意图。在轧制过程中，随着轧件进入轧机入口，轧件开始变形，内部竖直方向的裂纹受到压缩和拉伸的双重作用，裂纹沿 y 轴方向变短，沿 z 轴方向的两个面相互贴近，裂纹的中部和尖端最先愈合，然后变成几个微小的、未愈合的区域，随着轧制过程的进行，变形量的增加，微小区域的表面距离进一步贴近，在轧制的最后几个道次，裂纹表面大量的原子发

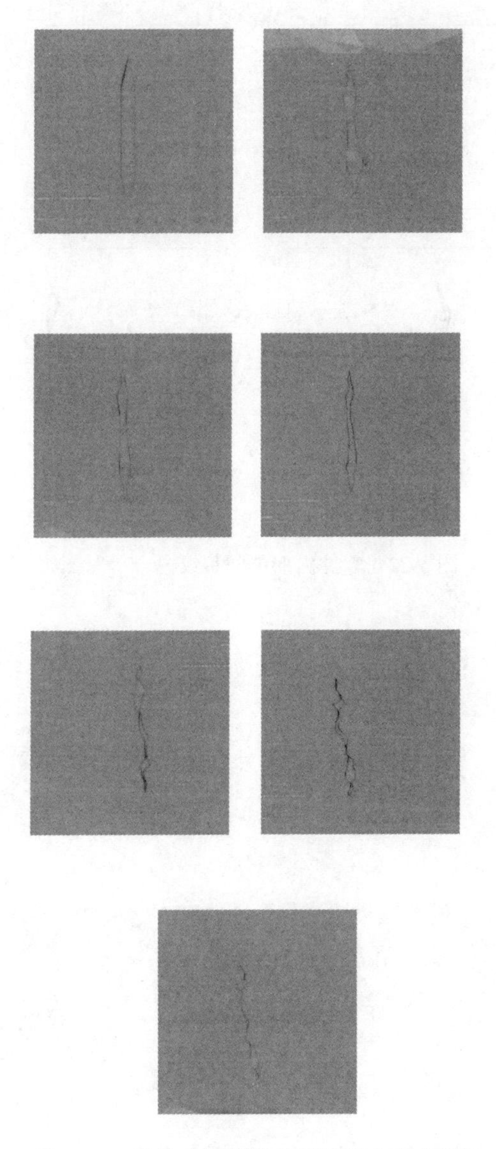

彩图 5-21

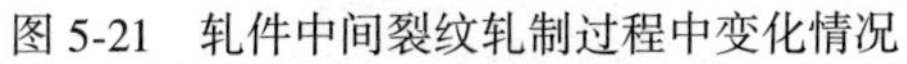

图 5-21 轧件中间裂纹轧制过程中变化情况

生相互作用，重新形成新的晶粒，实现了裂纹的完全愈合。

当连铸坯凝固即将结束时，心部少量的未凝固的钢水被已经凝固的部分包围，热量散发得快，凝固末期的收缩得不到钢液的及时补充，在中心线处就会存在较高的张应力，因此在中心线处产生中心裂纹。图 5-23 为不同轧制道次下轧件中心裂纹的变化情况。随着轧制过程的进行，铸坯中心裂纹中间部位和尖端首先贴近，压下率在 60%～65%左右时基本愈合。

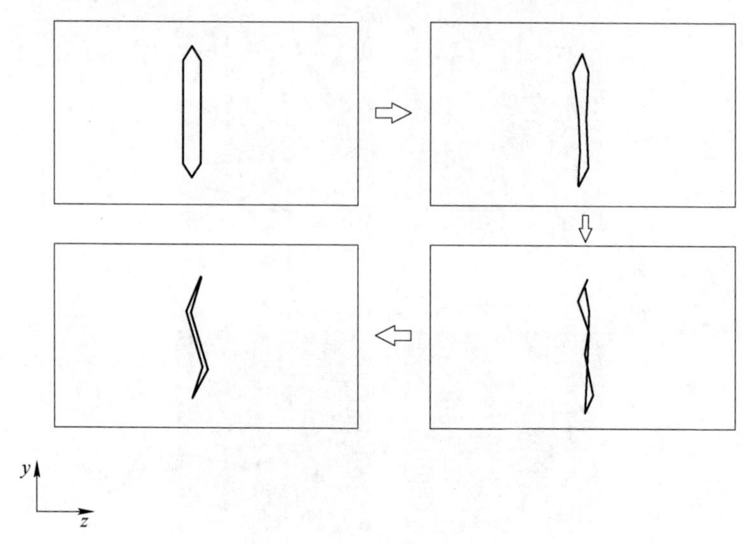

图 5-22　轧件内部中间裂纹愈合示意图

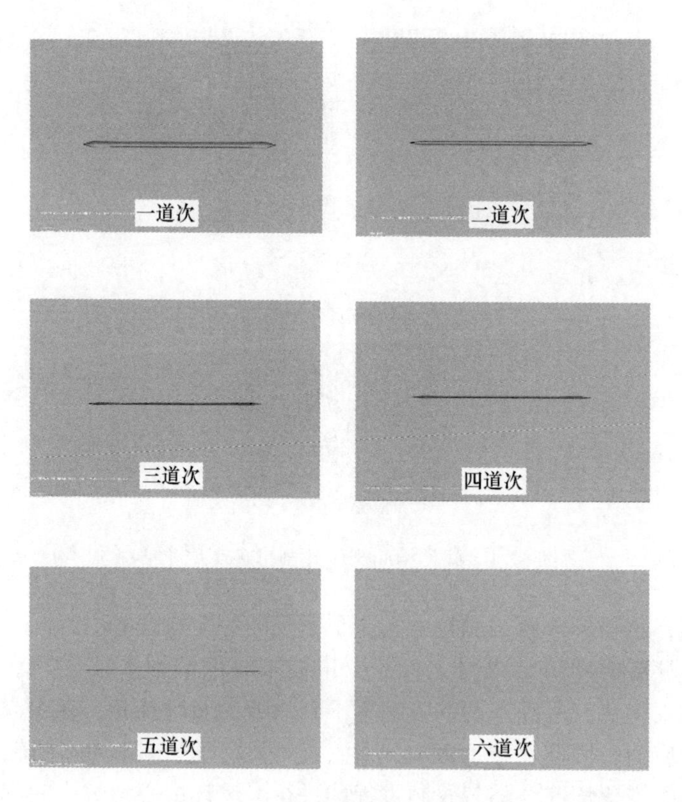

图 5-23　中心裂纹轧制过程中的演变行为

彩图 5-23

图5-24为水平方向裂纹愈合示意图。在轧制过程中，轧件进入轧机入口处变形量增大，裂纹表面相互贴近，裂纹上下两表面尖端和中部最先贴近，并在压应力和轧件延伸的双重作用下，厚度方向得到压缩并形成几个微小的、未愈合的小区域，随着变形量的进一步增加，裂纹表面距离更小，未愈合的区域拉长，裂纹的两个表面进一步贴近，在轧制的最后几个道次，裂纹表面存在的大量原子在热和力的作用下离开原来的平衡位置，同时裂纹两个表面紧密贴合并最后全部愈合。

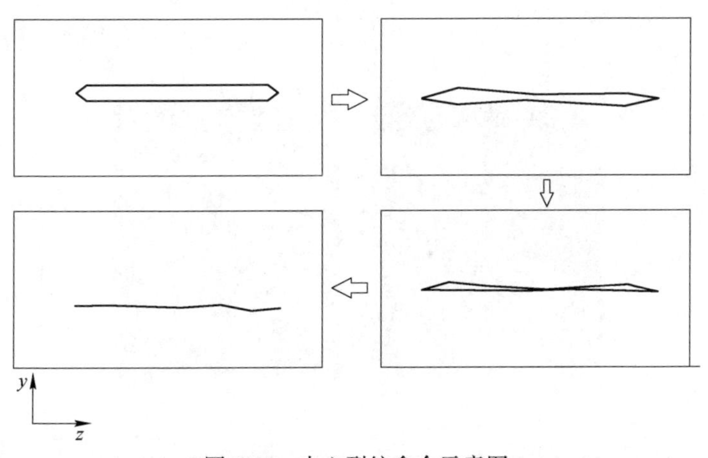

图5-24 中心裂纹愈合示意图

可以看出，在轧制过程中，轧件内部裂纹的愈合过程主要经过以下几个阶段：

(1) 裂纹表面贴近阶段。在轧制初期，轧件咬入辊缝中变形量增大，轧件内部裂纹的两个表面相互贴近，裂纹中部及尖端变形程度较大。

(2) 局部愈合阶段。随着轧制量的增大，内部裂纹的中部和尖端最先贴近、愈合，并形成了一些未愈合的微小裂纹区，而愈合的裂纹尖端向两侧继续延伸。

(3) 完全愈合阶段。在轧制的最后阶段，那些微小的、未愈合的小裂纹区在轧制力和原子扩散的作用下，裂纹表面的大量原子离开原来的平衡位置，形成新的晶粒，同时裂纹两个表面紧密贴合并最后全部愈合。

从上面描述可以看出，随着压下率的增加，预置裂纹区域的愈合程度逐渐提高，裂纹愈合过渡带逐渐变窄。可见裂纹愈合程度随着压下率的增加而逐渐提高。因为变形量越大，裂纹表面凸起部位的变形将增加，这将增加裂纹表面相互接触的面积，由于变形温度相同，此时，温度对裂纹表面原子扩散的影响相同。同时，压下率增加，裂纹表面附近区域的应力梯度将增加，因而裂纹表面上原子扩散的驱动力将增加；压下率增加，提高裂纹附近区域晶格的畸变能，畸变能越大，原子扩散的驱动力同样增加。

5.3.2.2　表面裂纹

轧件的表面裂纹会因加热炉中氧化程度及受力状态的不同在轧制过程中反映出不同的状态。如果轧件表面的裂纹处于拉应力状态，则拉应力会使裂纹完全张开，并且使裂纹开口角度比初始裂纹开口角度更大。随着轧制道次的增加，原本裂纹表面就会演变为轧件表面。图 5-25 为轧件表面裂纹在轧制过程中的演变情况。可以看出，轧件的表面裂纹随着轧制道次的增加逐渐展开，最后演变成轧件的表面。

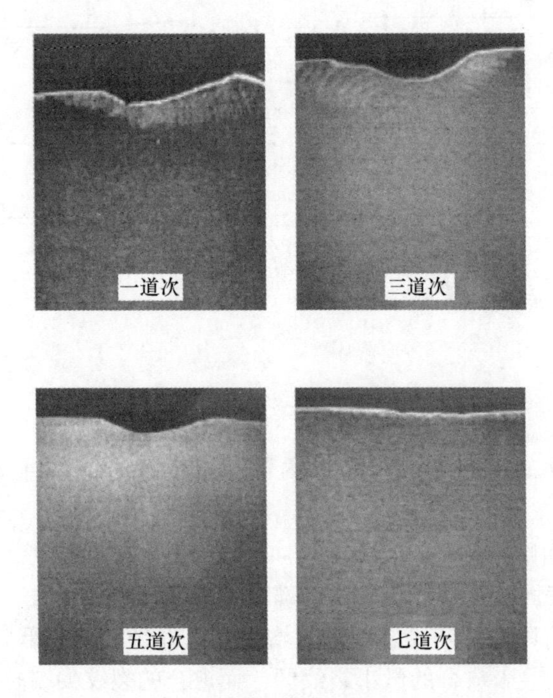

彩图 5-25

图 5-25　不同轧制道次下轧件表面裂纹演变情况

当裂纹附近区域处在压应力状态时，裂纹会随着轧制过程的进行而逐渐闭合，裂纹表面将发生相互接触，此时，如果裂纹表面未明显氧化，在高温高应力的作用下，裂纹表面部分区域会发生焊合现象，实现局部区域的裂纹愈合。如果随后在前滑区域的轧件表面上拉应力低于实现闭合区域的裂纹再张开的临界值时，裂纹形状将保留不变，随着轧制道次的增加，裂纹逐渐实现完全的闭合。但裂纹表面氧化较为严重，则在后续的轧制过程中裂纹的两个表面很难出现焊合的现象，进而在轧件的表面留下裂纹隐患。图 5-26 为轧件表面裂纹轧制过程中裂纹愈合情况示意图。

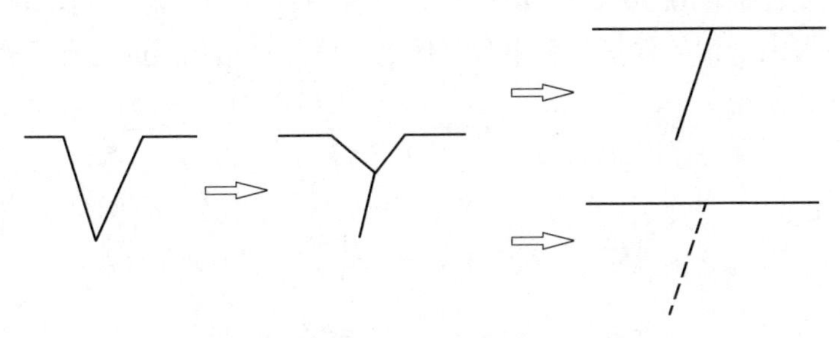

图 5-26 轧件表面裂纹愈合示意图

5.4 轧制过程组织演变行为

钢铁材料在热轧过程中，不仅是为了得到满意的形状和几何尺寸，同时金属材料在高温的过程中可以充分变形，细化晶粒和改善组织性能。不同的轧制变形量会对轧件的内部组织有很大的影响，因此，通过控制轧制过程的变形量进而改变金属内部的组织的演变过程，能够有效地控制轧制产品综合的力学性能。

5.4.1 轧制过程组织变化

5.4.1.1 加热过程

板坯在轧制前，首先要加热到奥氏体上部温度区域约在1200℃。将板坯加热到高温的目的首先是减少钢的屈服应力，从而降低变形抗力。此外，加热过程会使微合金元素最大程度地溶解于奥氏体中以及促进溶质浓度的均匀化，只有这样才能发挥微合金元素在随后工序中引起的细晶强化和沉淀强化作用。但是高温长时间加热的结果却导致奥氏体晶粒的粗化。另外，当要求性能不太高时，在确保精轧的条件下，经延迟冷却可以发挥控制轧制的效果。粗轧温度高而精轧温度低，使延迟冷却时间加长时，铌钢相变后会产生明显的混晶组织，应加以避免。

所以，对于高强度低合金的钢种而言，板坯加热除了热轧应有的塑性外，板坯加热温度必须满足下列条件：所添加的合金已经固溶；在精轧出口处的温度要高于奥氏体-铁素体转变温度。

随着加热温度的提高及保温时间的延长，奥氏体晶粒变得粗大。而粗大的奥氏体晶粒对高强度低合金钢的力学性能不利。加入铌、钒、钛等元素可以阻止奥氏体晶粒长大，即提高了钢的粗化温度。其原因在于微量元素形成高度弥散的碳氮化合物小颗粒，可以对奥氏体晶粒起固定作用，从而阻止奥氏体晶界迁移，阻止奥氏体晶粒长大。从图 5-27 可以看到钒在小于 0.10%时阻止晶粒长大作用不大。当铌、钛含量在0.10%以下时，可以提高奥氏体粗化温度到1100～1150℃，而且钛的效果大于铌的效果。钢中含铝使奥氏体晶粒粗化温度也有显著提高。

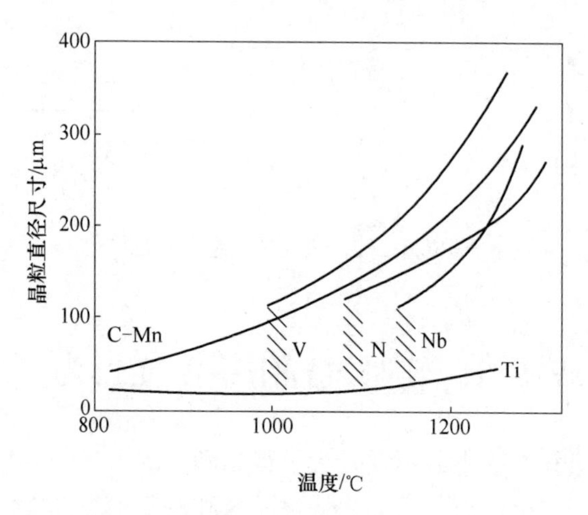

图 5-27　微合金元素抑制奥氏体长大效果

在微合金化时，为了保证微合金元素 Nb 的充分溶解，加热温度要达到1200℃左右，而奥氏体粗化可以通过 TiN 来抑制。尽管钒在阻止奥氏体粗化方面作用不大，但为了达到预期的强度必须借助钒的沉淀强化作用。所以为了最大发挥微合金元素的作用，必须复合微合金元素才能发挥最大强化作用。

5.4.1.2　变形过程

一般情况下，热轧过程都会在奥氏体区进行，由于轧制过程的温度较高，材料会在变形过程中的奥氏体组织将发生动态回复和动态再结晶，同时在变形过程还会发生加工硬化。热轧过程中主要有三个阶段，包括加工硬化阶段、不完全动态再结晶及完全动态再结晶阶段。图 5-28 为高温过程应力-应变曲线。

第一阶段为加工硬化阶段。这个阶段由于轧件的变形量提高进而引起位错密度的增大，使得轧件出现加工硬化现象。因为热轧过程中温度较高，位错能够产生滑移运动和攀移运动，由于两种运动的影响一些位错消失和一些位错重新开始排列，造成奥氏体的恢复软化。因此加工硬化阶段的硬化发生伴随着软化的发生。位错密度随着变形量逐渐增大而不断增大，位错密度的增大引起位错消失的速度也增大，而加工硬化的速度慢慢减小，这个现象在应力-应变曲线图上的几何意义就是曲线的斜率越来越小。加工硬化现象大于动态软化现象是这一阶段总的趋向，因此还是称作加工硬化阶段。

第二阶段为不完全动态再结晶。由于加工硬化阶段的加工硬化占主要部分，轧件的变形量不断加大，使得轧件内部的畸变能平稳在一个常数，随后在奥氏体

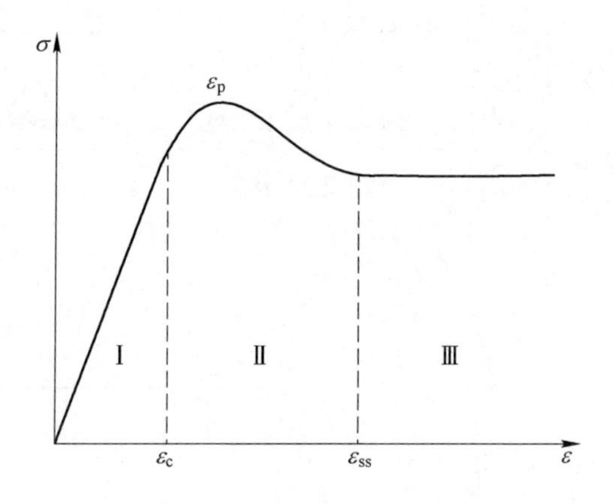

图 5-28 高温过程应力-应变曲线

中将发生动态再结晶，这时的应变量等于动态再结晶临界应变。动态再结晶现象的出现导致大量的位错消失，轧件的抵抗变形的能力迅速降低。变形量不断提高，使得应变量到达稳态应变值，此时就出现动态再结晶。

第三阶段为完全动态再结晶阶段。因为应变量大于稳态的应变值后，变形量不断提高，此时动态再结晶导致的软化程度及加工硬化导致的硬化程度保持在一个相对平衡的状态，所以材料抵抗变形的能力也基本不发生变化。

5.4.1.3 间歇阶段

在热轧过程中，加工硬化现象不可能完全消除，进而影响组织结构的稳定性。在轧制道次间隙，会静态软化过程，使得进一步消除加工硬化，进而使组织达到稳定的状态。图 5-29 为轧制道次间隙发生的不同静态软化过程。

当应变量小于动态再结晶的临界应变值时，材料会产生静态再结晶。若轧制道次间隙的温度较高，静态再结晶会进行得比较完全，甚至达到 100%；若轧制道次的间隔时间足够长，晶粒会继续长大。

表 5-3 为微合金高强度低合金热轧带钢轧制过程对应的冶金现象。控制轧制最大的好处在于通过控制奥氏体热变形与再结晶可以逐步细化奥氏体晶粒尺寸，为随后的铁素体相变提供了更多的形核部位；另外微合金元素抑制再结晶扩大了未再结晶奥氏体加工范围，保留下来的热变形奥氏体使铁素体在随后的相变过程中不但优先在奥氏体晶界上出现，而且也可以在奥氏体晶粒内部出现。铁素体晶粒细化是由两种过程引起的：通过中等温度下热轧，形成细小的再结晶奥氏体晶粒；奥氏体在再结晶温度以下变形，增加铁素体晶粒的核心。如果想有效地应用控制轧制工艺，必须综合了解由加热、轧制和冷却三个加工工序中发生的组织变化现象。图 5-30 为轧制过程组织演变示意图。

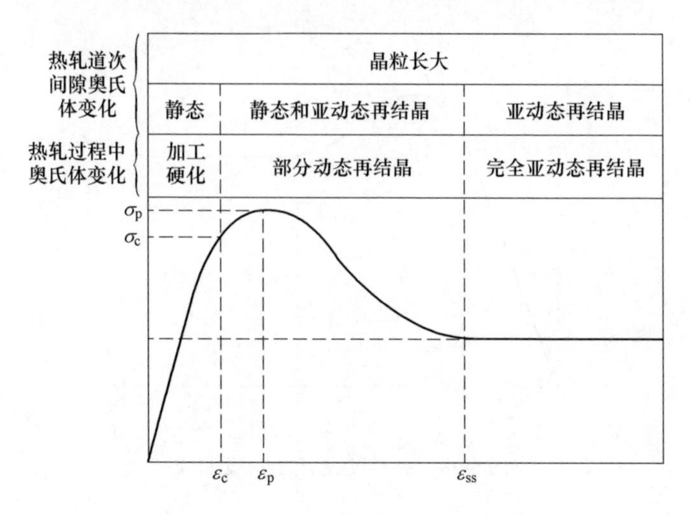

图 5-29　静态软化过程应力-应变曲线

表 5-3　轧制过程冶金现象

工序	冶金现象
加热	铁素体-奥氏体相变 奥氏体晶粒长大 微合金元素溶解
轧制	奥氏体热变形与再结晶 奥氏体晶粒长大 微合金碳、氮化物形变诱导析出
冷却	奥氏体-铁素体相变 碳、氮化物沉淀析出

5.4.2　控轧控冷对材料性能的影响

控制轧制与控制冷却工艺作为一种有效的形变热处理手段，是一项节约合金、简化工序、节约能耗的先进轧钢技术。它通过控制工艺的方法充分挖掘钢材潜力，大幅度地提高钢材的综合性能，给冶金工业和社会带来巨大的经济效益。近年来，由于控制轧制、控制冷却技术得到了国际冶金界的极大重视，全面研究了铁素体-珠光体钢各种组织与性能的关系，将细化晶粒强化、沉淀强化、亚晶强化等规律应用于热轧钢材生产，并通过调整轧制工艺参数来控制钢的晶粒度、第二相沉淀以及亚晶的尺寸和数量。由于将热轧变形与热处理有机结合在一起，

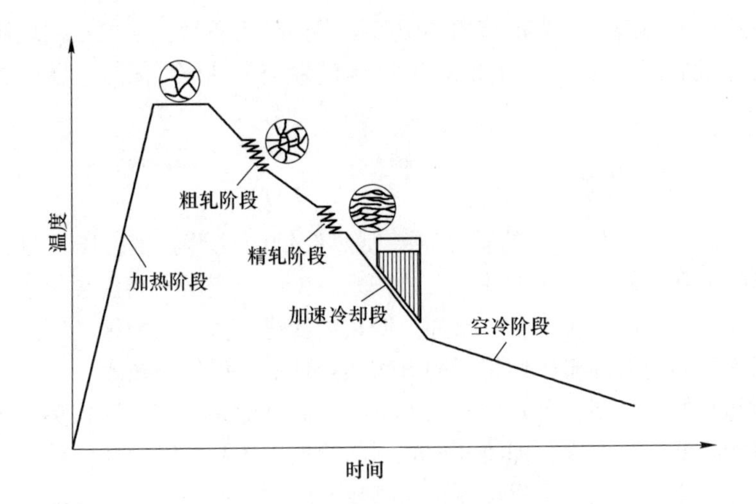

图 5-30 轧制过程组织演变示意图

所以获得了强度、塑性都好的热轧钢材，使普通碳素钢的性能有了大幅度的提高。然而，控制轧制工艺一般要求较低的终轧温度或较大的变形量，因而会使轧机负荷增大，为此，控制冷却工艺的研究与发展应运而生。热轧钢材轧后控制冷却是为了改善钢材组织状态，提高钢材性能，缩短热轧钢材的冷却时间，提高轧机的生产能力。轧后控制冷却还可以防止钢材在冷却过程中由于冷却不均而产生的钢材扭曲和弯曲，同时还可以减少氧化铁皮损失。

控制轧制的技术起源于 20 世纪 20 年代的欧洲，到了 30 年代人们开始注意钢铁的韧性在工程结构上的应用；40 年代，战争对钢铁的大量需求刺激了钢铁生产的发展和技术的进步；50 年代初，Hall、Petch 等人发现多晶 Fe 的强度与晶粒直径平方根的倒数呈直线关系，这一理论上的突破，为提高钢材的强韧性指明了方向；60 年代初期随着工业的发展，控制轧制的研究取得了重大的突破，微合金化钢的控轧研究得到了进一步的发展；70 年代是控制轧制理论研究的全盛时期，由于世界性的能源危机，促进了微合金化及控制轧制技术的发展，特别是 70 年代中期，日本发展了两相区轧制，提出了控制轧制三个阶段理论，将控制轧制的工艺水平推到了一个新的高峰；80 年代以来，控制轧制和控制冷却不仅在机理方面，而且在控制轧制、控制冷却技术上取得了不少新成就。

控制轧制与控制冷却传入我国时间不长，可以说是从 20 世纪 70 年代后期开始发展起来的，在近三十年的时间里，我国在控制轧制与控制冷却的理论研究方面取得了巨大的成绩，但由于各企业的设备陈旧，缺少必要的测试手段和辅助设备，轧机的能力有限等因素，导致了控制轧制与控制冷却技术在我国的应用受到限制。但目前，我国的轧钢设备有了很大的改进，先进的设备在合理的理论指导下可以发挥更大的潜力，为了节约能源和提高产品的质量，采取控制轧制与控制冷却手段见效很大，所以近年来对于控制轧制与控制冷却工艺的研究也广泛起来。

5.4.2.1 控制轧制

控制轧制是一种用预定的程序来控制热轧钢的变形温度、压下量、变形道次、变形间隙和终轧后冷速的轧制工艺，是一种广泛应用的高温形变热处理。通过控制热轧时的温度、压下量等条件，使其最佳化，从而在最终轧制道次完成时得到与正火相同的微细奥氏体组织的省略热处理的一种轧制技术。

控制轧制技术的要点可具体归纳如下：在微合金元素完全融入奥氏体的前提下，尽可能降低加热温度，即将开始轧制前的奥氏体晶粒微细化。使中间温度区的轧制道次程序最优化，通过反复再结晶使奥氏体晶粒细化。加大奥氏体未再结晶区的累积压下量，增加奥氏体每单位体积的晶粒界面积和变形带面积。

控制轧制可分为奥氏体再结晶控制轧制、奥氏体未再结晶区控制轧制和两相区控制轧制。

（1）奥氏体再结晶区控制轧制。奥氏体再结晶区控制轧制的主要目的是通过对加热时粗化的初始晶粒反复进行轧制—再结晶使之得到细化，从而使 $\gamma\rightarrow\alpha$ 相变后得到细小的 α 晶粒。并且，相变前的 γ 晶粒越细，相变后得到的 α 晶粒也变得越细。再结晶区轧制是通过再结晶使晶粒细化，它实际上是控制轧制的准备阶段。γ 再结晶区域通常是在950℃以上的温度范围。

（2）奥氏体未再结晶区控制轧制。在奥氏体未再结晶区进行控制轧制时，γ 晶粒沿轧制方向生长，在 γ 晶粒内部产生形变带。此时不仅由于晶界面积的增加，提高了 α 晶粒的形核密度，而且也在形变带上出现大量的 α 晶核，这样就进一步促进了晶粒的细化。随着未再结晶区的总压下率的增加，伸长的 γ 晶粒尺寸变小，相变后的 α 晶粒随着未再结晶区总压下率的增加变细。γ 未再结晶的温度区间一般为950℃-A_{r_3}。

（3）两相区轧制。在 A_{r_3}点以下的两相区轧制时，未相变的 γ 晶粒更加伸长，在晶内形成形变带。另外，已相变后的晶粒在受到压下时，于晶粒内形成亚结构。在轧后的冷却过程中前者发生相变形成微细的多边形晶粒，而后者因回复变成内部含有亚晶粒的 α 晶粒。因此，两相区轧制材料的组织为大倾角晶粒和亚晶粒的混合组织。

控制轧制工艺一方面可以提高钢材强度的同时提高钢材的低温韧性，另一方面还可以充分发挥微量元素的作用。含有微量 Nb、V、Ti 等元素的普通低碳钢采用控制轧制工艺，能获得更好的综合性能。但是由于控制轧制工艺的缺点是要求较低的轧制变形温度和一定的道次压下率，因此增大轧制负荷。此外由于要求较低的终轧温度，大规格产品需要在轧制道次之间待温，降低轧机生产率。

5.4.2.2 控制冷却

控制冷却技术作为实现钢铁材料组织细化的重要技术手段，已成为现代轧制生产中不可缺少的工艺技术。根据实际经验，在奥氏体再结晶区对钢材进行控制冷却时，铁素体会发生某种程度的晶粒细化，但效果并不明显。如果在奥氏体未再结晶区对钢材进行控制冷却，则铁素体不仅会在变形后的奥氏体晶界及变形带产生晶核，而且会在奥氏体晶粒内形核，产生明显的晶粒细化效果。随着先进钢铁材料开发的需要，控制冷却技术已由传统的对轧后钢板开始冷却温度、终冷温度的控制转向基于连续冷却转变曲线的相变要求，实现对板带整个冷却历程的控制。实质上控制冷却不仅是对轧后板带冷却过程的温度控制，更重要的是对板带冷却过程中相变及组织形态的控制。

控制冷却大致包括一次冷却、二次冷却和三次冷却（空冷）三个不同的冷却阶段，其目的和要求不同：

（1）一次冷却，是指从终轧温度开始到奥氏体向铁素体开始转变温度或二次碳化物开始析出温度范围内的冷却，其目的是控制热变形后的奥氏体状态，阻止奥氏体晶粒长大或碳化物析出，固定由于变形而引起的位错。通过加大过冷度，降低相变温度，为相变做组织上的准备。如果一次冷却的开冷温度越接近终轧温度，则细化奥氏体组织及增大有效晶界面积的效果越明显。

（2）二次冷却，是指热轧钢材经过一次冷却后，立即进入由奥氏体向铁素体或碳化物析出的相变阶段的冷却，其目的是通过控制相变过程中的开冷温度、冷却速度和终冷温度等参数，控制相变过程，进而达到控制相变产物形态、结构的目的。

（3）三次冷却，是指钢材经过相变之后直到室温这一温度区间的冷却参数控制。对一般钢材来说，相变后采用空冷时，其冷却速度均匀，会形成铁素体和珠光体组织。此外，固溶在铁素体中的过饱和碳化物在慢冷中不断弥散析出，形成沉淀强化。但对一些微合金化钢来说，在相变完成之后需采用快冷工艺，以此来阻止碳化物的析出，进而保持碳化物的固溶状态，达到固溶强化的目的。

随着新产品的不断开发和轧制技术的不断发展，要求在轧制过程中实现短时、快速、准确控温，而常规的层流冷却、气雾式冷却等技术，由于冷却速度不高而难以满足这个要求，因此人们开发出一种新型的冷却系统——超快速冷却系统。超快速冷却系统由于本身具有冷却速度足够大、冷却水与钢板的热交换更加充分、实现快速热交换要求等优点，在开发新钢种及提高钢材性能上得到了广泛的应用。

5.4.3　轧制组织研究现状

5.4.3.1　材料本构关系的研究进展

材料成形过程如轧制、锻造、挤压等的数值模拟技术将一个需要大量人力、物力、财力的现场工业性实验过程，转变成一个用计算机进行模拟分析过程。但要完成精确的计算过程，首先要建立精确的本构关系模型，因为，反映材料的变形抗力与宏观热力参数之间的函数关系即本构关系是联系塑性加工过程中材料的动态响应与热力参数的媒介，因而其是用数值分析方法对金属塑性加工过程进行数值模拟的前提条件。

为获得材料在高温塑性变形时的本构关系，人们曾假设某种特别的变形机制并用相关的材料参数来建立与这种机制相对应的本构关系，或用某一标量来代表塑性变形时由材料内部状态产生的各向同性变形抗力，从而获得描述该塑性变形的一阶本构模型，但前者仅适合于少数几种金属材料，后者只适合于具有立方晶格的材料。因此借助于热模拟实验来建立材料的本构关系仍是最广泛使用的方法。

5.4.3.2　金属变形模型的研究进展

金属变形模型主要研究变形区金属发生塑性变形的机理及各种生产因素对它的影响。目前用来分析模拟轧制过程三维塑性变形的理论方法主要有有限元法、变分法、三维差分法、边界元法和条元法等。

（1）有限元法。有限元法已经发展成几乎能处理所有连续介质问题的一种强有力的工程数值计算方法。按本构方程的不同，有限元主要分为黏塑性有限元法、弹塑性有限元法和刚塑性有限元法。

黏塑性有限元法。在压力加工中，固态金属的流动方式与黏性流体的流动方式十分相似，故在塑性变形量较大且忽略弹性变形影响时，将金属流动视为非牛顿型黏性流动流体。一般来说，黏塑性有限元法用于金属热变形问题或强化不显著的软金属变形，特别在某些应用中这种算法更加稳定而有效，如成形过程中由于尖角出现无限变形梯度而引起的困难，在流动公式结构中就能避免。

弹塑性有限元法。弹塑性目前与有限元法同时考虑金属材料的弹性变形和塑性变形，弹性区采用 Hooke 定律，塑性区采用 Prandtl-Reuss 方程和 Mises 屈服准则，节点的位移增量作为未知量来求解，是分析金属弹塑性加载与弹性卸载问题较为完善的方法。弹塑性有限元法把材料加工硬化、弹性变形、塑性流动等金属变形的各个阶段理论融合为一体，同时考虑金属内部质点流动受大位移影响所产生的应变非线性项，形成了理论上较为完备的科学计算方法。但是，由于金属变形非常复杂，轧制过程中难以确定的混合边界条件影响该方法的求解精度，且还存在一定的迭代累积误差。为了减少误差而采取了细化单元网格和增加迭代步骤等措施，但随着单元数目的增多，需要大量的存储空间，计算效率较低。

刚塑性有限元法。刚塑性有限元法不考虑材料的弹性变形，从刚塑性材料的变分原理或上界定理出发，采用 Levy-Mise 方程和 Mises 屈服准则，把能耗率泛函表示为节点速度的非线性函数，利用数学上的最优化理论得出满足极值条件的最优解。通过在离散空间对速度的积分来处理几何非线性，解法相对简单，计算效率较高，被广泛地应用于求解塑性加工的大变形问题。刚塑性有限元法是一种有效的方法，常被应用到大塑性变形分析计算中。刚塑性有限元法不仅加载可以采用较大增量，而且计算速度较快，可以节省计算时间，该法在包括塑性成形的分析和研究中得到了广泛的应用。由于该方法忽略弹性变形影响，在轧制过程的分析中，无法求解轧件轧后卸荷和残余应力问题。因此，该法从理论上讲不能特别精确反映金属塑性变形的本质。

（2）变分法。变分法又称能量法。变分法根据轧制过程的特点，构造满足位移边界条件的位移（或速度）函数，根据最小能量原理，确定位移函数中的待定参数或函数，最后计算三维应力与变形。变分法在求解欧拉微分方程和张应力公式的推导过程中作了不少近似和简化，使得出口横向位移和张应力的计算结果均存在误差，尤其是在板带边部的计算误差较大。

（3）三维差分法。三维差分法又称三维解析法。它的基本思路是把变形区纵向和横向的平衡微分方程都取差分形式，并与塑性条件、塑性流动方程、体积不变条件和边界条件等联立，用数值法和迭代法求出三向应力在变形区的分布和板宽边缘形状曲线。

（4）边界元法。边界元法是一种继有限元法之后发展起来的数值方法。与有限元法在连续体域内划分单元的基本思想不同，边界元法仅在计算对象的边界上划分单元，用满足控制方程（边界积分方程）的函数去逼近边界条件，求得边界的近似解后，再对内部需要求解的点求解。因此，与有限元法相比，边界元法具有单元和未知数少，数据准备简单等优点。但用它求解非线性问题时，区域积分在奇异点附近具有强烈的奇异性，需要进行特殊处理。边界元法同差分法、有限元法等数值方法一样，可用于分析轧制过程的三维变形，可以考虑摩擦力、变形抗力等各种影响因素在变形区内的变化，对变形区的位移场、速度场、应力场和应变场等进行详细的计算，但数据准备复杂，计算量大，时间长，由于计算过程中的误差，很难得到较高精度的计算结果。特别是当轧件薄而宽，必须划分很多单元时，这一问题就更加突出，更难得到较好的符合实际的计算结果。目前这些数值方法计算的轧件宽厚比均较小，且关于轧制压力、张力和摩擦力分布的计算结果尚没有得到实验的全面定量验证。

（5）条元法。条元法是由刘宏民教授于 1985 年提出后经发展并应用于板带轧制过程的一种新型数值方法。对冷轧板带的多种轧制情况进行了三维计算，同时在四辊冷轧机上进行了大量参数的测试，实验结果证明了该理论方法的正确性。与有限元和边界元法等数值方法相比，条元法使问题降维，计算量大大减少，适合工程应用，并且能够分析其他方法目前尚未做到的大宽厚比以上的板带轧制过程。因为传统有限元条法根据变分原理导出刚度方程，最后由刚度方程求解节线位移参数。而条元法是通过对整个变形区所有条元使用变分原理，由优化方法直接搜索使总功率为最小的节线位移参数，从而避免了变分求导运算、形成节线载荷和单刚及总刚的运算，概念简明清晰，运算更为简单。因此，在物理意义上该方法属于能量法，在数学意义上则属于变分法和数值法。目前，条元法对大宽厚比冷轧板带的三维分析已经基本成熟，但对于热轧问题或中厚板问题的研究还处于起步阶段。

5.5　轧制过程铸坯内部析出物演变行为

5.5.1　中间坯不同道次下析出物情况

在低碳钢中加入少量的 Nb、Ti，在热加工过程中可产生碳氮化物的沉淀析出。这主要表现在两个方面：一方面 Nb、Ti 固溶原子通过溶质拖曳作用强烈影响再结晶时晶界迁移率，基体中固溶 Nb 含量越多，则晶界迁移率越低，抑制再结晶，显著提高奥氏体再结晶温度；另一方面，微合金元素 Nb、Ti 易与 C、N 形成细小弥散的碳氮化物，这些细小的碳氮化物通过钉扎奥氏体晶界，起到细化奥氏体晶粒的作用。确定微合金钢碳氮化物在轧制过程不同道次下的析出细小弥散的碳氮化物，是制定合理的热轧工艺的前提条件之一[37]。

从中间坯轧件上切取试样并经机械打磨，萃取复型制成透射样，利用北京有色金属研究院透射电镜观察析出相的形貌和分布，变形道次不同时，析出物的种类、形态、数量也有所不同。由图 5-31 试样的透射电镜照片也可以观察到，在第一道次变形后，钢中出现了少量的、颗粒尺寸大约在 38nm 的粒子，用能谱仪分析析出相的成分结果表明该种颗粒为 Nb、Ti 的碳氮化物，析出物的量较小，多为富含 Ti 的颗粒，Nb 的分数较小，与 TiN 的高温析出有很大关系。在经过第三道次变形后下析出粒子尺寸在 30nm 左右，在经过第三道次变形后五道次下析出粒子尺寸 21nm 左右，在经过第七道次下变形后析出物粒子尺寸为 17nm 左右，大量不规则形状析出物弥散分布在基体中，起到钉扎位错作用，从而提高钢的强

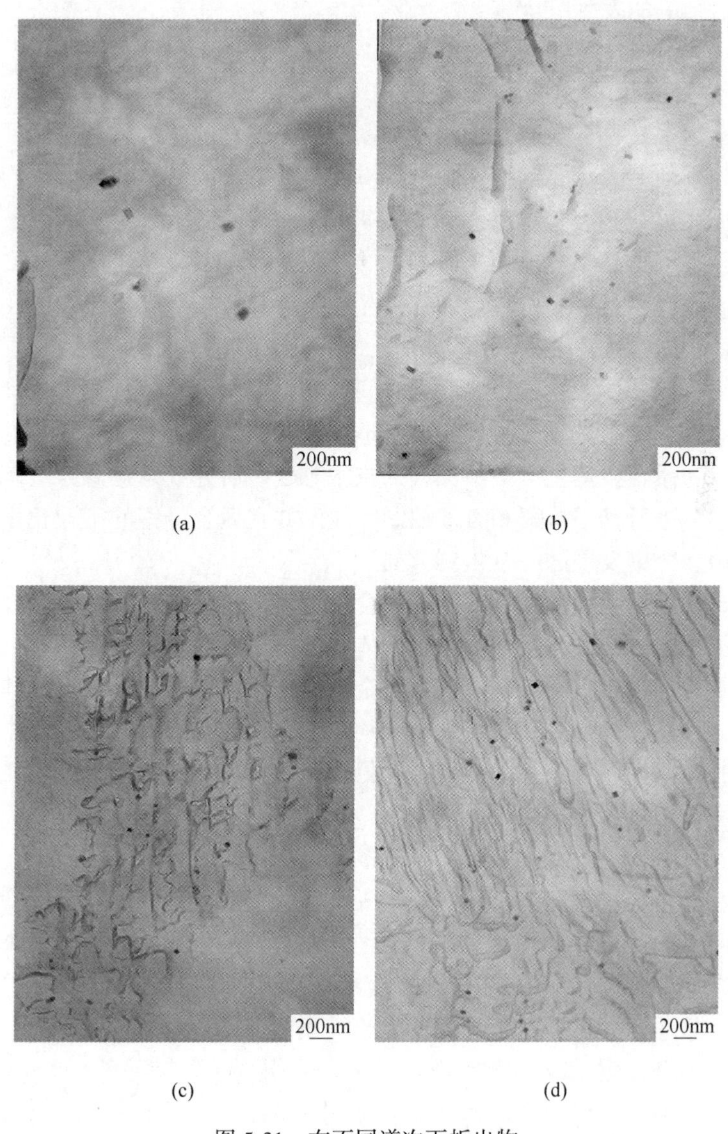

(a) (b) (c) (d)

图 5-31 在不同道次下析出物

(a) 一道次；(b) 三道次；(c) 五道次；(d) 七道次

度，能谱分析结果表明此时析出物中 Nb 的原子比逐渐增加。随着温度降低，后续轧制过程中间坯的析出物数量增加，析出的粒子更加细小，形状接近球形。形变过程中由于变形产生了大量的晶体缺陷如位错，微合金元素 Nb、Ti 形成的碳氮化物主要是在位错及晶界处析出，由于这些部位有较高的形核驱动力，所以第二相粒子很容易在这些部分形核长大，其为析出相提供了大量的形核位置并促进合金元素的扩散，析出的 Nb、Ti 的碳氮化物质点对晶界的移动起到阻碍作用，从而阻止再结晶的发生[38-40]。

5.5.2　轧制过程析出物动力学计算

微合金钢中微合金碳氮化物在铁基体中的溶解和沉淀析出过程对其性能具有决定性的影响，尤其是在钢材轧制过程应变诱导析出的微合金碳氮化物将显著影响变形奥氏体再结晶（包括静态和动态再结晶）、再结晶晶粒长大、未再结晶晶粒的拉长、未再结晶晶粒内的变形能量储存积累和耗散、形变诱导铁素体相变过程等，并由此对钢材最终可获得的基体晶粒尺寸和微合金碳氮化物的尺寸进而对其可获得的性能产生重要的影响。然而，由于初始沉淀析出的微合金碳氮化物的尺寸非常细小，开始沉淀析出温度和时间的变化范围较大，且相关的其他元素和形变参量对其影响十分显著，因而准确地掌握并控制微合金碳氮化物的应变诱导析出过程成为微合金钢生产中最关键的技术难题。研究开发对微合金碳氮化物的沉淀析出过程进行动态检测和有效控制的技术并在微合金钢的工业化生产中广泛应用，是微合金钢发展的一个重要方向[41]。

微合金化与控轧控冷技术的有机结合是近年来用于高强高韧钢发展的一大趋势。在这类钢中微合金元素在变形奥氏体中的析出行为对钢的组织与性能有至关重要的影响。加热过程中未回溶的微合金碳氮化物可以明显抑制奥氏体晶粒的长大，通过钉扎晶界的方式而获得细小的均热态奥氏体晶粒；轧制过程中应变诱导析出的钉扎在晶界和亚晶界的微合金碳氮化物，可显著地抑制形变奥氏体再结晶晶粒的长大。

Dutta 和 Sellars [42]最早提出了 Nb 微合金钢开始析出的时间模型，即 5%析出体积分数的半定量模型，Liu[43]对这一模型做了改进，同样给出了奥氏体中应变诱导 Nb(CN) 析出的开始时间，所得结果与应力松弛实验数据吻合很好。Akamatsu[44]引入界面前沿局部化学平衡的概念来计算析出相组元在界面前沿的浓度分布，根据经典的形核和球形粒子扩散控制长大理论，建立了奥氏体中 Nb(C,N)等温析出动力学模型。Dutta[45]又开发了一个广泛意义上的 Nb(C,N)析出动力学模型。该模型全面考虑了位错对形核、长大和粗化各个阶段的影响。上述文献均为单组元微合金钢中的析出模型，而对于多元微合金钢中的析出成分演变预测，由于其研究的复杂性，相关工作非常少。

开发高强韧商业钢必须解决多元微合金钢中各组元的相互作用问题，并且对整个析出过程进行全面跟踪研究，本书通过建立相关热力学动力学模型定量计算不同温度下析出物成分演变并利用透射电镜（TEM）及 EDS 分析析出物粒子成分验证析出模式，同时预测了 Nb-Ti 二元低碳微合金钢在钢中形成的碳化物、氮化物的摩尔分数及元素在奥氏体中的固溶量及对均匀形核及位错处形核临界核心尺寸和相对形核速率进行了比较，对更好地发挥沉淀强化效应有着重要的意义[46-48]。

在实际轧制生产过程中，析出物在奥氏体中不可能发生均匀形核析出，而主要为在位错线上非均匀形核析出。位错可以明显促进形核，在位错上形核可以松弛一部分位错的畸变能，使形核功减小；此外，位错管道作为快速扩散通道对形成富溶质的核心提供了有利条件。

首先确定在位错线形核条件下（Nb,Ti)(C,N）析出的有关参数，从而求出析出物在位错线上沉淀析出的临界核心尺寸和相对形核率。均匀形核及位错形核时临界核心尺寸 d^* 和 d_{d}^*，临界形核功 ΔG^*、ΔG_{d}^* 可通过以下公式计算[49]：

$$d^* = -\frac{4\sigma}{\Delta G_v} \tag{5-23}$$

$$d_{\mathrm{d}}^* = -\frac{2\sigma}{\Delta G_v}[1 + (1 + \beta)^{1/2}] \tag{5-24}$$

$$\Delta G^* = \frac{16\pi\sigma^3}{3\Delta G_v^2} \tag{5-25}$$

$$\Delta G^* = \frac{16\pi\sigma^3}{3\Delta G_v^2}(1 + \beta)^{3/2} = (1 + \beta)^{3/2}\Delta G^* \tag{5-26}$$

式中，ΔG_v 为单位体积的相变自由能，根据参考文献［14］取值；σ 为新相与母相的比界面能为 0.5；$\beta = \frac{A\Delta G_v}{2\pi\sigma^2}$，其中 A 为单位长度位错能量，通常 $A = \boldsymbol{G}\boldsymbol{b}^2/[4\pi(1-\nu)]$；$G$ 为切变弹性模量；$\boldsymbol{b}$ 为柏氏矢量，取 2.6×10^{-10}；ν 为泊松比，为 0.32。

由于微合金溶质元素的量相当小，局部区域一旦形成析出相核心后将不可能再形成新的核心（溶质过饱和度的下降使得析出相变的化学自由能数值显著减小而临界形核功显著增大)，故微合金钢中微合金碳氮化物的形核率一般随着时间而迅速衰减为零。位错线上形核的位置取决于母相中位错的密度，令位错密度为 ρ，位错核心管道直径为 $2\boldsymbol{b}$，则位错在母相中所占体积分数大致为 $\pi\rho\boldsymbol{b}^2$，由此可得位错线上形核率 I_{d} 为：

$$I_{\mathrm{d}} = n_v a_{\mathrm{d}}^* p v \cdot \pi\rho\boldsymbol{b}^2\exp\left(-\frac{Q_{\mathrm{d}}}{kT}\right) \cdot \exp\left[-\frac{(1+\beta)^{3/2}\Delta G^*}{kT}\right]$$

$$= \pi\rho \boldsymbol{b}^2 \frac{d_{\mathrm{d}}^{*2}}{d^{*2}} \exp\left(\frac{Q - Q_{\mathrm{d}}}{kT}\right) \cdot \exp\left\{\frac{[1 - (1 + \beta)^{3/2}]\Delta G^*}{kT}\right\} \cdot I \quad (5\text{-}27)$$

不同形核方式条件下临界形核功和临界核心尺寸随温度的变化如图 5-32 所示，临界形核功随温度的降低而单调减小。临界核心尺寸是相变自由能的函数，可以看出，随着温度的降低，不同形核位置的临界核心尺寸都不断减小，在 1073~1473K 温度范围内，Nb、Ti 氮碳化物沉淀析出的临界核心尺寸在 0.6~1.1nm 的范围，位错线上形核临界核心尺寸在 0.5~1.0nm 范围内，可以使临界核心尺寸明显减小。

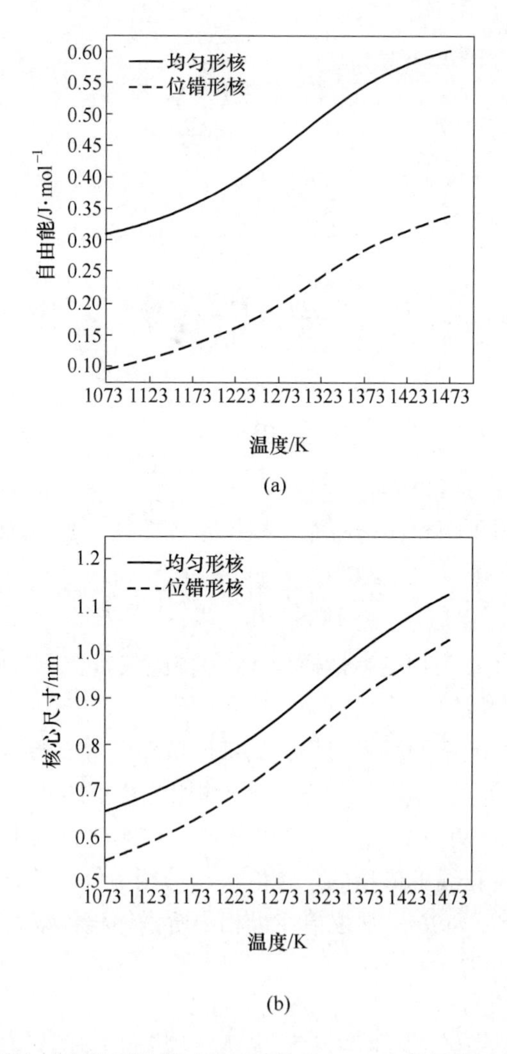

图 5-32　不同形核方式条件下温度对临界形核功（a）和临界核心尺寸（b）的影响

由于在位错线缺陷处具有比奥氏体基体平均自由能更高的能量，所以位错处较基体更容易形核析出，这些缺陷处也常成为微合金溶质和C、N溶质原子的聚集处。

由于不同形核方式的相对形核率与绝对形核率之间仅相差一个基本相同的常数项 lg$K$，因而由该图不仅可以分析比较同一形核机制下不同温度形核率的大小，同时还可以对不同形核机制的形核率大小进行相对比较。

不同形核方式条件下的相对形核率随温度的变化曲线如图 5-33 所示，相对形核率随温度变化曲线是临界形核功与原子迁移能力二者竞争的结果。均匀形核、位错上形核的形核率随温度的变化一般均呈反 C 曲线的形式，即存在一最大形核率温度，由均匀形核相对形核率公式计算得 1273K 时，−21.91；1223K 时，−21.69；1173K 时，−21.69；1123K 时，−21.92。由位错形核相对形核率公式计算得 1323K 时，−18.30；1273K 时，−17.72；1223K 时，−17.28；1173K 时，−17.02；1123K 时，−16.92；1073K 时，−17.01，可得均匀及位错形核相对形核率温度分别约为 1198K、1123K。

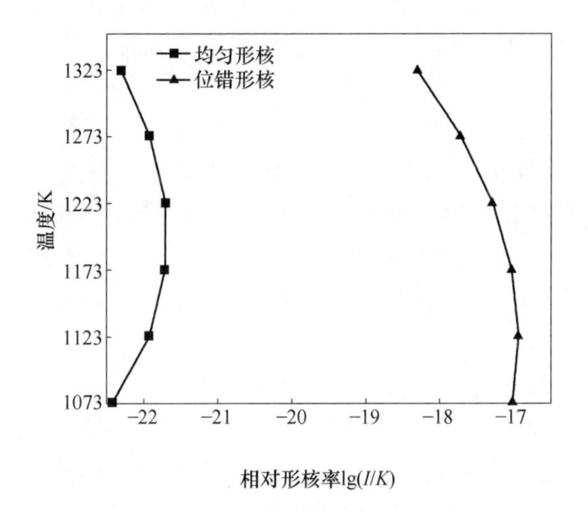

图 5-33　不同形核方式对形核相对速率的影响

位错上形核的形核率在 1173～1073K 温度范围内变化非常小，通过位错形核相对形核率公式计算得 1173K 时，−17.02；1123K 时，−16.92；1073K 时，−17.01，且从曲率上可分析在该温度范围内形核率变化较小，即在该相当大的温度范围内可以获得大的形核率，在该温度下保温使粒子沉淀析出，可获得最为细小的粒子。由于晶体中的位错属于线缺陷，当晶体的一部分相对于另一部分发生滑动，线缺陷汇聚成面缺陷，面缺陷汇聚成体缺陷，形成的孔洞汇聚在一起即形成裂纹。通过该计算可以很好地解释裂纹周边析出物较基体小的原因。

5.5.3　轧制过程析出物演变

微合金高强钢主要是在低碳钢中添加少量的 Nb、Ti、V，这些元素在材料中主要起到抑制再结晶、细化晶粒和析出强化的作用。碳氮化钛具有稳定的结构和较高的硬度，它们在奥氏体中析出能阻止奥氏体晶粒的再结晶过程，诱导具有高位错密度的形变奥氏体晶粒的形成，有利于促进亚晶结构的形变奥氏体晶粒形成，其尺寸在 30~200nm。另一种是铁素体中碳氮化钛析出，这类析出物通常尺寸在 10~30nm，甚至低于 10nm。

5.5.3.1　热轧压下量对析出的影响

热轧压下量显著影响着微合金碳氮化物的析出过程。一般认为，在无应变奥氏体中沉淀析出的碳氮化物比较粗大，且随时间的增加而逐步集聚长大（发生 Ostwald 熟化）。形变将显著加快碳氮化物的沉淀析出过程。

形变量越大，沉淀析出越快，且应变诱导析出的微合金碳、氮化析出物粒子的质点比较小，但随时间的增加，它们也将集聚长大，且由于形变对 Ostwald 熟化过程的加速作用，其粗化程度比无应变奥氏体中沉淀析出的微合金碳、氮化物更大。对于要保证有细小、均匀热轧铁素体晶粒，热轧过程应在高速、大变形量的条件下完成，一方面使碳氮化物加速沉淀析出，体积分数增大，另一方面又由于形变的促进作用，使析出物粒子在一定程度上集聚、粗化。

热轧不同的变形量对微合金元素碳氮化物析出的数量、大小和分布等也有一定的影响。在其他变形条件相同，变形量不同时，对试验用 X100 管线钢碳氮化析出规律进行研究，以观察不同的变形量对 X100 管线钢中析出物的影响[50]。

图 5-34 分别为变形量 20%和 50%、变形速率 $1s^{-1}$、变形温度 950℃时的析出物分布、形态、尺寸情况。从图中可以看出，当其他变形条件相同，变形量为 20%时，析出粒子较少且有较大的粒子析出，其尺寸约为 148nm；变形量为 50%时，微合金元素 NbTi 碳氮析出物粒子较多，虽然也有尺寸较大的粒子析出，但主要以弥散分布的小粒子为主。随着变形量的增加可以促进 Ti（C，N）、Nb（C，N）的析出，并且析出物的数量增多，析出的粒子更加细小。

5.5.3.2　控轧控冷对析出的影响

控制轧制的实质是对高温奥氏体状态的控制，控制轧制过程主要分为奥氏体再结晶区轧制和奥氏体未再结晶区轧制。

在奥氏体再结晶区轧制晶体在变形的同时发生动态再结晶和动态回复，可将其分为三个阶段：第一阶段为加工硬化阶段，轧制初期，晶粒的回复与再结晶还

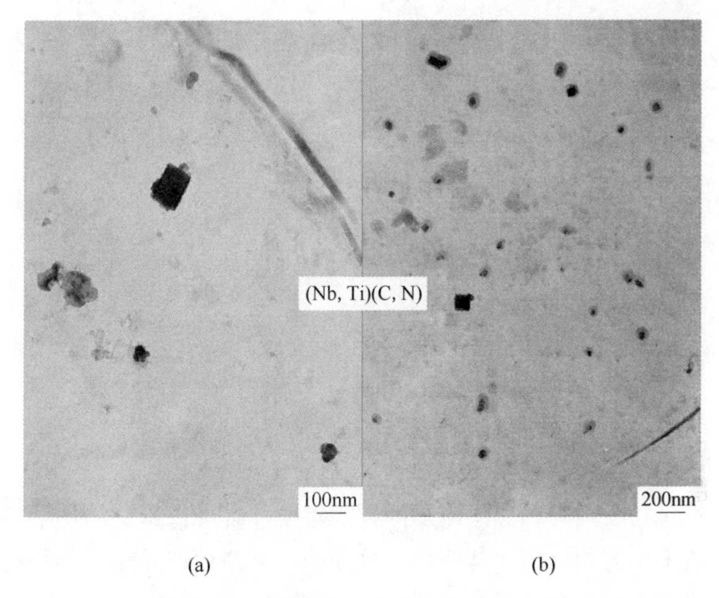

(a) (b)

图 5-34 不同变形量时的析出物（变形速率 $1s^{-1}$、变形温度 950℃）
（a）20%；（b）50%

未进行，晶粒以加工硬化为主，晶粒变细长同时位错大幅度增多，应力随应变的累积而快速增加。第二阶段为动态再结晶开始阶段，当轧制压下量达到临界值时，奥氏体开始发生动态再结晶，其软化作用逐渐增大，应力的增大速率减小，当大部分晶体开始发生动态再结晶时，加工硬化速率低于软化速率，应力随应变的增加而减小。第三阶段为稳态流变阶段，此时动态回复和动态再结晶的软化效果与轧制压下引起的加工硬化效果达到动态平衡。当奥氏体在高变形速率下轧制时，应力应变曲线第三阶段接近一水平直线；而在低变形速率下轧制时，第三阶段的应力应变曲线出现波动，发生动态再结晶时的真应力-真应变曲线示意图如图 5-35 所示。在奥氏体再结晶区轧制可以轧合组织中的疏松和气孔等缺陷。在反复进行的轧制和动态再结晶过程中，粗大的铸态组织逐渐细化，偏析减小，优化了材料的组织和力学性能[51]。

控制冷却过程可分为三个阶段：一次冷却、二次冷却和三次冷却。一次冷却是指最后一道次轧制结束后的冷却过程，温度高于奥氏体向铁素体转变温度 A_{r3}。冷却目的是控制晶粒长大，同时降低相变温度为奥氏体相变做准备；二次冷却温度范围是奥氏体相变转化开始到奥氏体相变转化完成的温度。在此温度范围控制冷却是控制奥氏体转变过程的冷却速度和冷却温度，保证钢材在冷却后能得到所需的力学性能；三次冷却是指在二次冷却相变完成后至室温范围的冷却过程，一般需要根据前面两次冷却得到的组织和元素特性确定三次冷却的控制方式。对于

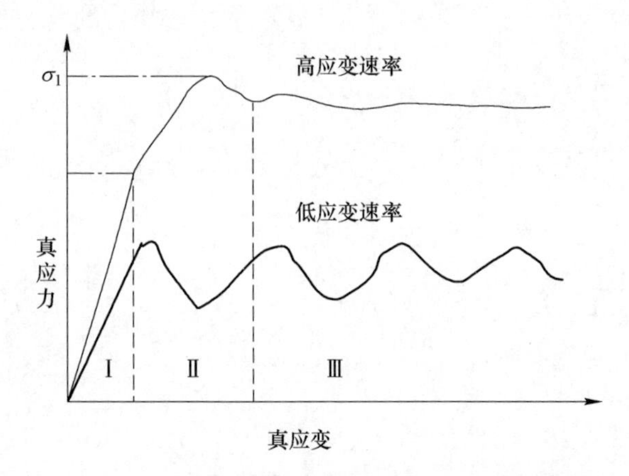

图 5-35　动态再结晶时的真应力-真应变曲线

微合金钢而言，二次冷却和三次冷却的方式需要综合考虑钢材的化学成分、需求的组织和性能来制定相应的冷却路径，合理的冷却路径选择能充分利用微合金元素的强化效果，增加材料的强度水平，改善材料的综合性能。

李月琴[52]在模拟试样第二相粒子析出物发现，当在高温轧制（$T=1100$℃，$\varepsilon=45\%$）时，试样中有少量较大的矩形颗粒析出，尺寸大多为 300~1000nm，析出物数量为 85 个/平方毫米。第二道次精轧（$T=920$℃，$\varepsilon=60.2\%$）后析出颗粒尺寸变小，大多为 50~100nm，单位面积上的析出物数量为 448 个/平方毫米。第五道次精轧（$T=810$℃，$\varepsilon=60.7\%$）后有大量细小球形及矩形颗粒析出，尺寸大多为 50~70nm，单位面积上的析出物数量为 1772 个/平方毫米。由此可以看出，随着变形温度的降低，析出物数量增加，析出的大部分颗粒尺寸减小，终轧后部分析出颗粒长大。

参 考 文 献

[1] 张宁，杨平，毛卫民．柱状晶对 Fe-3%Si 电工钢冷轧织构演变规律的影响 [J]．金属学报，2012，48 (7)：782-788.

[2] 翁宇庆，康永林．近 10 年中国轧钢的技术进步 [J]．中国冶金，2010，20 (10)：11-27.

[3] Orowan E. The calculation of roll pressure in hot and cold flat rolling [J]. Proceedings of the Institution of Mechanical Engineers，1943，150 (1)：140-167.

[4] Forouzan M R，Salimi M，Gadala M S. Three-dimensional FE analysis of ring rolling by employing thermal spokes method [J]. International Journal of Mechanical Sciences，2003，45 (12)：1975-1998.

[5] Yamada Y，Yoshimura N，Sakurai T. Plastic stress-strain matrix and its application for the solution of elastic-plastic problems by the finite element method [J]. International Journal of Mechanical Sciences，1968，10 (5)：343-354.

[6] 孙铁铠，刘恩来．用弹塑性有限元模拟双金属复合板轧制 [J]. 钢铁研究学报，2002，14 (5)：26-29.

[7] Liu C, Hartley P, Sturgess C E N, et al. Elastic-plastic finite-element modelling of cold rolling of strip [J]. International Journal of Mechanical Sciences, 1985, 27 (7): 531-541.

[8] Jiang Z Y, Tieu A K, Lu C. A FEM modelling of the elastic deformation zones in flat rolling [J]. Journal of Materials Processing Technology, 2004, 146 (2): 167-174.

[9] 刘相华，白光润．在微型机上用刚性有限元法求解 H 型钢轧制问题 [J]. 金属科学与工艺，1986，5 (3)：93-98.

[10] Komori K. Simulation of deformation and temperature in multi-pass caliber rolling [J]. Journal of Materials Processing Technology, 1997, 71 (2): 329-336.

[11] 张晓明，姜正义，刘相华，等．板坯轧制的刚黏塑性有限元分析 [J]. 塑性工程学报，2001，8 (3)：71-76.

[12] Liu Y, Lin J. Modelling of microstructural evolution in multipass hot rolling [J]. Journal of Materials Processing Technology, 2003, 143: 723-728.

[13] 周庆田，张文志，宗家富．变分法在 H 型钢万能轧制温度计算中的应用 [J]. 中国机械工程，2000，11 (6)：678-682.

[14] 连家创，段振勇，叶星．三维解析法求解辊缝中金属横向流动问题 [J]. 东北重型机械学院学报，1984，3：1-8.

[15] Chandra S, Dixit U S. A rigid-plastic finite element analysis of temper rolling process [J]. Journal of Materials Processing Technology, 2004, 152 (1): 9-16.

[16] 刘战英，冯运莉，田薇，等．45 钢低温轧制的变形抗力模型 [J]. 轧钢，2004，21 (1)：12-14.

[17] Knapiński M. The numerical analysis of roll deflection during plate rolling [J]. Journal of Materials Processing Technology, 2006, 175 (1): 257-265.

[18] Glowacki M, Kedzierski Z, Kusiak H, et al. Simulation of metal flow, heat transfer and structure evolution during hot rolling in square-oval-square series [J]. Journal of Materials Processing Technology, 1992, 34 (1): 509-516.

[19] Yuan S Y, Zhang L W, Liao S L, et al. Simulation of deformation and temperature in multi-pass continuous rolling by three-dimensional FEM [J]. Journal of Materials Processing Technology, 2009, 209 (6): 2760-2766.

[20] Collins I F, Dewhurst P. A slipline field analysis of asymmetrical hot rolling [J]. International Journal of Mechanical Sciences, 1975, 17 (10): 643-651.

[21] 兰勇军，陈祥勇，黄成江，等．带钢热轧过程中温度演变的数值模拟和实验研究 [J]. 金属学报，2001，37 (1)：99-103.

[22] 喻海良，矫志杰，刘相华，等．中厚板轧制过程中轧制力变化有限元模拟 [J]. 材料与冶金学报，2005，4 (1)：70-73.

[23] 赵永忠，朱启建，李谋渭．中厚板控冷过程有限元模拟及在生产中的应用 [J]. 冶金设备，2001，12 (6)：12-15.

[24] 王欣，王长松，尹佐勇，等．H 型钢轧制过程的计算机仿真 [J]. 北京科技大学学报，2003，25（6）：560-567.

[25] Zhang W，Zhu C，Widera G E O. On the use of the upper-bound method for load determination in H-beam rolling [J]. Journal of Materials Processing Technology，1996，56（1）：820-833.

[26] 刘振宇，王国栋．C-Mn 钢板带热连轧生产过程中再结晶行为的模拟计算 [J]. 钢铁研究学报，1995，7（6）：27-31.

[27] Sun W P，Hawbolt E B. Comparison between static and metadynamic recrystallization-an application to the hot rolling of steels [J]. ISIJ International，1997，37（10）：1000-1009.

[28] 邓伟，赵德文，秦小梅，等．特厚板轧制缺陷压合模拟研究 [J]. 钢铁，2009，44（9）：58-62.

[29] Rajak S A，Reddy N V. Prediction of internal defects in plane strain rolling [J]. Journal of Materials Processing Technology，2005，159（3）：409-417.

[30] Melander A，Larsson M. The effect of stress amplitude on the cause of fatigue crack initiation in a spring steel [J]. International Journal of Fatigue，1993，15（2）：119-131.

[31] Larsson M，Melander A，Nordgren A. Effect of inclusions on fatigue behaviour of hardened spring steel [J]. Materials Science and Technology，1993，9（3）：235-245.

[32] 张家斌，张丽坤．钢铁材料手册 [M]. 北京：中国标准出版社，2007.

[33] Yamanaka A，Okamura K，Nakajima K. Critical strain for internal crack formation in continuous casting [J]. Ironmaking & Steelmaking，1995，22（6）：508-512.

[34] Lankford W T. Some considerations of strength and ductility in the continuous-casting process [J]. Metallurgical and Materials Transactions B，1972，3（6）：1331-1357.

[35] 蔡开科，程士富．连续铸钢原理与工艺 [M]. 北京：冶金工业出版社，1994.

[36] 乔桂英，白象忠，肖福仁，等．单脉冲电流对高速钢裂纹的止裂效果 [J]. 金属学报，2000，36（7）：718-722.

[37] Hansen S S，Vander J B，Cohen M. Niobium carbonitride precipitation and austenite recrystallization in hot-rolled microalloyed steels [J]. Metallurgical Transactions A，1980，11（3）：387-402.

[38] Speer J G，Michael J R，Hansen S S. Carbonitride precipitation in niobium/vanadium microalloyed steels [J]. Metallurgical Transactions A，1987，18（2）：211-222.

[39] Itman A，Cardoso K R，Kestenbach H J. Quantitative study of carbonitride precipitation in niobium and titanium microalloyed hot strip steel [J]. Materials Science and Technology，1997，13（1）：49-55.

[40] Valles P，Manuel Gómez，Sebastián F Medina，et al. Evolution of microstructure and precipitation state during thermomechanical processing of a X80 microalloyed steel [J]. Materials Science and Engineering：A，2011，528（13-14）：4761-4773.

[41] 王安东．碳氮对钒氮微合金钢组织演变与析出的影响规律研究 [D]. 北京：北京科技大学，2007.

[42] Dutta B，Sellars C M. Effect of composition and process variables on Nb（C，N）precipitation

in niobium microalloyed austenite [J]. Materials Science and Technology, 1987, 3 (3): 197-206.

[43] Liu W J. A new theory and kinetic modeling of strain-induced precipitation of Nb (CN) in microalloyed austenite [J]. Metallurgical and Materials Transactions A, 1995, 26 (7): 1641-1657.

[44] Akamatsu S, Senuma T, Hasebe M. Generalized Nb (C, N) precipitation steel model applicable to extra low carbon [J]. ISIJ International, 1992, 32 (3): 275-282.

[45] Dutta B, Palmiere E J, Sellars C M. Modeling the kinetics of strain induced precipitation in Nb microalloyed steels [J]. Acta Materialia, 2001, 49 (5): 785-794.

[46] Khodabandeh A R, Jahazi M, Yue S. Impact toughness and tensile properties improvement through microstructure control in hot forged Nb-V microalloyed steel [J]. ISIJ International, 2005, 45 (2): 272-280.

[47] Sobral M , Mei P R, Kestenbach H J. Effect of carbonitride particles formed in austenite on the strength of microalloyed steels [J]. Materials Science and Engineering: A, 2004, 367 (1-2): 317-321.

[48] Zou H, Kirkaldy J S. Thermodynamic calculation and experimental verification of the carbonitride-austenite equilibrium in Ti-Nb microalloyed steels [J]. Metallurgical Transactions A, 1992, 23 (2): 651-657.

[49] 雍岐龙. 钢铁材料中的第二相 [M]. 北京: 冶金工业出版社, 2006.

[50] 刘佼. X100 管线钢形变工艺与再结晶、析出物关系的研究 [D]. 包头: 内蒙古科技大学, 2014.

[51] 杨海林. Ti-Nb 微合金化高强钢强韧化机理及组织性能研究 [D]. 武汉: 武汉科技大学, 2021.

[52] 李月琴. 直轧过程中第二相析出规律的研究 [J]. 河南冶金, 2005, 13 (2): 14-16.